협 력 의 유 전 자

옮긴이 **김정아**

사람과 세상이 궁금한 번역 노동자. 글밥 아카데미 수료 뒤 바른번역 소속 번역가로 활동하고 있다. 옮긴 책으로는
《척 피니》, 《인류 진화의 무기, 친화력》, 《5리터의 피》, 《누구 먼저 살려야 할까?》, 《휴머놀로지》, 《초연결》, 《당신의
잠든 부를 깨워라》, 《부자 교육》 등이 있다.

협력의 유전자

초판 1쇄 발행 2022년 9월 23일
초판 3쇄 발행 2024년 4월 25일

지은이 니컬라 라이하니 / **옮긴이** 김정아 / **감수** 장이권

펴낸이 조기흠
총괄 이수동 / **책임편집** 이한결 / **기획편집** 박의성, 최진, 유지윤, 이지은, 김혜성, 박소현, 전세정
마케팅 박태규, 홍태형, 임은희, 김예인, 김선영 / **제작** 박성우, 김정우
교정교열 이효원 / **디자인** studio forb

펴낸곳 한빛비즈(주) / **주소** 서울시 서대문구 연희로2길 62 4층
전화 02-325-5506 / **팩스** 02-326-1566
등록 2008년 1월 14일 제 25100-2017-000062호

ISBN 979-11-5784-615-3 03400

이 책에 대한 의견이나 오탈자 및 잘못된 내용에 대한 수정 정보는 한빛비즈의 홈페이지나
이메일(hanbitbiz@hanbit.co.kr)로 알려주십시오. 잘못된 책은 구입하신 서점에서 교환해드립니다.
책값은 뒤표지에 표시되어 있습니다.

 hanbitbiz.com facebook.com/hanbitbiz post.naver.com/hanbit_biz
 youtube.com/한빛비즈 instagram.com/hanbitbiz

지금 하지 않으면 할 수 없는 일이 있습니다.
책으로 펴내고 싶은 아이디어나 원고를 메일(**hanbitbiz@hanbit.co.kr**)로 보내주세요.
한빛비즈는 여러분의 소중한 경험과 지식을 기다리고 있습니다.

THE
SOCIAL

협력의 유전자

**협력과 배신, 그리고
진화에 관한 모든 이야기**

INSTINCT

니컬라 라이하니

김정아 옮김 | 장이권 감수

한빛비즈
Hanbit Biz, Inc.

《협력의 유전자》에 쏟아진 찬사

우리의 존재와 미래에 대한 통찰력을 제공하는 책. 《이기적 유전자》에 필적할 만하다!

– 장이권(이화여자대학교 생명과학 및 에코과학부 교수)

통찰력 있는 과학 이론과 다양한 일화의 유쾌한 병치! 매우 잘 쓰인, 읽기 쉬운 필독서다.

– 리처드 도킨스(옥스퍼드대학교 뉴 칼리지 교수, 《이기적 유전자》 저자)

팬데믹과 기후 위기가 전 세계를 위협하는 지금, 협력이야말로 인류 성공의 비결이었다는 저자의 주장은 그 어느 때보다 강력하다. 아름다우며 동시에 매우 흥미로운 책이다.

– 세라 제인 블레이크모어
(케임브리지대학교 심리학 및 인지 신경과학 교수, 《나를 발견하는 뇌과학》 저자)

《협력의 유전자》는 바운티호의 반란에서부터 칼라하리사막 새들의 지저귐에 이르기까지, 협동의 힘과 퍼즐을 집요하게 조사하며 끊임없는 놀라움과 재미를 제공한다.

– 윌 스토(기자, 《이야기의 탄생》 저자)

인류의 유전에서부터 정치에 이르기까지, 개인과 코로나 바이러스를 포함한 모든 문제에 대한 놀라운 해설을 제공한다.

– 〈네이처〉

페이지마다 통찰력이 가득하다! — 로리 서더랜드(오길비 그룹 부회장)

우리 인간이 왜 이토록 놀라울 정도로 협력적이고 사회적으로 진화했는지, 또 그것이 갖는 의미에 대해 이야기한다. 《협력의 유전자》를 통해 우리는 스스로에 대한 생각을 바꿀 수 있다. 우리 인류에게 엄청나게 중요한 메시지를 전하는 책이다.
— 루이스 다트넬(웨스트민스터대학교 교수, 《오리진》 저자)

우리는 모두 이 풍부하고 다채로운 이야기에 주목해야 한다. — 〈퍼블리셔스 위클리〉

도저히 손에서 내려놓을 수 없다. 이보다 더 중요한 주제에 대해 이야기하는 책이 있을까? 우리는 이 책을 통해 인류가 수많은 역경에 맞서 어떻게 협력을 통해 대응했는지 알 수 있다. — 우타 퍼스(런던대학교 인지개발 명예교수)

이기적 유전자 이론을 완전히 뒤집었다! 세상을 더 잘 이해하는 방법뿐만 아니라 세상을 더 낫게 바꾸는 방법을 제시하는 놀라운 책이다.
— 매튜 콥(동물학자, 맨체스터대학교 생명과학부 교수, 《뇌 과학의 모든 역사》 저자)

페이지를 넘길 때마다 놀라움이 가득하다. 왜 사람들이 기꺼이 협력하지 않는지 의문을 가졌던 사람이라면 《협력의 유전자》에서 그 답을 찾을 수 있다.

— 로빈 던바(진화심리학자, 옥스퍼드대학교 진화인류학과 교수)

몸 속 작은 세포에서부터 사회에 이르기까지 우리를 묶어내는 유대에 대한 매혹적인 탐구가 가득하다. 니컬라 라이하니는 협력의 위험과 보상에 대해 새로운 시각을 제공하며 자신의 광범위한 학문적 소양을 활용해 협력의 깊은 진화적 뿌리를 선보인다.

— 가이아 빈스(저널리스트이자 과학 저술가, 왕립학회 과학 도서상 최초 여성 단독 수상자)

협력이야말로 인류 성공의 열쇠라는 사실을 도발적이며 간결하게 제시한다. 협력의 위대함은 미생물이나 동물은 물론 인간에게도 동일하게 적용할 수 있다.

— 팀 클러튼 브록(케임브리지대학교 생태학 및 진화생물학 교수)

니컬라 라이하니는 우리 사회가 다른 동물과 동일한 진화 게임을 통해 형성 되었음을 아주 매혹적이고 흥미로운 방식으로 보여준다.

— 세이리안 섬너(유니버시티 칼리지 런던 행동생태학 교수)

니컬라 라이하니는 칼라하리사막에서 시작해 현대적인 도시 생활에 이르는 흥미로운 여행으로 우리를 안내한다. 도시의 경제 문제에서 산호초 속 물고기 서식지에 이르기까지, 협력은 자연이 이루어낸 경이 중 하나이며 라이하니는 이를 안내하는 가장 탁월한 가이드임에 틀림없다.

– 본 벨(영국 국민보건서비스 임상심리학 부교수, 유니버시티 칼리지 런던 조교수)

생태학자에서 경제학자에 이르기까지 모든 사람이 읽어야 할 필독서다. 이 책을 통해 얻은 신선한 자극과 충격에 설렘을 감출 수 없다.

– 케빈 미첼(《타고남Innate》 저자)

《협력의 유전자》는 호기심 넘치는 지적 모험으로 가득하다. 협력이 세상을 어떻게 형성했는지 관심 있는 사람이라면 반드시 읽어야 할 책이다.

– 니콜 바르바로(심리학 박사, 과학자, 저자)

일러두기

1. 주요 생물의 이름에는 학명을 병기했다.

2. 생물의 이름 중 우리나라에서 통용되는 명칭이 없는 경우, 영어 일반명을 그대로 번역하여 이름 붙였다.

3. 원서에서 미주로 표기한 것과 본문 하단 각주로 표기한 것은 그대로 따랐고, 옮긴이 주석은 본문 하단 각주로 표기하되 '—옮긴이'라고 표기했다.

협력의 희생자인 어머니께 이 책을 바친다.

차례

인간이 단 한 번이라도 비사회적 동물로 존재했다는 증거는
하나도 없다고 생각하네.[1]

찰스 다윈Charles Darwin

이 글을 쓰는 지금, 나는 눈에 보이지 않는 작은 병원체의 전
파를 막기 위해 물리적 거리 두기를 실천하고 있다. 무서운 기세
로 세계 곳곳으로 번진 이 바이러스는 불과 몇 주 전에는 상상도
하지 못했던 모습으로 우리의 일상을 바꿔놓았다. 일터, 카페, 식
당은 문을 닫았고 아이들은 학교에 가지 못한 채 집에서 수업을
받았다. 전문가들은 2020년에만 6,400만 명 이상이 코로나19에
감염되고, 그로 인해 150만 명이 목숨을 잃을 것이라 전망했다.*
이탈리아의 여러 소도시에서는 시신을 나르기 위한 군용 트

력이 줄지어 서있고, 사람들은 사랑하는 이에게 휴대전화 화면 너머로 겨우 마지막 인사를 전하기도 했다. 우리 모두는 이런 상황들을 속절없이 지켜볼 수밖에 없었다. 이 바이러스가 자연의 힘 앞에 인간이 얼마나 나약한지 보여줬다.

유전물질genetic material로 이뤄진 이 바이러스의 자그마한 가닥에는 어마어마한 힘이 담겨있다. 머리카락 500분의 1 크기인 SARS-CoV-2 바이러스가 어떻게 이토록 많은 사람의 목숨을 앗아갈 수 있었을까?

우리 스스로 이 바이러스의 성공을 돕는 발판이 되었기 때문이다. 새로운 코로나바이러스, 즉 SARS-CoV-2는 우리가 야생동물을 사냥하고 사고파는 과정에서 한 종에서 다른 종으로 건너뛰고 비행기와 선박에 올라타 국경을 넘었다. 지난날 지구를 휩쓸었던 병원체들과 마찬가지로 이 바이러스도 지금껏 인류를 팬데믹pandemic(세계적 유행병)으로 내몰았던 인간의 독특한 특성을 이용해 퍼졌다. 바로 '사회성'이다.

인간의 본성인 사회성이 우리를 팬데믹으로 이끌었다. 하지만 여기서 벗어날 유일한 길도 사회성에 있다. 우리가 언제쯤 이 위기를 벗어날지는 명확하지 않지만 어떻게 해야 위기를 벗어날 수 있을지는 안다. 코로나19에 맞서기 위해선 위기 상황에서 다른 사람과 어울리라고 속삭이는 가장 기본적인 본능을 억제해야

---

* 2022년 7월 14일 기준, WHO 자료에 따르면 전 세계 코로나19 누적 감염자는 5억 명을 넘어섰고 638만 명이 목숨을 잃었다. ─옮긴이

한다. 어디서 누구와 무엇을 할지 규제하는 제약을 받아들여야 한다. 과학자들은 백신 개발이라는 공동 목표를 이루고자 온 힘을 기울여야 하고, 사회 필수 인력은 우리가 살아남는 데 필요한 핵심 서비스와 물자를 공급해야 한다. 정치 지도자들은 지역구 유권자뿐 아니라 다른 지역, 더 나아가 다른 나라에 사는 사람들까지 배려해야 한다. 그렇다. 우리는 서로 협력해야 한다.

다행히 협력은 우리 인간의 주특기다.

나는 2004년부터 이 책의 주제인 협력에 초점을 맞춘 연구를 진행했다. 일상에서는 '협력'이라는 단어가 딱딱한 기업 활동과 동의어로 쓰여 굳게 맞잡은 두 손과 활발하게 교류하는 모습을 떠올리게 한다. 하지만 협력은 훨씬 많은 뜻을 포함한다. 출근과 같은 평범하기 짝이 없는 활동부터 우주선 발사 같은 엄청난 성취까지, 우리 삶의 기본 바탕이 협력으로 촘촘히 짜여 있다. 협력은 호모 사피엔스가 지닌 막강한 힘이다. 우리가 지구의 거의 모든 환경에서 겨우겨우 살아남는 데 그치지 않고 번성한 요인이다.

쉽게 와닿지 않겠지만 우리가 존재하는 이유도 협력 덕분이다. 분자 단계에서는 협력하는 상황이 비일비재하다. 살아있는 생명체는 모두 유전체(게놈genom) 안에서 협력하는 유전자로 구성된다. 이 사다리를 타고 올라가면 여러 세포가 협력해 하나의 개체를 만드는 유기체^{organism}의 진화를 확인할 수 있다. 대다수 종에서 협력은 이 단계에서 그친다. 웬만한 개체는 다른 개체를 돕지 않는다. 하지만 드물게 협력을 멈추지 않는 예외 종이 있다. 그리고 어찌 된 일인지 지구에서 눈에 띄게 번성한 종들이 바로 그런 종이다. 우리 인간도 그중 하나다.

고도의 사회성이 인간을 다른 종과 구별하는 주요 특성이라고 생각하고 싶겠지만 인간은 사회생활을 하는 수많은 종 가운데 하나일 뿐이다. 이를 잘 보여주는 사례가 브라질에 서식하는 개미, 포렐리우스 푸실루스$^{Forelius\ pusillus}$다. 이 개미는 낮에는 땅 위에서 먹이를 찾고 해거름 즈음에는 땅 밑에 있는 안전한 보금자리로 돌아간다.

그런데 이때 개미굴로 돌아가지 않고 밖에 남는 일개미가 있다. 이들은 동료 개미들이 서둘러 자그마한 개미굴로 내려가기를 기다렸다가, 모래알 같은 갖가지 부스러기들을 끌어와 개미굴 입구를 감쪽같이 막아버린다. 보금자리로 들어갈 입구를 막았으니 이 일개미들은 자기네 살길도 막아버린 셈이다. 개미는 무리에서 떨어지면 밤 사이에 땅 위에서는 살아남지 못한다. 게다가 개미굴 근처에서 죽으면 포식자들을 끌어들일 위험도 있다. 개미굴 밖에 남은 일개미는 마지막 극기를 발휘한다. 개미굴과 멀리 떨어진, 어둠이 내려앉은 사막으로 행군해 보호자의 임무를 충실히 완수하고 사라진다.[2]

포렐리우스 푸실루스는 협력의 극단을 보여준다. 우리가 흔히 접할 수 있는 일화부터 경외심을 불러일으키는 사례 등 여러 사회적 행동을 이해하고자 할 때, 협력이 그 열쇠일 때가 많다. 협력은 왜 부모가 자식을 보살피는지, 왜 자식이 어미를 죽이는 일이 발생하는지를 설명한다. 침팬지는 동료 침팬지를 제거하려 하는데 왜 알락딱새Ficedula hypoleuca는 동료를 돕는지, 왜 영장류 암컷에게만 폐경이 있어 손주를 볼 때쯤에는 새끼를 낳지 못하는지 같은, 전에는 한 번도 의문을 품지 않았던 문제도 협력에서 실마리를 찾을 수 있다.

물론 협력을 이야기하려면 달갑지 않은 부작용도 인정해야 한다. 협력은 집합체를 착취해 제 잇속을 챙기는 사기꾼과 무임 승차자가 이용하기 쉬운 먹잇감이다. 사회성이 높은 사기꾼들은 정말로 무리와 협력한다. 다만 그 비용을 남에게 떠넘겨버린다. 다시 말해 협력으로 피해자가 속출하는 것이다. 예를 들어, 암세포는 다세포 생명체 안에서 다른 암세포와 협력해 암 환자를 죽음으로 내몬다. 부패, 뇌물, 족벌주의도 몇 안 되는 개인이 협력해 잇속을 챙기고, 그 비용은 사회 전반이 떠안는 구조다.

나는 우리 인간이 보여주는 놀랍고 신비로운 몇몇 집합행동을 통해 인간과 다른 동물 사이에 정확히 어떤 공통점이 있고 어떤 차이점이 있는지 오랫동안 꼼꼼히 살폈다. 지금은 주로 인간을 연구하지만 그동안 지구 곳곳을 돌아다니며 동물을 탐구했다. 아프리카 칼라하리사막에서 알락노래꼬리치레Turdoides bicolor

를, 남아프리카공화국 프리토리아에서 벽장에 사는 다마랄란트두더지쥐Damaraland mole-rats를 연구했다. 오스트레일리아 오지에서는 오스트레일리아흙둥지새Struthidea cinerea를 살펴봤고, 열대의 산호초에서는 청줄청소놀래기Labroides dimidiatus를 관찰했다.

온갖 잡다한 동물을 연구했다는 말로 들릴지도 모르겠다. 하지만 이 종들에는 중요한 공통점이 있다. 이들은 모두 협력할 줄 안다. 알락노래꼬리치레, 다마랄란트두더지쥐, 오스트레일리아흙둥지새는 주로 가족 안에서 협력한다. 이와 달리 청줄청소놀래기는 생판 남인 물고기, 한 번도 만난 적 없고 두 번 다시 볼 일도 없을 물고기를 돕는다. 그런 면에서 인간은 매우 흥미롭다. 우리는 가족과도 남과도 협력한다.

협력은 인류 역사의 한 부분이다. 그리고 앞으로 우리가 맞이할 미래에도 지대한 영향을 미칠 것이다. 코로나19로 인해 이 사실이 명확히 드러났다. 영국이 봉쇄 조처에 들어갔을 때, 나는 이 책을 마무리했다고 생각했다. 그런데 느닷없이 팬데믹이 발생했고 협력이 어느 때보다 중요해졌다. 내가 책에서 가족의 유대, 공동체 정신, 사기꾼 단속을 이야기하며 언급한 주제들이 뉴스의 주요 꼭지가 되었다. 내가 연구하는 내내 고민한 의문들이 이제는 우리가 다급하게 풀어야 할 과제가 된 것이다. 지구에서 함께 살아가는 수십억 명이 공공의 이익을 위해 개인의 이익을 희생하게 하려면, '나'보다 '우리'를 먼저 생각하게 하려면 우리는 어떻게 해야 할까?

이 문제를 풀려면 시야를 넓혀야 한다. 선조들이 과거에 마주한 환경이 오늘날 우리에게 어떤 흔적을 남겼는지 밝히려면 인류 진화의 역사를 톺아봐야 한다. 인간만 살펴봐서는 안 된다. 눈을 돌려 지구에 사는 다른 사회적 생명체도 살펴야 한다. 대형 유인원, 특히 침팬지와 보노보처럼 우리와 아주 가까운 친척들을 떠올리겠지만 이런 접근법은 오히려 시야를 좁힌다. 인간다움이라는 독특한 특색을 풍기는 사회적 행동이 유인원과 원숭이가 아니라 오히려 거리가 훨씬 먼 종에서 나타날 때가 많다. 이를테면 침팬지는 새끼를 가르칠 줄 모르지만 개미와 미어캣은 새끼를 가르친다. 보노보는 동료와 자원을 나눌 줄 모르지만 짧은꼬리푸른어치Gymnorhinus cyanocephalus는 동료와 자원을 공유한다. 물론 우리가 지구에서 어떤 위치에 있는지 이해할 실마리를 다른 영장류와 비교해서도 찾을 수 있다. 하지만 이 진화 계통수의 완전히 다른 줄기에서 우리처럼 함께 살아갈 줄 아는 종을 찾을 수 있다.

이 책은 총 4부로 구성되어 있다. 양파의 중심에서 바깥으로 이동하듯, 한 부를 지날 때마다 더 큰 규모에서 일어난 사회적 복잡성의 진화를 살펴볼 것이다.

1부에서는 개체의 진화를 다룬다. 먼저 우리 몸속 깊숙이 자리 잡은 작은 것에서 출발해 유전자와 세포가 어떻게 협력해 통합된 독립체, 즉 당신과 나를 포함한 모든 생명체를 형성하는지 살펴본다. 겉보기에는 우리 몸이 하나로 통합된 듯해도 그 안에는 여러 갈등이 도사리고 있다. 유전자와 세포는 걸핏하면 속임수를 써서 질서를 전복하려 들고, 그때마다 내부에서는 혼란이 일어난다. 본문에서 더 자세히 다루겠지만 이런 이기적 존재를 어떻게 저지하느냐가 우리의 건강과 생식, 더 나아가 생존을 좌우한다.

2부는 시야를 조금 넓혀 가족의 진화를 살펴본다. 자식을 돌보는 것이 당연해 보이지만 인간처럼 부모가 자식에게 시간과 노력을 많이 쏟고, 엄마뿐 아니라 아빠도 적극적으로 아이를 보살피는 종은 드물다. 그러므로 2부에서는 대가족을 이루는 다른 종과 인간의 공통점이 무엇인지 알아본다. 또 가족이라는 제도가 어떻게 인간에게서 희한하기 짝이 없는 특성을 발생시켰는지, 예컨대 왜 여성은 폐경을 겪고, 왜 인간은 유난히 오래 사는지를 살펴보려 한다.

3부에서는 범위를 훨씬 넓혀 왜 우리가 때로 가족이 아닌 완전한 타인한테까지 도움을 베푸는지 알아본다. 우리를 인간답게 하는 특성 중 하나가 생면부지의 사람이나 두 번 다시 못 볼 사람과도 협력하는 능력이다. 바로 이 성향이 우리가 타고난 고도의 사회성을 유지하고 인류가 지구 곳곳으로 뻗어나갈 길을 닦았다. 하지만 낯선 이와 어울리는 동물이 우리뿐만은 아니다. 여기서 우리는 암초에서 우리와 놀랍도록 비슷한 방식으로 살아가는 작은 물고기, 청줄청소놀래기를 만나볼 것이다.

4부에서는 양파의 가장 바깥쪽으로 건너가 대규모 사회의 진화를 살펴본다. 여기서는 선조인 유인원에게 물려받은 특성을 확인하고 우리는 그들과 왜, 어떻게 이토록 달라졌는지를 묻는다. 우리 심리에 큰 영향을 미친 상호의존성 덕분에 우리는 어느 때보다 굳건한 협력을 이뤄냈다. 하지만 뜻하지 않게 병리 증상을 일으키는 사회적 비교와 피해망상에 노출되기도 했다. 오늘날 우리가 국제 사회에서 마주하는 엄청난 문제들을 해결할 열쇠가 서로 최대한 협력하는 것이기는 하지만, 이 협력할 줄 아는 능력이 끝내 우리를 몰락시킬지도 모른다.

우리는 이제 협력의 진화를 살펴보는 여정에 오르려 한다. 우리에 대해, 그리고 이 행성을 공유하는 다른 종에 대해 더 많이 깨닫는 여행이 될 것이다. 그 길에서 협력이 세상을 바꾸는 데서 그치지 않았다는 사실을 알게 될 것이다.

협력은 세상을 만들었다. 사소한 것부터 그야말로 장엄한 것까지 우리가 떠올릴 수 있는 인류가 이룬 모든 성취는 협력으로 쌓아올린 결과물이다. 그뿐 아니다. 협력하지 않았다면 지구에는 어떤 생명체도 존재하지 않았을 것이다. 1부에서는 협력이 어떻게 당신과 나, 그리고 다른 모든 생명체를 만들었는지부터 살펴보겠다.

자, 이제 길을 떠나자.

니컬라 라이하니

제 1 부

협력, 생명을 빚다

협력은 생명을 만드는 필수 요소다. 서로 돕지 않는다면 당신도 나도, 어떤 유기체도 존재할 수 없다. 우리는 세포 속 유전체 안에서 서로 협력하는 유전자^{gene}들이 우리를 만들어내는 대의를 달성하고자 힘을 합친 결과물이다.

이해하기 쉽게 우리가(사실 어떤 생명체라도 좋다) 러시아 전통 인형인 마트료시카라고 생각해보자. 인형의 겉모습이 우리를 똑 닮았다. 그런데 겉모습이 전부가 아니다. 인형을 비틀어 열면 안쪽에 같은 모습을 한 작은 인형이 보이고, 그 안에 또 같은 모습의 작은 인형이, 또 그 인형 안에 똑같이 생긴 작은 인형이 들어있다. 즉, 우리는 개체이자 집합체다.

우리 몸은 수십조 개, 정확히는 37.2조 개의 세포로 이루어져 있다.[1] 엄밀히 따지면 한 사람의 세포가 지구에서 살아가는 사람들의 수보다 5,000배나 많다. 대다수 유형의 세포에는 염색체^{chromosome}가 46개씩 들어있다(생식세포(성세포)에는 23개가 들어있고 적혈구 세포에는 하나도 없다). 그리고 각 염색체에는 유전자가 몇백에서 수천 개까지 들어있다.

거울에 비친 우리 모습이 마트료시카의 가장 바깥쪽 인형이라면 유전자는 가장 안쪽에 자리한 가장 작은 인형이다. 가장 안쪽에 있는 이 인형은 더는 쪼갤 수 없는 가장 밑바탕이다. 유전자는 염색체와 세포, 그리고 생명이 사라진 뒤에도 오랫동안 생존할 수 있다. 당신 몸속에도 내 몸속에도 유전자가 꼭꼭 숨어있다. 이 유전자가 다음 세대로 이어지려면 복제 수단[2], 즉 가장 바깥쪽 인형과 함께 이동해야 한다.

하지만 생명이 꼭 이렇게만 복제되어야 하는 것은 아니다. 적어도 원리만 따지면 우리 몸의 구성단위는 (원칙적으로는) 독립적으로 자기를 복제할 줄 안다. 그러니 유전자가 언제나 세포 안에만 머물러야 하는 것은 아니다. 또 세포는 몸속에 있지 않아도 자신을 복제할 능력이 있다. 더 낮은 단계에 있는 구성단위가 유전자에서 세포로, 세포에서 유기체로, 유기체에서 집단으로, 복잡도 사다리를 오르려면 제 잇속을 억눌러야 한다. 다시 말해 서로 협력해야 한다.

인류 역사에서 가장 결정적인 순간은 바퀴를 발명한 때도, 영국 왕 존이 마그나 카르타^{Magna Carta}*에 서명한 때도, 농경과 가축을 시작한 때도 아닌 머나먼 그 옛날 지구 역사에서 잠깐 사

---

* 대헌장, 1215년 국민의 지지를 등에 업은 귀족들이 국왕 존을 압박해 왕권 제한과 귀족의 권리를 약속받은 문서로, 훗날 법치주의의 근거가 된다. - 옮긴이

이에 일어난 몇 안 되는 사건이 발생했을 때다. 다세포 생물의 존재 자체가 얼마나 위대한 일인지 이해하려면 시간을 거슬러 올라가 지구의 역사를 살펴봐야 한다. 상상할 수 있는 한 멀리, 바로 태양계와 지구의 기원으로.[3]

∴

지구의 나이를 추산해보면 약 45억 살이다. 45억 살이라니! 헤아리기도 어렵다. 지구의 역사를 더 쉽게 이해할 수 있도록 전체 기간을 1년이라고 가정해보자.[4] 우리 인류는 12월 31일 늦은 밤, 해가 바뀌기 겨우 30분 전에야 무대에 등장했다. 그리고 등장한 지 25분 만에 지구 곳곳으로 퍼졌다. 마지막 60초 동안에는 농경을 시작하고, 산업 혁명을 일으키고, 국가를 형성하고, 끔찍한 세계대전을 두 차례나 치르고, 자연계 대부분을 장악하고 또 파괴했다.

이 모든 인류 역사가 마지막 30분 안에 펼쳐졌다. 그런데 지구에 처음으로 생명체, 그러니까 세포 안에 유전자가 자리한 존재가 나타난 시기는 놀랍게도 3월 중순이다. 각자 복제를 거듭하던 유전물질 가닥이 진정한 세포로 바뀐 이 과정은 지구 전체 역사에서 딱 한 번 일어났다. 지구에 존재하는 모든 유기체의 세포는 하나도 빠짐없이 이 원시 원핵세포의 후예다.

6월쯤에는 첫 진핵세포가 나타났다. 진핵세포는 원핵세포보다 더 정교한 세포로, 균류와 식물, 동물 같은 복잡한 생명 형태

에서 모두 나타난다. 밝혀진 바에 따르면 이런 변이도 지구 역사
상 딱 한 번 일어났다. 11월* 즈음에는 단독으로 움직이던 세포
가 다른 세포와 연합체를 형성하는 큰 변화를 일으켜 마침내 다
세포 생물이 태어났다.[5] 이 변화는 진화 과정에서 이정표가 된
중요한 사건이다. 이를 계기로, 독립적으로 생활하던 유전물질
가닥이 갖가지 형태와 모양의 생명체로 변모한다.

진화가 일어난 주요 과도기마다 공통으로 나타난 현상이 있다.
이 시기마다 작은 생명 단위가 안전한 곳을 찾아 더 큰 생명 단위
속으로 들어갔다.[6] 마트료시카에 빗대자면 가장 바깥쪽에 새로 생
겨난 껍질이 새로운 수준의 생물 유기체, 즉 새로운 '개체'individual
가 된다. 지구 생명체를 광범위하게 살펴보면 동업, 다시 말해 단
독 개체들이 하나로 뭉쳐 공동 목표를 이루고자 힘을 합친 역사가
종종 등장한다. 이렇듯 생명의 역사는 협력의 역사다.

아주 드물게는 이런 동업이 놀랍도록 큰 규모로 나타나기
도 한다. 예컨대 지구에서 가장 큰 집합체를 이루는 생물은 북
아메리카, 아시아, 유럽, 오스트레일리아, 하와이, 뉴질랜드에 사
는 발 여섯 개짜리 짐승, 아르헨티나개미Linepithema humile다.[7] 아르
헨티나개미는 매우 강력한 침입종으로 거대 공동체인 초군락
supercolony을 이룬다. 개미 군락 대다수는 알을 낳는 여왕개미 한
마리와 수백에서 수천에 이르는 일개미가 한 개미굴에 산다. 한

* 다세포 생물의 출현 시기는 6억 년 전부터 20억 년 전까지로 의견이 갈린다.
  ─옮긴이

개미굴 안에서는 개미들의 이해관계가 거의 일치한다. 일개미들은 서로 협력해 여왕개미가 낳은 알을 부화시키고 키운다. 하지만 서로 다른 개미굴, 다른 군락끼리는 치열하게 경쟁한다. 다른 집단에 속하는 경쟁자를 만나면 서로 싸우다 숱하게 목숨을 잃는다.

그러나 아르헨티나개미는 다르다. 이들은 서로 다른 개미굴에 사는 일개미끼리도 상대를 적이 아닌 동맹으로 여기는 듯하다. 뉴질랜드에서 채집한 아르헨티나개미를 이탈리아에서 채집한 아르헨티나개미와 만나게 해도, 사람에 비유하면 고갯짓만 까딱하고 지나친다. 그렇다고 아르헨티나개미가 유난히 순한 동물이어서 이렇게 느긋하게 행동하는 건 아니다. 아르헨티나개미도 적으로 인지한 개미는 사정없이 공격해 죽인다.

뉴질랜드에 서식하는 아르헨티나개미와 이탈리아에 서식하는 아르헨티나개미가 싸우지 않는 이유는 두 군락 모두 한 여왕개미에서 뻗어 나와 여러 대륙과 국가에 수백만 개의 개미굴을 구축한 거대한 국제적 군락의 일원이기 때문이다. 즉, 다른 두 대륙 출신의 아르헨티나개미의 만남은 우리 몸의 집게손가락과 엄지발가락이 만나는 것과 비슷하다. 모두 더 큰 생명 단위에 속하는 일원이다.

이처럼 같은 초군락 출신 개미는 서로 적대적이지 않다. 하지만 소속이 다른 개미끼리는 사납게 싸운다. 캘리포니아에 서식하는 두 개미 초군락이 만나는 가늘고 긴 경계선은 전쟁터가 따로 없다. 두 진영에서 출격했다가 죽은 병정개미의 사체가 여기저기 널브러져 있다.

국제적 초군락을 이루는 아르헨티나개미의 협력 규모는 감탄이 절로 난다. 생명체가 보여주는 협력은 아무리 하찮아 보여도 모두 경탄해야 마땅하다. 잠깐이나마 남과 힘을 합칠 때에도 공익을 위한 희생이 따르기 마련이다. 이 사실을 인정하면 자연과학과 사회과학이 교차하는 지점에서 중요한 질문이 떠오른다.

다윈의 진화론은 개체가 자신의 이익을 추구한다고 강조한다. 그렇다면 개체의 희생과 다윈의 진화론을 어떻게 해석해야 할까?

이 물음에 답하려면 진화가 어떻게 작동하는지 기본 개념부터 이해해야 한다. 그러니 나와 함께 시간을 조금만 거슬러 올라가 칙칙한 케임브리지대학교로, 내 과학자 경력이 채 발을 떼기도 전에 끝날 뻔했던 순간으로 돌아가보자.

01 ——

진저리치게 만드는 눈

다윈이 누군지도 모른 채 살다가 죽어도 괜찮다. 하지만 죽기
전에 우리가 애초에 왜 존재했는지를 이해하고 싶다면 다윈주
의야말로 반드시 연구해야 할 주제다.[1]

리처드 도킨스Richard Dawkins

2000년 10월, 나는 내가 어디에 발을 들였는지도 잘 모른 채
케임브리지대학교 자연과학 학사 과정에 들어갔다. 주간 면담
시간이면 비좁은 교수실에서 동기 세 명과 함께 지도 교수를 만
나 교재 내용을 토론하며 잘 이해했는지 확인하곤 했다.

우리를 지도한 베로니카 교수는 수줍음을 많이 타는 식물
학자였다. 거의 속삭이듯 조용히 말했고 과제물에 평가 의견을
쓸 때도 자기 주장을 너무 강하게 내세울까 걱정스러운 듯 연필
로 옅게 적었다. 자세한 내용은 기억나지 않으나 한 시간에 걸쳐

식물에 관한 열띤 토론을 한 날이었다. 베로니카 교수가 '왜 다윈은 동물의 눈을 골똘히 생각하다 진저리를 쳤는가'를 주제로 2,000단어 분량의 글을 작성해 제출하라는 과제를 내줬다.

하늘이 노래졌다. 내가 '진화와 행동' 강좌를 들은 이유는 '행동' 때문이었다. 이 강좌가 심리학 범주에 속한다고 생각했지, 생물학과 연관이 있으리라고는 꿈에도 몰랐다. 나는 진화에 대해 아무것도 몰랐고 다윈의 책은 한 줄도 읽어본 적이 없었다. 그러니 다윈이 왜 눈 때문에 진땀을 흘렸는지 무슨 수로 알겠는가? 이해하기도 어려운 질문에 무슨 뜻이 숨어있는지 구글에 기대 답을 찾을 수도 없는 때였다. 케임브리지대학교에 들어온 것 자체가 엄청난 실수였다는 생각이 머리를 스쳤다. 질문조차 이해하지 못하는데 무슨 수로 답을 알아낸단 말인가? 과제물에 뭐라고 적었는지 기억나지 않지만 딱 평균점을 받았다.

나는 베로니카 교수의 물음에 답할 준비가 전혀 되어있지 않았다. 하지만 이제와 생각해보니 그 물음은 '왜 자연에 복잡한 설계가 등장했느냐'는 만만찮은 문제의 핵심을 찌른다.

인간의 눈은 놀랍도록 복잡한 기관이다. 우리는 수정체 덕분에 대상이 멀리 있든 코앞에 있든 초점을 맞출 수 있다. 그리고 색각color vision을 통해 다른 포유류와 마찬가지로 10만~1,000만 가지 색을 볼 줄 안다.[2] 색을 인지하는 광수용기 세포인 원뿔세포와 막대세포는 각각 주간 시력과 야간 시력을 담당한다. 이 책의 주제가 눈도 아니고 같은 말을 되풀이하고 싶지도 않지만 눈은 정말 놀라운 감각기관이다.

　진화 관점에서 보면 눈은 알쏭달쏭한 수수께끼로 가득하다. 다윈주의가 한결같이 주장하는 바에 따르면 '복잡한 적응'이란 기능을 조금씩 개선해 형질 보유자에게 이익을 안기는 '작은 적응'이 서서히 잇달아 일어난 결과다. 그런데 눈이 실제로 무엇을 볼 수 있어야만 제 기능을 한다면 반만 형성되어 본다는 기능이 아직 부재한 눈이란 무슨 쓸모가 있을까? 다윈도 자신의 이론에 이런 문제가 있다는 사실을 인정했다. 《종의 기원》을 점잖게 비판한 식물학자 아사 그레이Asa Gray에게 이렇게 털어놓는다. "내 이론에 약점이 있다는 데 동의하네. 지금도 눈을 생각하면 절로 진저리가 난다네."[3]

　오늘날에도 눈은 창조론을 지지하는 사람들에게 다윈의 이론이 명백하게 틀렸으며 전지전능한 지적 설계자가 존재한다는 것을 뒷받침하는 증거로 쓰인다. 다윈이 눈 때문에 고민한 까닭도 바로 이 때문일 것이다.[4]

　그런데 다윈이 정말 그렇게 생각했을까? 다윈은 눈을 자연선택natural selection의 산물로 보는 것이 '그야말로 터무니없어' 보인다고 인정하면서도 진화 초기에는 단순한 구조였을 눈이 어떻게 갈수록 정교하게 진화했는지를 계속 고민했다. 이런 진화가 일어나려면 자그마한 변화가 부모에게서 자식으로 전달되고 그 변화가 자식에게 유용해야 한다. 비록 150년이 지난 뒤에야 인정받았지만 다윈의 직감은 진실을 정확히 꿰뚫었다. 이제 우리는 복잡한 눈이 차근차근 점진적으로 진화했다는 사실을 안다. 눈이란 처음에는 빛을 감지해 하루를 규칙적으로 생활하게 도왔던 단순한 세포가 단계를 거칠 때마다 형질 보유자에게 유용한 여러 특성을 켜켜이 쌓아 생겨난 결과물이다.[5]

　형질의 변이를 부모가 자식에게 전달하는 주요 수단은 유전자다. 달리 말해 유전자는 한 세대가 다음 세대로 고스란히 전달하는 유전 정보 꾸러미다.[6] 유전자에는 세포가 단백질을 만드는 데 필요한 제조 지시서가 들어있다. 이를 기반으로 만들어지는 단백질이 바로 우리 생명을 움직이는 장치다. 우리 몸의 뼈, 살갗, 손톱, 머리카락은 모두 단백질로 만든다. 뇌도 마찬가지다. 우리 안에서 일어나는 생각, 느낌, 기분도 모두 단백질로 만든 구조물 안에서 벌어지는 사건이다.

　진화는 오랜 시간에 걸쳐 일어나는 변화다. 생물학에서 보는 진화란 개체군에 여러 유전자 변이*가 나타났다 사라지는 현상이다. 유전자 변이는 자연 발생하는 여러 과정 때문에 나타나거나 사라질 때도 있다. 이를테면 돌연변이는 개체군에 새로운 변

---

　*　대립 유전자라고도 부르는 유전자 변이는 한 유전자의 특정한 형태다. 예를 들어 누구에게나 눈동자 색을 결정하는 유전자가 있지만 특정한 변이 유전자에 따라 사람마다 눈동자 색이 다르게 발현한다.

종을 들여온다. 소행성 충돌이나 화산 폭발같이 무작위로 일어나는 사건은 유전자 계통을 마구잡이로 쓸어버린다.

유전자 변이를 어떤 방향으로 꾸준히 밀어붙이는 힘은 딱 하나다. 우리는 그 힘을 자연선택이라 부른다. 자연선택은 유전자가 형질 보유자에게 영향을 미쳐 유전자 빈도가 바뀌는 과정이다. 자연선택은 무작위로 일어난다. 이로운 변이 형질이 나타나고 그 형질을 자식에게 물려줄 수 있을 때, 이 형질의 유전 암호를 담은 유전자 변이가 개체군에 꾸준히 쌓인다. 다윈이 강조했듯이 유전자 사이에 대단한 차이가 없어도 된다. '손톱만큼의 이로움'이 있을 뿐인 '종이 한 장만큼의 차이'로도 엄청난 변화를 일으킬 수 있다.[7]

조건이 모두 같고 특정 형질이 생존이나 번식에 유리해 그러한 변이를 포함하지 않은 개체를 앞서는 상황이라 가정해보자. 이때 개체군에서는 그 유리한 형질의 유전 암호를 담은 유전자 수가 증가한다. 즉, 보유자에게 이로운 유전자 변이, 신체 형질이나 인지 능력에 영향을 미쳐 생존이나 번식 성공도를 높이는 유전자 변이가 개체군에 쌓이는 것이다. 진화생물학의 용어를 빌리자면 이런 유전자는 양성 선택positive selection의 영향을 받는다.

왜 인간에게 공격성, 자식 돌보기, 낯선 이에게 친절을 베푸는 행동 같은 특성이 존재하고, 다음 세대로 계속 이어지느냐는 물음에는 이러한 유전자 변이를 왜 자연선택이 선호하느냐는 물음도 함께 깔려있다. 물론 그런 행동을 전부 또는 대부분 유전자가 결정한다는 의미는 아니다. 또 그 유전자가 모든 생물체나 환경에서 똑같은 효과를 발휘하지도 않는다. 그렇지만 실제로 유전 요소가 있는 형질이라면 그 형질이 미치는 영향으로 볼 때, 이 유전자가 다음 세대로 이어질 확률이 얼마일지 물음을 던져 볼 만하다.

진화를 유전자 중심으로 살펴보는 것을 '유전자 관점gene's eye view에서 본다'라고 말한다. 이 용어를 지지한 가장 유명한 이는 《이기적 유전자》를 쓴 리처드 도킨스다. 유전자는 정말 이기적이다. 하지만 꽤 많은 의미가 담긴 이 말이 실제로 의미하는 바가 무엇인지 명확히 밝히는 것이 좋겠다.

유전자를 이기적이라고 묘사한다고 해서 이기적 인간의 특징으로 여겨지는 부도덕, 교활함, 고약함 같은 특성이 유전자에 포함된다는 의미는 아니다. 또 사악하기 그지없는 개체의 몸에만 존재하는 이기적 특성과 관련한 유전자를 가리키는 말도 아니다. 우리 몸에 있는 유전자 약 2만 5,000개 모두를 '이기적' 유전자로, 조금 부드럽게 말하자면 '자기중심적' 유전자로 묘사할 수 있다. 이는 유전자마다 가장 중요하게 여기는 '관심사'*가 있다는 뜻이다. 이들의 관심사란 바로 다음 세대에서 반드시 발현

---

* 실제로 유전자는 아무것에도 관심 갖지 않는다. 유전자는 유전물질로 구성된 조각일 뿐 욕구, 결핍, 욕망을 느끼지 못한다. 유전자가 무엇을 '원한다', '신경 쓴다'라고 표현할 때 진짜 뜻은 유전자가 마치 생존에 신경 쓰거나 다음 세대로 이어지기를 원하는 듯 행동한다는 의미다.

하는 것이다.

이기적 유전자 관점이란 말을 곧이곧대로 받아들이면 개체의 번식이나 생존을 낮추는 유전 형질, 그리고 그런 형질을 뒷받침하는 변이 유전자는 개체군에서 인정사정없이 모조리 제거한다는 뜻으로 들린다. 하지만 다윈의 진화론을 얄팍하게 해석한 이 세계관을 받아들인다면 우리가 살아가는 세상에서 일어나는 수많은 협력을 어떻게 설명할까?

이기적 유전자로 이뤄진 개체가 서로 협력하는 현상을 보여주는 구체적 사례로, 앞서 살펴본 포렐리우스 푸실루스 일개미의 자살행위를 다시 생각해보자. 얼핏 보면 그런 극단적 이타 행동은 다윈의 이론을 크게 뒤흔드는 듯하다. 다윈의 진화론은 개체가 제 잇속을 좇아 행동한다는 가정에 기반한다. 개체 수가 환경의 수용력을 넘어서는 바람에 굶는 입이 늘어날 때마저도 생명체 대다수는 살아남아 되도록 많은 자손을 남기려 한다. 이때 자연선택이 보이지 않는 선별 장치, 이를테면 체처럼 작용한다. 따라서 모든 개체에게 생존을 보장하는 몫이 돌아가지 못할 때는 가장 강한 개체, 가장 빠른 개체, 가장 적합한* 개체만 살아남는다. 그런데 자살 일개미가 보이는 용감무쌍한 이타적 성향은

---

* 진화생물학에서 말하는 '적합도fitness'는 어떤 개체, 더 정확히는 어떤 유전자가 다음 세대의 유전자 풀에서 얼마나 큰 비중을 차지하느냐를 가리킨다. 그러므로 적합도는 진화에 성공했느냐를 판단하는 잣대다. 이 책에서 적합도를 언급할 때는 이런 진화적 의미를 가리킨다.

남에게는 이로워도 형질 보유자에게는 어마어마한 희생을 치르게 한다. 그렇다면 진화는 어떻게, 왜 이런 성향을 장려했을까?

자살 일개미의 신기한 행동을 이해할 열쇠는 같은 군락에 속한 개미들이 가까운 혈연관계라는 사실에 있다. 자연계에서 손꼽히는 협력 사례들이 가족 집단에서 일어나는 것은 우연이 아니다. 왜 팔이 그토록 자주 안으로 굽는지 이해하려면 시야를 넓혀 개체의 행위가 개체의 유전자에 어떤 편익이 쌓이게 하는지 살펴봐야 한다. 다시 말해 현상을 유전자 관점에서 바라봐야 한다. 나와 남동생의 몸속에 있는 유전자는 다음 세대로 전달되는 방식이 무엇이냐를 신경 쓰지 않는다. 유전자 관점에서 보면 다음 세대로 전달되는 통로가 내 아이인지, 조카인지는 상관이 없다. 피붙이의 양육을 돕는 개체는 번식 포기라는 큰 희생을 무릅쓰지만 자손이 증가해 얻는 이로움이 그런 희생을 보상하고도 남는다면 자연선택은 그 행동을 선호한다.

사회성 동물의 형질이 어떻게 진화했는지를 통틀어 설명하는 이 틀을 '포괄 적합도 이론inclusive fitness theory'[8]이라 부른다. 포괄 적합도의 논리를 적용하면 조력 행동helping behavior이 어떤 조건에서 진화할지, 누구를 도울지를 구체적으로 예측할 수 있다. 예컨대 일개미는 알을 낳지 못하니 개미굴 밖에서 입구를 메꾸고 목숨을 희생한다고 해서 자신의 생식 기회를 잃는 것이 아니다. 게다가 이러한 일개미의 조력 행동으로 많은 친척이 이익을 보니, 그런 극단적 희생을 선호할 만한 이유가 된다. 인간 세계에서도 근연도가 형제자매 사이에 영향을 미친다. 연구에 따르면 한 지붕 아래에서 자랐더라도 아버지나 어머니가 다른 형제자매보다 한 부모에게서 태어난 형제자매가 더 자주 만나고 서로 더 많은 애정을 쏟는다.

∴ ∴ ∴

근연도는 개체가 서로 돕는 이유를 설명하는 중요한 요인이다. 이렇듯 근연도가 이기심이라는 개념을 확장한 덕분에 하마터면 영문을 알아내지 못했을 행동들을 다윈의 진화론과 맞물려 이해할 수 있다. 그렇다고 근연도가 전부라는 의미는 아니다. 희생에 따른 이익과 비용도 타당해야 한다. 이익과 비용은 어떤 상황에서 협력을 선호할지를 좌우하는 생태 요인이기도 하다. 협력하도록 밀어붙이는 한 방법은 다른 개체를 돕는 비용을 줄이는 것이다. 이런 상황은 개체가 다른 개체의 도움 없이는 새끼를 키우기 어려울 때 발생한다.

이를 보여주는 아주 멋진 사례가 오목눈이다. 오목눈이는 여러 마리가 무리를 지어 재잘거리며 여기저기로 옮겨 다니지만 번식기가 되면 짝을 이룬 암수가 무리에서 따로 떨어져 나와 알을 품는다. 이 앙증맞은 작은 새는 유럽의 어느 새보다 정교하게 둥지를 짓는다. 누에고치 모양으로 둥그렇게 사방을 에워싸고, 입구에는 어미와 아비가 드나들 작은 구멍을 낸다. 둥지를 살펴보면 마술사가 요술이라도 부린 듯하다. 바깥쪽은 이끼와 지의류 조각을 거미줄로 단단히 이어 붙이고, 안쪽에는 보드라운 깃털 수천 개를 아낌없이 집어넣는다. 오목눈이는 이 멋들어진 궁전을 짓는 데 3주 넘게 공을 들인다. 번식기가 겨우 석 달뿐인 오목눈이에게는 만만찮은 투자다. 그런데 이런 노력이 물거품으로 끝날 때가 수두룩하다. 둥지 대다수가 포식자에게 들통나는 탓에 새끼를 무사히 키워내는 쌍이 다섯에 하나도 되지 않는다. 번식기 막바지에 안타깝게 새끼를 잃은 오목눈이는 대개 가까운 친척을 찾아가 친척의 새끼가 잘 자라도록 돕는다.[9] 이때 친척을 돕는 비용은 아주 적다. 다시 번식을 시도할 시간이 없으니 번식 기회를 희생하고 말 것도 없다. 덕분에 친척을 돕는 쪽으로 방향을 바꾸기가 꽤 쉽다.

진화를 이런 관점으로 바라보면 언제 조력 행동이 발생하고 자연선택이 언제 이런 행동을 선호할지를 더 섬세하게 예측할 수 있다. 예컨대 나이가 들었거나 몹시 허약한 친척을 돕는 행위는 적합도 이익으로 바뀔 확률이 낮으므로 그들을 쉽게 돕지 않는 현상이 나타난다.

아프리카의 마타벨레개미Megaponera도 먹이인 흰개미 집을 덮칠 때 이런 현실적인 계산을 하는 모습을 보인다.[10] 흰개미 군락을 지키는 임무를 맡은 병정 흰개미는 보금자리를 습격하는 마타벨레개미들을 물불 가리지 않고 공격해 이따금 상처를 입힌다. 다친 마타벨레개미가 화학물질인 페로몬을 내뿜어 구조를 요청하면 냄새를 맡은 동료들이 병정 흰개미의 억센 턱에서 부상병을 구출해 자신들의 개미굴로 옮긴다. 개미굴에서는 자매 개미들이 부상병의 상처를 핥고 보살펴 감염을 막는다. 그런데 여기에 반전이 있다. 마타벨레개미는 너무 심하게 다쳤거나(예컨대 다리 하나가 아니라 다섯 개를 잃었을 때) 나이가 너무 많은 부상병은 구출하지 않는다. 곧 죽을 목숨인 동료를 구출하는 것은 진화 측면에서 아무런 이익이 없다. 다친 개미도 나이가 많거나 심하게 다쳤을 때는 구조 신호를 보낸들 헛수고인 줄 아는지 구조 신호를 거의 보내지 않는다.

인간 사회에서도 비슷한 일이 일어난다고 한다. 1910년에 미국 가정을 조사한 한 연구에 따르면 아이가 없는 부부는 오목눈이가 그렇듯 친척을 더 많이 도왔다.[11] 하지만 동시에 모든 친척이 똑같이 가치 있지는 않다는 논리 그대로, 나이 든 부모보다는 조카들을 더 많이 보살폈다. 근연도를 따지면 부모가 더 가치 있겠지만 앞으로 얻을 적합도 이익을 따지면 늙은 부모는 진화적으로 가치가 없다. 달리 말해 부모 대신 어린 조카를 도울 때 이익을 얻을 가능성이 크다.

지금까지 우리는 협력, 더 나아가 용감무쌍한 행동과 관련한 유전자가 다른 개체에 들어있는 동일한 유전자를 복제하는 데 도움이 될 때 자연선택에 더 유리할 수 있다는 내용을 살펴봤다. 유전자는 이기적일지 몰라도 상황이 적절할 때는 협력을 주저하지 않는다.

이렇듯 유전자 관점으로 살펴보면 원인을 알 수 없었던 많은 현상을 설명하는 데 도움이 된다. 다만 한 가지 문제점이 있다. 흔히들 유전자 변이는 자연선택이 작용하는 단위이기 때문에 진화 과정에서 빈도가 늘거나 줄어든다고 봤다. 하지만 유전자가 집합체 즉 유기체 또는 개체와 하나로 묶여있으므로, 자연선택의 대상은 유전자가 아니라 유전자가 개체에 미치는 영향이다. 다시 말해, 유전자 자체는 자신의 성공을 좌우하는 적응을 겪지 않는다. 그보다는 더 높은 차원의 생물학적 조직의 개체가 이 설계 특성을 운반한다.

개체를 발명한 것은 진화의 절묘한 한 수였다. 잠시 다세포 개체가 실제로 무엇인지 생각해보자. 당신도 나도, 지구에 존재하는 다른 모든 다세포 생명체도 하나로 묶인 여러 부위가 아니라 전체로 움직이는 집합체다.

앞서 말했듯 유전자 관점에서 보면 유전자란 자신의 행동 강령을 따르는 자그마한 행위자다. 하지만 우리가 주위에서 보는 개체 역시 비슷한 목표를 추구하는 듯하다. 참나무는 더 쑥쑥 자라는 것이 목표인 듯 태양을 향해 뻗어나간다. 박새는 어린 새끼가 자라 생존하게 하는 것이 목표인 듯 쉴 새 없이 둥지로 먹이를 물어 나른다. 나같은 행동생태학자들도 진화의 행동 강령을 추구하는 단위로 유전자가 아니라 개체를 이야기한다. 우리 눈에 보이고 행동을 관찰할 수 있는 대상이 개체이기 때문이다.

이러한 사고의 지름길을 이용할 만한 근거도 있다. 진화는 개체 속 유전자들의 이익을 조율해 개체를 만든다. 그러므로 자신의 진화 행동 강령을 따르는 개체는 자신을 구성하는 모든 유전자의 행동 강령을 따르는 것과 같다. 이 등가성 덕분에 개체의 진화를 언제든 유전자 관점에서 다시 해석할 수 있으니, 마음 놓고 개체를 목표를 추구하는 행위자로 봐도 된다.

개체의 진화는 사회의 복잡도가 날로 증가하는 길로 들어서 가족으로, 공동체로, 대규모 사회로 옮겨가는 중요한 첫걸음이다. 그런데 유전자와 세포의 집합이 언제 개체가 되는지 어떻게 알 수 있을까? 우리가 우리 몸속에 있는 모든 세포, 정확히는 모든 이기적 유전자를 개체로 인식하지 않으며 우리 자신이 개체라는 특별한 지위를 누려야 하는 까닭은 무엇일까?

우리 직관은 인간을 하나로 결집한 개체로 인식하면서도 갈매기 떼나 누 떼는 개체로 인정하지 않는다. 하지만 직관은 진화의 경계를 긋기에 믿을 만한 수단이 아니다. 가령 개미 군락을 개체로 인식하는 것은 직관에 어긋나는 느낌이다. 하지만 개미 군락이 그 나름의 초유기체(초개체)superorganism라고 주장하는 진화생물학자도 많다. 그렇다면 직관을 빼고 생각해보자. 우리는 무엇을 근거로 진화의 경계를 그을 수 있을까? 우리는 정말로 개체일까? 그렇다면 왜 개체로 존재할까?

진화, 개체를 발명하다

개체는 모든 부분이 공통 목표를 이루고자 힘을 합치는 통합 사회다.[1]

루돌프 피르호Rudolf Virchow

진화는 부분의 이익을 전체의 이익과 단단히 묶어 새로운 개체를 발명한다. 앞에서 이야기한 마트료시카를 떠올려보라. 마트료시카의 안쪽 인형들은 유전자, 유전체, 세포를 나타낸다. 안쪽 인형들이 다음 세대로 이어질 길은 하나뿐이다. 가장 바깥쪽 인형, 즉 '개체' 속으로 들어가야 한다. 이 속박이 안쪽 인형들의 이익을 조율해 서로 대결하기보다 함께 힘을 합치도록 장려한다. 이때 안쪽 인형들의 합동 임무는 되도록 가장 뛰어난 개체를 만들어내는 것이다. 이 공동의 모험이 성공하느냐에 따라 안쪽 인형들이 다음 세대로 이어지느냐 마느냐가 좌우된다.

개체는 단세포로도, 다세포 유기체로도, 때에 따라 군락으로도 존재할 수 있다.[2] 개체를 집단이나 집합체와 구분하려면 자연선택을 과정뿐만 아니라 기술자로 봐야 한다. 부품 더미에서 완전히 새로운 제품을 조립할 줄 아는 힘 말이다.

인간 세계에서 기술자는 머릿속에 설계 목표를 담아둔다. 신형 아이폰의 설계자 머릿속에는 목표로 삼은 크기와 무게는 물론, 카메라 성능과 배터리 수명 같은 제품의 규격이 들어있을 것이다. 인간 기술자와 마찬가지로 진화도 적응력이 떨어져 덜 적합한 변이를 개체군에서 걸러내 개체의 설계 특성을 정한다. 그러므로 여러 설계 특성이 하나로 일치하는 수준, 한 방향으로 나아가는 그 수준을 알아내면 개체를 식별할 수 있다.

말해놓고 보니 조금 추상적이다. 그럼 일상에서 흔히 보는 자동차를 예로 들어보자.[3] 여기서 자동차 구매자는 자연선택이고 자동차는 개체다. 다세포 유기체와 마찬가지로 자동차도 기능 위주의 하부 단위로 만들어진다. 이를테면 엔진을 구성하는 크랭크축, 점화 플러그, 피스톤은 우리 몸속의 심장 같은 장기를 형성하는 세포, 신경, 근육과 비슷하다. 이런 부품은 차에 붙어있을 때만 기능이 명확하므로 그 자체로는 부차적 구성단위다. 자동차 부품이 어떻게 생겼는지 하나도 모르는 사람이 길거리에 차체 없이 버려진 운전대나 엔진 피스톤, 더 나아가 엔진 전체를 발견했다고 해보자. 다른 자동차 부품과 함께 작동할 때는 이런 부품의 역할이 뚜렷이 구분되겠지만 길거리에 외따로 버려져있을 때는 어떤 용도로 설계된 부품인지 판단하기 어렵다. 개체 역시 부품만 없을 뿐, 목표에 맞는 겉모습과 기능을 갖추는 방식은 자동차와 동일하다.

게다가 자동차의 부차적 구성단위가 함께 작동할 때는 자동차의 별개 구성품이 아닌 명백히 자동차 자체에 속하는 특성(적응 형질)이 나타난다. 구매자가 어떤 차를 살지 고민할 때 고려하는 것이 바로 이런 설계 특성이다. 구매자는 자동차의 기름통이나 팬 벨트가 아니라 자동차 자체의 속성과 특성을 꼼꼼히 살펴 차를 고른다. 모양은 괜찮나? 속도는 얼마까지 나오지? 믿을 만한가? 하지만 이런 특성을 바탕으로 차를 고를 때에도 부품을 자세히 살피거나 크게 신경 쓰지 않는다. 그럼에도 이러한 구매자의 고민이 구성품에 선택 압력을 행사한다. 구매자가 차량 판매량에 영향을 줄 만큼 속도나 신뢰도에 신경 쓰면 다른 피스톤과 크랭크축에 견줘 더 많이 장착되는 제품으로 선별돼 장착될 테고, 이런 선택 압력이 구성품에 변화를 일으키는 것이다. 자연선택도 아주 비슷하게 작용한다. 유전자 변이 자체보다 그런 유전자를 보유한 개체의 설계 특성에 압력을 넣어 개체군에서 유전자 변이를 걸러낸다.

∴ ∴ ∴

　이런 비유는 개미나 흰개미처럼 사회성이 높은 곤충 군락을 그 나름으로 개체, 곧 초유기체로 보자고 주장할 근거가 된다. 사회성 곤충의 군락은 우리 같은 다세포 생물체와 놀랍도록 비슷하다. 특히 곤충이라는 구성 요소의 설계 특성과 행동은 고차원 조직인 군락을 참고해야만 이해할 수 있다.

　사회성 곤충의 군락은 대부분 여왕 한 마리가 이끈다. 여왕은 군락에서 유일하게 진정한 의미의 번식을 할 수 있으므로 다세포 생물체로 치면 난자를 만드는 난소와 비슷하다. 반면 이 여왕의 딸이자 평생 불임인 일개미들의 역할은 여왕이 알을 더 많이 낳도록 돕는 것이다. 그런 면에서 일개미는 우리 몸의 비생식 세포인 체세포와 비슷하다. 체세포는 몸의 여러 부위를 생성하고 몸이 원활하게 작동하도록 관리하고 회복하는 일을 담당한다. 우리 몸의 비생식 세포와 곤충 사회의 불임 일꾼을 이해하려면 더 높은 단위인 생물체나 군락 단위에서 이들이 어떤 역할을 맡는지 살펴야 한다. 군락을 이루지 않는 한 곤충이 불임이라면 진화가 저지른 실수겠지만, 군락에 속하는 곤충이 불임이라면 이야말로 진화가 이룬 기적이다.

　군락과 다세포 생명체가 비슷한 점은 이뿐만이 아니다. 신체 부위에 따라 그 역할이 특화하듯, 사회성 곤충의 일꾼도 군락에서 맡는 임무와 겉모습이 아주 다양하다. 어떤 일꾼은 몸집이 크고 아래턱이 억센 병사로 자란다. 어떤 일꾼은 먹이를 구하거나 새끼를 돌보는 데 집중한다. 분업의 끝을 보여주는 군락은 신열대구*에서 붉은맹그로브Rhizophora mangle의 죽은 가지 속에 개미굴을 짓는 거북이개미속Cephalotes 종들이다. 이 종들의 일부 일개미는 머리가 접시 모양으로 자라 군락이 침입자에게 위협받지 않도록 개미굴 입구를 막는, 말 그대로 살아있는 문 역할을 맡는다.[4]

우리 몸에는 세포 손상과 병원체 출현을 알아채는 면역계가 있다. 변이나 훼손이 발생할 징후가 나타나면 세포는 세포자살apoptosis이라는 고도로 통제된 자멸 절차에 들어가 자신을 파괴하라고 지시한다. 감염된 개미도 놀랍도록 비슷한 조처를 한다. 자연에서든 실험실에서든 치명적인 전염성 균에 감염된 호리가슴개미속Temnothorax 개미는 마치 자신이 군락에 위험이 된다는 것을 아는 듯 행동한다. 감염된 호리가슴개미는 감염병의 확산을 늦추는 데 필요한 '물리적 거리 두기'를 그야말로 극단으로 실천해 자매 개미들과 접촉을 완전히 차단하고 씩씩하게 군락을 떠나 홀로 죽음을 맞이한다.[5] 고치를 돌보는 보모개미들은 고치 속 번데기가 병원체에 감염되었을 때 알아채는 능력이 있어 감염 징후를 보이는 번데기를 골라 없앤다.[6]

---

* 생물 분포를 바탕으로 나눈 8대 생물지리구 중 하나로 남아메리카와 카리브제도가 해당한다. 다른 생물지리구로는 구북구(유라시아, 북아프리카), 신북구(북아메리카), 에티오피아구(사하라 이남 아프리카), 동양구(동남아시아, 인도, 아프카니스탄, 파키스탄), 오스트레일리아구, 오세아니아구, 남극구가 있다. ─옮긴이

곤충 군락은 조류나 포유류처럼 심부 체온을 조절할 수 있다. 정온 동물인 포유류에 속하는 인간 역시 심부 체온이 36.5~37.2도 사이를 벗어나지 않도록 유지한다. 체온이 이 범위를 벗어나면 곧장 몸에 이상이 생기고 목숨이 위태로워지기 때문에 인간은 체온을 조절하기 위한 다양한 방법을 발달시켰다. 더울 때 피부 쪽으로 피를 보내거나(그래서 더울 때 피부가 빨개진다) 물을 마시거나 땀을 흘려 체온을 내린다. 추울 때는 살갗의 털이 바싹 곤두서 몸 가까이 있는 따뜻한 공기층을 가둔다. 몹시 추울 때는 저절로 근육이 수축해 우리도 모르는 사이에 몸이 떨린다.

놀랍게도 사회성 곤충의 군락도 이런 방식으로 체온을 조절한다. 이를 가장 잘 보여주는 사례는 꿀벌이다. 날이 더우면 물을 증발시켜 벌집을 식히기 위해 일벌들이 방 위로 물을 날라 뿌린다.[7] 그렇다. 군락도 우리처럼 땀을 흘린다! 반면 겨울에 벌집의 온도가 너무 내려가면 이번에는 비행할 때 쓰는 비상근을 빠르게 움직여 열을 낸다. 이때 다른 꿀벌들은 에너지를 많이 소모하는 이 고단한 행위가 계속 이어질 수 있도록 부지런히 꿀을 날라 제공한다. 그러니 다세포 동물에서도, 사회성 곤충의 군락에서도 개체를 구성하는 단위는 공동의 이익을 높이도록 설계된 적응 형질을 지닌다고 볼 수 있다.

∴ ∴ ∴

　사회성 곤충의 군락은 초유기체로 봐도 좋을 듯하다. 그렇다면 인간이 무리를 이룬 집단은 어떨까? 인간 사회도 초유기체일까? 사회 속에 사는 우리가 군락의 이익을 위해 갖은 고생을 다하는 일벌이나 일개미와 비슷할까? 일부 진화생물학자들은 그렇다고 본다. 앞서 살펴본 곤충과 마찬가지로 인간도 분업이 널리 퍼져있고, 공동의 이익을 위해 대단히 협력할 뿐만 아니라 피붙이가 아닌 사람이나 보답을 기대하기 어려운 사람까지 돕기 때문이다. 이렇게 생각하는 진화생물학자들은 우리를 커다란 기계의 톱니바퀴로 봐야 인간 특유의 협력 본성을 이해할 수 있다고 주장한다. 하지만 이 주장대로라면 협력이란 집단 차원의 이익을 위해서만 작동한다는, 달리 말해 자연선택이 생물학적 조직의 상위 수준에서 작동한다는 뜻이 된다. 나는 사회성 곤충을 초유기체로 보자는 주장에는 어느 정도 동의하지만 인간의 집단이 초유기체라는 주장에는 동의하지 않는다.

　그 이유를 설명하기에 앞서 새로운 개체를 만드는 구성 요건을 다시 짚어보자. 여러 부분이 모여 새로운 개체로 결합하려면 모든 부분의 이해관계가 거의 영원히, 또 완전하게 들어맞아야 한다. 이때는 각 부분이 자율성을 포기하고 공동 이익을 달성하고자 힘을 합친다. 이렇게 하는 가장 쉬운 길은 구성단위들이 서로 친족 관계로 이어지는 것이다. 근연도가 높으면 갈등의 범위가 줄어든다. 극단적 예로 똑같은 복제 생물로 집단을 만들면 서로 자신을 배려하듯 구성원을 챙겨 충돌이 아예 일어나지 않을 것이다. 우리 몸의 세포들이 딱 이러한 상태다. 우리는 세포 하나에서 발달하므로 몸속 세포는 모두 이 선조 세포의 복제본이다. 따라서 다세포 생명체에서 자연선택은 대개 개체 단위에 작용해, 개체 단위에서 발현할 적응 형질을 만든다.

하지만 인간 사회는 복제 인간으로 구성된 집단이 아니다. 사회성 곤충의 군락과 달리 거대한 가족 집단도 아니다. 그렇다면 우리가 구성원의 이해관계를 조율할 수 있는 요인은 무엇일까? 두드러지는 요인은 경쟁 집단의 위협이다. BBC의 리얼리티 쇼 〈어프렌티스The Apprentice〉는 집단 간 경쟁이 집단 내 협력을 어떻게 촉진하는지를 군더더기 없이 보여준다. 이 프로그램의 참가자들은 성미가 불같은 사업가 앨런 슈거Alan Sugar 경에게 고용되기 위해 경쟁한다. 매주 두 팀으로 나뉘어 초콜릿 바 신제품 기획·판매 같은 사업 과제를 수행하고, 판매량으로 승패를 가른다. 앨런 슈거는 패배한 팀에서 가장 무능력하거나 가장 짜증나는 참가자를 해고해 탈락시킨다.

두 팀이 서로 경쟁할 때 참가자들의 공통 목표는 팀의 승리다. 팀이 이기면 해고될 위험도 사라지기 때문이다. 대체로 구성원들이 서로 협력하는 팀이 구성원끼리 서로 경쟁하는 팀보다 더 자주 승리한다. 실험실 연구에서도 비슷한 결과가 나온다. 유사한 상황을 만들어 집단 간 경쟁을 유도하면 집단 내 협력이 증가한다. 네 살배기 어린아이조차 경쟁 집단이 있으면 자신이 속한 집단에 힘을 더 보탠다.

하지만 높은 근연도를 바탕으로 형성된 집단과 어쩌다 맞아떨어진 이해관계로 얽힌 집단은 근본적으로 다르다. 이해관계로 결합한 집합체는 구성원들이 집단 간 경쟁 때문에 잠시 연합하더라도 대체로 모래성과 같다. 다툼을 잠시 멈춘 상태일 뿐이다. 〈어프렌티스〉에서도 팀이 패하면 팀원들은 언제 협력했냐는 듯 순식간에 등을 돌린다. 맞서 연합해야 할 경쟁 팀이 없는 상황에서는 동료의 허를 찌를 줄 아는 능력이 참가자의 탈락과 생존을 좌우한다. 그래서 익숙한 양상이 자주 펼쳐진다. 참가자들은 득달같이 달려들어 서로를 공격하고, 이전의 협력자가 사나운 경쟁자가 된다. 자기가 손가락질 받지 않으려고 쓸모없어진 동료에게 잘못을 덮어씌우느라 무례한 공격이 난무한다. 집단 간 경쟁이 무의미해지면 집단 내 경쟁이 훨씬 더 뚜렷해진다.

〈어프렌티스〉 참가자들은 상대 팀과 경쟁할 때만 협력한다. 따라서 이런 팀을 집합체의 성공을 최대로 높이려 하는 고차원 '개체'로 보는 것은 전혀 말이 되지 않는다. 그런 관점은 왜 상황이 불리해질 때 참가자들이 동료의 등에 칼을 꽂는지를 하나도 설명하지 못한다. 그보다는 사익을 추구하는, 달리 말해 팀이 성공하도록 힘을 보태는 쪽이 유리할 때는 협력하고 그렇지 않을 때는 협력하지 않는 여러 개인이 모여 팀을 구성한다고 보는 쪽이 타당하다.

이 사례로 보건대, 우리 인간이 형성하는 집단을 초유기체로 보기는 어렵다. 이 가설은 인간 사회에서는 집단 간 경쟁이 집단 내 경쟁보다 한결같이 더 치열하다는 추정을 바탕으로 한다. 다만 이 추정이 성립하려면 개체와 소속 집단의 장기 적합도 이익이 영원히 완전하게 일치해야 한다. 내가 보기에는 이를 탄탄히 뒷받침할 설득력 있는 자료가 아직 없다. 개체의 이익과 소속 집단의 이익이 서로 일치할 때도 많지만 엇갈릴 때도 많다.

개체가 집단의 이익을 위해 행동하는 듯 보여도 실제로는 자신의 성공을 좇는다고 봐야 할 예로 전쟁이 있다. 호모 사피엔스가 기꺼이 전쟁터에 나간다는 주장은 인간이 집단의 이익을 달성하고자 협력하도록 진화했다는 생각이 낳은 전형적인 발상이다. 전쟁을 벌이는 것이 어떻게 사회에 도움이 되느냐 싶겠지만 그럴 수도 있다. 전쟁에서 개인은 표면상 공공의 이익을 위해 목숨까지 내걸고 모든 것을 희생하지만 이러한 희생을 통해 개인이 전쟁에서 공을 세우면 집단에 중요한 이익을 안길 수 있고 실제로도 그렇다.

하지만 전쟁에서 일어나는 협력이 집단 차원의 적응 형질이라고 주장하려면 또 다른 논리의 비약이 있어야 한다. 현대 부족 사회를 대상으로 수십 년 동안 진행한 여러 인류학 연구에 따르면 전쟁에서 공을 세우는 것은 개인에게 이로울 수도 있고(특히 젊은 남성에게 전쟁은 가치 있는 자원을 훔치거나 여성을 납치하거나 전사 지위를 얻을 기회다), 때에 따라서는 집단에 손실을 끼치기도 한다.[8] 다시 말해 개체가 집단 간 경쟁에 뛰어드는 것이 언제나 집단에 이롭지는 않다는 뜻이다. 대체로 전쟁에 뛰어드는 행위는 제 잇속을 챙기려는 개체와도, 충돌의 부산물로 이익을 얻거나 비용을 치르는 집단과도 똑같이 이해가 들어맞는다.

∴ ∴ ∴

지난 10년 남짓한 시기에 개체와 집합체의 경계가 더욱더 흐릿해졌다. 다세포 유기체가 활발히 움직이는 다양한 미생물을 몸속에 품고 공생한다는 사실이 밝혀졌기 때문이다. 이를테면 인간의 창자에는 우리 몸 전체의 세포 수만큼이나 많은 미생물 세포가 산다.[9]

흔히 미생물을 병원체로 생각하지만 이 중 상당수가 꽤 이로운 역할을 한다. 숙주가 먼저 미생물을 찾을 때도 숱하다. 노린재*는 먹이를 소화할 때 창자에 서식하는 미생물에 크게 의존한다. 때문에 새끼들이 부화했을 때 생명 유지에 필수인 공생 박테리아를 첫 먹이로 섭취할 수 있도록 공생 박테리아가 잔뜩 든 자

---

* 노린재과Pentatomidae에 속하는 곤충을 가리키는 총칭이다. 세계 곳곳에 다양한 종이 서식한다. 이 가운데 썩덩나무노린재는 번식성이 매우 높은 해충이다. 얼마 전에 우리 집에서도 한 마리를 발견했는데, 어리석게도 녀석을 그만 손으로 잡고 말았다. 이런 실수를 저질렀을 때 악취를 없애는 법은 중탄산소다뿐이다. 칼라하리사막에서도 노린재를 흔히 볼 수 있었는데 노린재가 내 밥에 똥을 싸는 바람에 음식을 버린 적이 한두 번이 아니다.

그마한 분변 알갱이 위에 알을 낳는다.[10] 새끼들이 공생 박테리아를 섭취하지 못하면 먹이인 식물을 소화하지 못하기 때문이다. 나무를 소화하는 흰개미의 희귀한 능력도 창자에 서식하는 미생물에 좌우된다. 흰개미들은 같은 군락에 속하는 동료들의 항문에서 미생물이 잔뜩 든 배설물을 핥아 공생 박테리아를 확보한다.

역겹게 들리는 습성이지만 갓난아이도 그리 다르지 않은 방식으로 장내 세균(박테리아)을 얻는다. 자궁 속 태아는 세균이 없는 환경에서 자란다. 그러다 태어날 때 처음으로 미생물과 마주한다. 엄마의 질을 통과하는 동안 엄마의 창자에서 나온 몇몇 세균이 태아의 창자로 옮겨가 아이의 면역계가 발달하도록 시동을 건다. 반면 제왕절개로 태어난 아이들은 미생물 군집에 노출되지 않아 장내 유익균을 거의 얻지 못한다. 최근 한 연구에 따르면 자연분만으로 태어난 아이와 제왕절개로 태어난 아이의 장내 미생물의 양이 일곱 살이 될 때까지도 뚜렷하게 차이가 났다. 또 제왕절개로 태어나 장내 미생물의 다양성이 적으면 천식, 알레르기, 습진 같은 여러 아토피 질환에 잘 걸리는 원인이 되기도 한다.[11]

이렇게 보면 미생물과 숙주가 서로 깊이 의존하며 사는 듯하다. 어떤 과학자들은 이를 근거로 미생물의 유전체와 숙주의 유전체를 단일 결집체, 즉 통합유전체hologenome로 봐야 하고, 숙주와 미생물이 분리할 수 없는 단일체, 즉 통합생명체holobiont로 존재한다고 주장한다.

하지만 나는 그렇게까지 광범위한 범주가 타당하다고 생각하지 않는다. 실제로 다세포 숙주가 의존하는 많은 미생물이 자연환경에서 독립적으로 생활하는 개체군으로도 존재해, 미생물과 숙주가 한 운명으로 엮이지 않는다는 것을 보여준다. 게다가 숙주마다 수백에서 수천 종에 이르는 다양한 미생물이 서식하는데, 이토록 다양한 여러 집합체가 자연선택에 따라 단일 결집체를 형성할 리가 없다. 또한 우리에게 이롭거나 적어도 해롭지 않은 미생물이 돌변해 조절 장애를 일으키거나 암세포의 성장과 확산을 돕는 경우도 있다. 간단히 말해 미생물에 숙주에 도움이 되는 형질이 있더라도 이런 형질이 숙주에 이롭기 때문에 진화했다고 보기는 매우 어렵다. 미생물은 우리에게 중요한 협력자이긴 하지만 개체인 우리와 한 몸은 아니다.

그런데 개체와 한 몸으로 봐도 될 만한 세균이 하나 있다. 바로 미토콘드리아mitochondria다.[12] 모든 다세포 생물과 협력하는 미토콘드리아는 우리 몸의 모든 세포 속에서 에너지를 만든다. 원핵세포가 이 자그마한 에너지 발전소를 얻은 사건이 진핵세포가 만들어지는 혁신의 열쇠가 되었다. 지구 역사에서 단 한 번 일어난 이 사건 덕분에 생물의 계통수에서 모든 동식물을 포함한 다세포 생물의 가지가 뻗어나갔다.

틀림없이 세균으로 독립생활을 했을 미토콘드리아는 우연히 마주한 진화의 행운 덕분에 세포 속에 안착했다. 이 일이 정확히 어떻게 벌어졌는지는 명확하지 않다. 설득력 있는 가설은 포식세포였던 숙주세포가 더 작은 미토콘드리아를 꿀꺽 삼켰다가 소화하지 못했다는 것이다. 나중에 보니 이 소화 불량이 포식자와 피식자에게 모두 이로웠다. 숙주세포는 공짜로 에너지를 공급받았고 숙주세포 속에 갇힌 미토콘드리아는 외부 세계의 위협에서 벗어났다.

미토콘드리아가 공급하는 에너지 덕분에 진핵세포가 원핵세포보다 평균 1만 5,000배나 커질 수 있었고 새로운 생태 지위를 이용해 작은 다른 세포를 쉽게 집어삼킬 수 있었다. 또 신진대사가 활발해져 더 많은 일을 할 수 있었다. 세포의 에너지는 대부분 단백질 합성에 쓰인다. 진핵세포는 세포 속에 있는 에너지 발전소에 힘입어 유전체 규모를 키우고 단백질을 빠르게 합성할 수 있었다. 단백질을 빠르게 대규모로 합성하고 여러 방식으로 결합하면 세포의 크기와 복잡성이 커져, 세포 속에 다양한 기관을 만들고 기관마다 다양한 기능을 맡길 수 있다.

세균에서 비롯했지만 미토콘드리아는 다른 미생물 군집과 달리 개체의 일부다. 공생하는 생명체와 평생 운명을 함께하기 때문이다. 미토콘드리아가 번식할 유일한 길은 개체를 구성하는 세포와 함께 이동하는 것뿐이다. 이는 왜 개체가 진화의 발명품인지를 다시 한 번 뚜렷이 보여준다. 개체를 만들려면 개체를 구성하는 단위 사이의 갈등을 거의 모두 억눌러야 한다. 여기서 가장 중요한 단어는 '거의'다.

03 ——

내부의 적

어머니 자연은 심술궂은 늙은 마녀다.[1]

조지 C. 윌리엄스 George C. Williams

    지금까지 협력은 창조하는 힘, 유전자와 세포를 하나로 묶어 새로운 존재를 만들어내는 힘이었다. 하지만 협력이 존재하는 곳에는 어디든 갈등이 불거질 위험이 도사리고 있다. 우리 몸을 구성하는 세포들은 시시때때로 티격태격 다투고, 그런 세포 안에 존재하는 여러 유전자도 서로 비슷하게 부딪쳐 유전체 내 갈등intragenomic conflict[2]을 일으킨다. 협력이 원활하게 잘 이루어지려면, 그러면서도 전체를 온전히 보전하려면 이런 내부 갈등을 줄이거나 없애야 한다.

여기서 기억할 것이 있다. 우리 세포 속에는 더 작은 하부 단위인 미토콘드리아가 들어있다는 것이다. 한때 자유로운 세포 기관이었던 미토콘드리아는 혼자 힘으로 살기보다 세포와 한 팀을 이루는 길을 선택했다. 바로 앞에서 다뤘듯 미토콘드리아와 숙주세포의 갈등은 사소하다. 하지만 이 결합에 잡음이 전혀 없다는 뜻은 아니다. 유전자 대부분을 차지하는 핵유전자와 달리 미토콘드리아에 들어있는 얼마 안 되는 유전자는 모계로만 유전한다. 우리 몸속의 미토콘드리아는 모두 어머니에게서, 할머니에게서, 할머니의 할머니에게서 물려받은 것이다. 따라서 수컷 몸속의 미토콘드리아 유전자는 진화에 아무 쓸모가 없으므로 미토콘드리아 유전체 속 유전자는 수컷 후손보다 암컷 후손을 편애한다.

유전체에서 일어나는 이런 편애로 암컷 후손과 수컷 후손의 특성에 뚜렷한 차이가 나타나기도 한다. 이러한 현상을 '어머니의 저주Mother's Curse'라고 부르는데, 어떤 미토콘드리아 유전자가 암컷 후손에게 유리한 형질을 전달하면 그 유전자는 수컷 후손에게 심각한 손상을 입히더라도 보존된다. 그 예로 주로 젊은 남성에게 나타나는 레버 유전 시신경 병증이 있다. 미토콘드리아 유전자의 변이 때문에 일어나는 이 질환이 발병하면 환자는 시력이 약해지다 결국 양쪽 시력을 모두 잃는다.

프랑스계 캐나다인 가운데 이 질환을 앓는 남성 환자들을 추적해보니 모두 1600년대 후반에 퀘벡으로 이주한 한 여성의 후손이었다. 당시 새로운 식민지 누벨프랑스에 여성이 너무 모자라자 루이 14세가 성비를 바로잡아 남성들을 정착시키고자 여성들을 보냈다. 그런데 1669년에 퀘벡에 도착한 이들 중 레버 유전 시신경 병증을 일으키는 유전자를 보유한 여성이 있었다. 그녀는 결혼해 딸 다섯을 낳았고 증손녀 스물한 명을 뒀다. 이들은 모두 같은 미토콘드리아 유전자를 보유했고 그 유전자가 오늘날까지도 남성 후손들에게 전달된다.[3]

유전체 내 갈등은 생식세포를 형성하는 염색체 감수분열에서 상동염색체homologus choromosome가 불균등하게 나뉘는 감수분열 분리비 왜곡meiotic drive이 벌어질 때, 즉 어떤 유전자가 대립 유전자보다 생식세포에 더 많이 들어가려고 속임수를 쓸 때도 일어난다. 동식물의 모든 유전자는 복제되는 생식세포에 어떻게든 올라타려고 '시도'*한다.

하지만 생식세포 생성은 유전자 버전 제비뽑기와 비슷하다. 생식세포가 만들어지는 복잡한 과정인 감수분열은 카드 한 벌을

---

* 여기서 '시도'란 유전자에 의도나 욕구, 욕망이 있다는 뜻이 아니라 복잡한 개념을 요약하는 데 도움이 되는 직관적 표현이다. 리처드 도킨스의 말마따나 "유전자를 의식과 목적이 있는 행위자로 봐서는 안 된다. 하지만 앞뒤 가리지 않는 자연선택은 마치 유전자가 목적이 있는 듯 행동하게 한다. 게다가 지금껏 유전자를 목적이라는 단어로 간단히 언급하는 것이 편리했다."

두 묶음으로 나누기 전에 뒤섞는 것과 비슷하다.* 카드 한 묶음은 생식세포 하나에 해당하고 묶음 속 카드 한 장은 유전자 하나에 해당한다. 따라서 생식세포는 체세포에 견줘 염색체와 유전자를 반밖에 보유하지 않는다. 완벽한 염색체 한 쌍은 생식세포 하나가 다른 생식세포를 만나 수정되어야 복원된다.

여러 생식세포 가운데 수정되는 세포는 대체로 하나뿐이어서 생식세포가 만들어질 때 유전자 사이에 다툼이 일어나기도 한다. 어떤 유전자가 운 좋게도 새 개체를 형성할 생식세포에 포함될 확률은 50퍼센트다. 이때 어떤 이기적 유전자가 자기에게 유리하게 속임수를 쓸 줄 안다면 규칙대로 움직여 협력하는 유전자와의 경쟁에서 앞설 것이다. 그렇다면 이런 유전자들은 어떻게 상대를 속일까? 어떤 유전자는 몰래 자신을 복제해 상동염색체가 분리하기에 앞서 모든 염색체에 출현한다. 카드 배분에 빗대자면 카드 한 장이 자신을 복제해 양쪽 묶음에 모두 들어가는 셈이다. 그러면 수정될 생식세포에 확실하게 올라탈 수 있다.

그런가 하면 어떤 유전자는 조용한 암살자가 되어, 자신이 포함되지 않은 생식세포를 식별해 모조리 제거해버린다. 이런 암살자 유전 인자는 정자나 난자의 수를 줄여 생식 능력을 떨어뜨리기도 한다. 인간 부부 일곱 쌍 중 하나가 임신에 어려움을 겪는데[4], 감수분열 분리비 왜곡 같은 현상을 일으키는 이기적 유

---

* 정확히 말하면 카드 한 벌을 복제한 다음, 뒤섞어 네 묶음으로 나누는 것과 비슷하다. 하지만 결과가 같고 더 이해하기 쉬우므로 위와 같이 설명한다.

전자 변이를 주요 원인으로 봐도 무방할 듯하다.[5] (물론 문제의 유전자가 실제로 무엇인지 밝히는 것은 여전히 만만찮은 도전이다.)

이기적 유전자 변이를 사람에 빗대어 설명하면 줄을 서지 않고 맨 앞으로 끼어드는 새치기꾼이라 할 수 있다. 새치기꾼은 이런 식으로 약삭빠르게 이익을 얻으면서도 비용은 참을성 있게 줄을 선 나머지 사람들에게 떠넘긴다. 새치기꾼이 줄 선 사람들을 우습게 여기듯 이기적 유전자도 자기 목적을 이룰 수 있다면 그에 따른 혼돈은 그다지 신경 쓰지 않는다. 그러므로 이기적 유전자가 숙주인 생명체에 아무리 심각한 해를 끼친다 해도 걸리지만 않는다면 그런 못된 전략을 이용해 개체군에 빠르게 퍼질 수 있다. 여러 연구에 따르면 이런 문제를 없애는 데 가장 효과적인 해결책은 협력이다.

제 잇속만 챙기는 몇몇 이기적 유전자가 집합체의 번영을 무너뜨리지 못하게 막고자, 유전자들은 '유전자 의회parliament of genes'[6]라는 공동 전선을 형성한다. 영국에서 정치 싸움이 벌어지는 하원 의사당에서는 토론을 주재하는 의장이 의원들을 단속해 규칙을 지키게 한다. 유전체에는 그런 권위자가 없다. 대신 다수결 원칙이 공정을 집행한다. 다시 줄 서기 비유로 돌아가면, 유전자도 참을성 있게 줄을 서서 기다리는 사람들과 비슷한 방식으로 협력한다. 얍삽하게 새치기하는 배신자가 부당하게 앞서 나가지 못하게 막고자 함께 힘을 합친다. 이런 다수의 협력이 몇몇 이기적 유전자가 전체 체계를 무너뜨리지 못하게 막는다.

∴ ∴ ∴

흔하디흔한 여러 질환도 제 잇속만 좇는 무법자 유전자나 세포로 보면 더 이해하기 쉽다. 나아가 이 관점을 통해 치료법까지 찾아낼 수 있다. 이런 질환 가운데 가장 눈에 띄는 것은 암이다. 인류가 암을 두려워한 역사는 그리 길지 않다. 약 1만 2000년 전 농업 혁명이 일어나 다닥다닥 모여 산 뒤 지금껏 인간 대다수가 걱정한 건강 문제는 감염병이었다. 코로나19는 말할 것도 없고 에볼라, 독감 같은 질병에서도 경험했듯 감염병은 지금도 매우 큰 걱정거리다. 다행히 지난 100년 남짓한 기간 동안 공중위생과 현대 의학이 눈부시게 발전한 덕분에 감염병에 걸릴 확률은 현저히 줄었다.

하지만 우리가 감염병에 맞서는 능력을 키우는 사이, 암이라는 새로운 악마가 등장했다. 최근 추정에 따르면 우리 중 절반이 언젠가 암을 진단받을 것이라고 한다. 2020년 한 해에 미국에서만 180만 명이 암을 진단받았다.[7] 시간당 200명 넘게, 분당 세 명 남짓이 암을 진단받은 셈이다.

우리가 특히 암을 걱정하는 까닭은 낌새도 없이 온몸에 퍼지는 탓에 손쓸 길이 없어 보이기 때문이다. 암은 우리 몸 안에 도사리고 있는 내부의 적이다. 몸속 세포에 변이가 일어나 생긴 암세포는 세포가 제대로 성장하고 활동하도록 조절하는 점검과 통제 기제를 빠져나간다. 종양이 암으로 바뀌려면 세포에 반드시

몇 가지 '특질'이 나타나야 한다.[8]

첫째, 자체 성장 신호를 만들고 종양에 영양을 공급할 혈관을 확보해야 한다. 그렇게 해야 원래는 정상 세포의 활동에 사용되어야 할 자원을 암세포가 쏙 빼갈 수 있다. 둘째, 세포가 죽지 않아야 한다. 체세포 대다수에는 세포가 분열한 횟수를 기록하는 '노화 시계'인 텔로미어telomere가 들어있다. 정상 세포는 어떤 나이, 그러니까 미리 정해진 분열 횟수에 다다르면 분열을 멈춘다. 이와 달리 암세포는 노화 시계를 꺼 나이를 먹지 않는다. 셋째, 회피력도 어마어마하게 세야 한다. 암세포는 세포 밖에서 발생해 세포의 성장을 제한하는 신호에 반응하지 않을뿐더러 자멸 지시를 모조리 무시한다. 마지막으로, 새로운 세포 조직으로 퍼져나가 그곳에 새 종양이 자랄 병터를 만들 줄 알아야 한다. 이 특징이 양성 종양과 전이 종양을 가른다.

처음에는 암을 클론*성 질환으로 여겼다. 암은 위험한 변이를 일으킨 암세포 하나가 자신을 복제해 증식하여 생기는 질환이므로, 암세포는 모두 유전자가 동일하다고 생각했다. 하지만 이 견해가 맞을 리 없다. 딱 한 번 변이가 일어난 세포 하나로는 이 모든 능력이 생겨나기 어렵다. 그보다는 악성 종양이 실제로 갖가지 세포로 구성되고 이 세포들이 하나로 뭉쳐 이런 특질을 획득할 가능성이 크다. 그러니 악성 종양을 잘 이해하려면 제 잇속만

* 세포나 개체 하나가 무성 증식해 만들어지는, 유전자가 똑같은 세포군이나 개체군 ─ 옮긴이

챙기는 이기적 클론이 아니라 협력하는 군집으로 봐야 한다.

종양이 실제로는 여러 '하위 클론'으로 구성되었다는 주장은 1970년대에 처음 등장했다. 하지만 당시에는 불신에 부닥쳐 30년 가까이 이 이론을 거의 아무도 거들떠보지 않았다. 어찌 보면 안타깝기 짝이 없는 실수다. 암 대다수가 예외를 찾아보기 어려울 만큼 이질성을 보인다. 그러므로 암을 일으키는 종양은 여러 세포가 서로 도우며 번성하는 다양한 군집이다. 이를테면 A형 하위 클론의 세포가 사용할 수 있는 성장 인자를 B형 하위 클론의 세포가 분비하고, 그 대가로 A형 세포는 B형 세포가 성장 억제 인자에 반응하지 않게 막아줄 분자를 만든다.[9]

가장 강력한 공격성과 침습성을 보이는 암은 이렇게 다양한 세포가 서로 돕는 군집에서 비롯한다. 이 관점으로 보면 왜 표적 치료제가 어떤 부위에는 효과가 있고 다른 부위에서는 효과가 없는지, 암이 어떻게 치료를 회피해 병세가 차도를 보이는 듯하다가 다시 악화하는지를 설명할 수 있다. 또한 더 효과적인 암 치료법도 찾을 수 있다. 예컨대 전이암에서 종양 전체를 공격하기보다 다른 종양 세포들이 크게 의존하는 세포 유형을 겨냥해 협력 관계를 무너뜨리면 암을 더 잘 공략할 수 있을 것이다.

이러한 관점에서 암을 바라본다면 더 보편적인 요점이 뚜렷이 드러난다. 한쪽에서는 협력인 것이 다른 쪽에서는 경쟁이다. 암세포 군집은 다세포 생명체 안에서 서로 협력하지만 숙주는 이 협력 탓에 크나큰 희생을 치른다. 그래서 쏠쏠하고도 허탈한 상황이 벌어진다. 전투에서 승리한 암일지라도 끝내는 전쟁에서 지고 만다. 암은 대부분 전염하지 않아* 숙주의 몸을 벗어날 길이 없다. 목적을 이루고자 배를 잠깐 납치한들, 배가 가라앉으면 배와 함께 죽는 법이다.

숙주와 암세포 모두 패자가 되는 이 역학 관계를 고려하면 언뜻 모순처럼 들렸던 말도 설명할 수 있다. 우리를 포함한 다세포 생명체는 대부분 암에 걸리지 않는 데 선수다. 그런데 우리 가운데 절반은 살아가는 동안 언젠가는 암에 걸린다. 이 설명이 어떻게 둘 다 맞을 수 있을까? 우리 몸에는 30조 개가 넘는 세포가 있고, 1분에 약 1억 개**가 복제되어 교체된다. 더불어 우리 몸이 세포 하나를 복제할 때마다 오류, 즉 변이가 일어날 위험이 있다. 세포의 유전 정보를 복제하는 일은 이 책을 처음부터 끝까지 오타 하나 없이 베끼는 작업을 한없이 반복하는 것과 같다. 이렇게 생각하면 우리 몸에 날마다 새로 암이 생기지 않는 것이 놀라울 따름이고, 암이 불운이라기보다 유전에 따른 어쩔 수 없는 일로 보인다.[10]

---

* 드물지만 전염하는 암도 있다. 대표적인 예는 태즈메이니아 데빌Sacrophilus harrisi을 괴롭히는 데빌 안면 종양devil facial tumour disease이다.
** 학자에 따라 약 2억 개로 보기도 한다. ─옮긴이

실제로도 세포가 분열하는 동안 암을 일으킬 만한 변이가 시시때때로 나타난다. 하지만 오랜 진화 역사에서 무법자 세포를 수없이 마주쳤던 유전자들은 이런 배신자가 침입하지 못하도록 막는 여러 점검-통제 기제를 발달시켰다. 국제공항에 승객들의 주머니를 비우고 여권을 확인하는 여러 보안 절차가 있듯, 우리 몸속 세포들에도 비슷한 기능을 담당한 단백질을 생성할 유전자가 들어있다. 이들은 세포 분열 과정을 승인하기에 앞서 모든 유전 정보가 정상인지 점검한다. 우리 유전자가 모든 암세포와 마주한 셈이니 우리 몸은 대체로 암세포에 맞선 전쟁에서 우위에 있다. 공항 보안 심사가 비행기를 추락시킬 별별 희한한 방법을 찾아내는 범죄자에 맞서 "신발 벗으세요!", "액체류는 반입 금지입니다!"라고 외치며 갖가지 점검을 강화해 갈수록 까다로워지듯, 세포 점검 기제도 과거 배신자와 벌인 다툼에 맞춰 기준을 올렸다. 이와 달리, 암을 일으킬 위험이 있는 세포는 숙주의 방어를 무너뜨릴 최선책을 유전적으로 대비하지도, 알아차리지도 못한 채 등장한다. 따라서 대개는 다행히도, 세포의 보안 병력이 이런 침입자를 처음부터 낚아채 쉽게 제거한다.

그렇다면 사람이 나이를 먹을수록 암에 더 잘 걸리는 까닭은 무엇일까? 여기서 또다시 자연선택이라는 냉정한 손이 작용한다. 자연선택은 생명체가 나이를 먹을수록 무디게 작동한다. 한 생명체가 무사히 생존해 번식할 수 있다면 유전자에 노인병이 비집고 들어와 발판을 다지게 할 특성이 포함되어 있더라도 거

세계 방어하지 않는다. 그 바람에 우리 가족도 몹시 심각한 위기를 겪었다. 엄마가 마흔 살이 채 되지 않았던 2004년에 대장암을 진단받았다. 다행히 완치되었지만 10년이 지난 후 더 위험한 유방암을 진단받았다. 이번에는 예후가 훨씬 암울했다. 엄마는 그렇게 세상을 떠났고 다만 이 세상에는 엄마의 아들딸들이, 그리고 손주들이 남았다. 그리하여 자연선택의 냉혹한 논리에 따라 엄마는 승자로 기록된다. 진화생물학자 조지 C. 윌리엄스가 옳았다. 어머니 자연은 심술궂은 늙은 마녀다.

제2부

가족의 탄생

인간은 혼자서는 제대로 살아갈 수 없다. 우리는 다른 사람과 함께 어울리기를 좋아한다. 사실 함께할 사람이 반드시 있어야 한다. 인간이 자신이 사회적 상호작용에서 배제되었다고 느끼는 순간, 뇌가 통증 신호를 보낸다. 그 신호는 손을 데이거나 뼈가 부러졌을 때 뇌에서 울리는 경보 신호와 똑같다.[1] 게다가 외로움은 수면 장애부터 면역 기능 약화, 사망 위험 증가까지 우리 삶을 서서히 좀먹는 갖가지 부작용으로 이어진다.[2]

함께 살아가는 생활 방식은 집단생활의 장점을 객관적으로 평가하기조차 어려울 만큼 우리 삶에 깊이 배어있다. 하지만 사람들과 어울려 살아가는 데는 그만큼의 대가가 따른다. 많은 인원이 모여 살면 병에 걸리기 쉽고 한정된 자원 탓에 경쟁도 치열해진다. 집단생활 때문에 마음대로 행동할 수 없을 때도 있다. 친구들과 함께 저녁을 먹으러 간다고 해보자. 다른 시간에 다른 식당에 가고 싶어도 친구들과 함께 움직여야 할 때는 서로 타협

해야 한다. 이렇듯 집단생활의 대가가 너무 혹독한 탓에 북극곰을 포함한 많은 종이 독립생활을 한다.

그렇다면 왜 어떤 종은 굳이 무리를 지어 살아갈까? 집단생활을 하면 혹독한 환경에 둘러싸인 개체에게 보호막이 되고, 때로는 치러야 할 대가를 충분히 넘어서는 이익을 얻는다. 남극에 눈보라가 몰아치고 살을 에듯 추운 겨울이 닥치면 황제펭귄 수천 마리가 온기를 유지하려고 몸을 다닥다닥 붙인 채 허들huddle이라고 부르는 어마어마한 집단을 형성한다.[3] 실제로 허들의 효과는 굉장히 뛰어나다. 가장 안쪽에서 체온을 올린 황제펭귄들은 몸을 식히려고 슬슬 바깥쪽으로 나와 다른 황제펭귄들과 자리를 바꾼다. 위에서 내려다보면 황제펭귄 군집이 마치 끝없이 유동하는 액체처럼 보인다.

집단생활은 포식자를 막아줄 보호막도 제공한다. 아프리카 동부의 넓은 초원에 사는 영양은 거대한 무리를 이루어 살아간다. 많이 모이면 안전하기 때문이다. 집단의 구성원 수가 N일 때 사자의 사냥감이 될 확률은 N분의 1이므로 수가 많을수록 희석 효과가 뚜렷해진다. 또 포식자가 사냥감 무리를 공격할 때 목표물 한 마리를 특정해 뒤쫓기 어려운 혼란 효과가 생겨 사냥감이 되었더라도 살아남을 확률이 높아진다. 게다가 무리의 규모가 커지면 주위를 둘러볼 눈도 많아져 몸을 웅크리고 호시탐탐 기회를 노리는 포식자의 위치를 미리 알아챌 수 있다. 따라서 먹이 찾기나 짝짓기 같은 더 쓸모 있는 활동을 포기한 채 바짝 신경을 곤두세워야 하는 시간이 줄어든다.

세포의 상호작용을 자세히 들여다보면 먼 옛날 독립생활을 하던 단세포가 진화 과정에서 다세포 생명체로 탈바꿈한 까닭이 포식자 회피로 얻는 이익 때문이었을 수 있다는 실마리가 보인다. 실험실에서도 시험관과 단세포 녹조류, 흔한 연못물 조금만 있으면 단세포 선조들이 다세포 생물로 진화하는 과정을 확인할 수 있다. 조류를 배양하는 시험관에 단세포를 잡아먹는 포식자를 집어넣으면 단세포 조류들은 하나로 뭉쳐 다세포 덩어리를 형성한다. 다세포 덩어리의 크기가 대체로 세포 여덟 개로 구성되니, 이 크기가 집단생활의 비용과 이익에 완벽히 맞아떨어지는 지점일 것이다. 이 정도면 모든 세포가 배양액의 영양분을 계속 흡수할 수 있을 만큼 작으면서도 포식자에게 잡아먹히지 않을 만큼 크다는 뜻이다.[4]

하지만 이런 집단은 대개 잠깐 동안 뭉쳤다가 쉽게 흩어진다. 포식자의 위협이 있느냐 없느냐에 따라 크기가 늘었다 줄었다 한다. 실험실에서 일부러 만든 조류 세포 덩어리도 포식자가 사라지면 독립생활로 돌아간다. 즉, 사자에 먹히지 않으려고 잠깐 무리에 합류하는 것과 안정된 집단에 구성원으로 뿌리내리는 것은 다른 일이다.

인간의 눈으로 보면 집단생활은 세상에서 가장 자연스러운 모습이다. 하지만 함께 어울려 살아가는 안정된 집단은 믿을 수 없을 만큼 특이한 현상이며 진화가 집단생활의 비용과 이익을 정교하게 평가하여 나타난 결과물이다. 많은 영장류가 무리를 지어 함께 살아가고 있으며 인간도 예외가 아니다. 그런데 대형 영장류 중에서도 인간은 독특한 특징을 보인다. 우리는 사회뿐 아니라 가족이라는 안정된 집단도 이룬다. 엄마는 자식을 키울 때 다른 식구의 도움을 받는다. 아버지, 형제자매, 조부모 등으로 구성된 가족의 진화는 인간이 초협력하는 종의 길로 들어서는 중요한 첫걸음이었다. 그러니 이제부터 왜 인간이 가족을 이루었는지 살펴보자. 시작은 가장 중요한 가족 구성원, 바로 엄마와 아빠다.

엄마와 아빠

동물이 오로지 이기적 동기에만 좌우된다는 선생님의 말씀에
이의를 제기합니다. 모성 본능을 생각해보십시오. 사회본능은
또 어떻습니까. 개는 얼마나 이타적인가요! 제가 보기에는 우
리 인간에게 양심이 있듯 하위 동물에게도 분명히 사회본능이
있습니다. 저는 정말로 하위 동물이 우리와 그리 다르지 않다
고 생각합니다. 하지만 이건 사소한 문제지요.[1]

찰스 다윈

"아이를 키울 때 가장 힘든 시기는 첫 40년이다."

진화심리학자 로빈 던바Robin Dunbar가 한 농담이다. 나 역시
코로나19로 학교가 봉쇄되어 여섯 달 동안 아이들과 꼼짝없이
붙어 지내보니, 던바가 왜 그렇게 말했는지 절로 고개가 끄덕여
진다. 하지만 보통 때도 우리는 자식에게 아주 많이 투자하는 종
이다. 인간 사회에서는 부모가 아이를 돌보는 것이 워낙 자연
스러워 이런 행동이 진화적으로 설명해야 할 만한 이타적 습성
이라는 생각이 퍼뜩 떠오르지 않는다. 하지만 자식을 보호하거

나 곁에서 떼 놓지 않은 채 젖을 먹이는 행동은 모두 값비싼 투자다. 복잡한 구조의 눈처럼 먼 옛날에는 아예 존재하지 않았던 '보살핌'이라는 개념이 서서히 진화해 오늘날에 이르렀다. 그런데 왜 굳이 성가시게 자식을 돌보는 종들이 생겨났을까?

이런 세상을 한번 상상해보자. 개체가 자식을 되도록 많이 낳아 번식 성공도를 최대로 높이는 대신 자식에게 거의 아무것도 투자하지 않는 세상. 사실 굳이 상상하지 않아도 된다. 자식에게 최소한만 투자하는 부모가 실제로 많다. 곤충을 포함한 무척추동물에서는 부모가 새끼를 돌보는 일이 드물다. 물고기도 알을 낳고 정액을 뿌릴 뿐 수정란이 알아서 크게 내버려둔다. 뻐꾸기와 찌르레기 같은 종들도 다른 새의 둥지에 알을 낳고 달아나 성가신 양육 의무를 남에게 떠넘긴다.

하지만 반대로 새끼에게 모든 것을 남김없이 주는 종도 있다. 아마우로비우스 페록스Amaurobius ferox거미는 세심하게 산란 둥지를 만들고 이파리로 가린 뒤 4주 동안 알을 품는다. 새끼가 알을 깨고 나오면 어미는 수정되지 않은 알을 낳아 먹이로 제공한다. 그리고 이삼일 뒤, 새끼에게 제 몸을 산 채로 내준다. 어미 거미가 새끼인 포식자에게 속절없이 잡아먹히는 것이 아니다. 그러기는커녕 자신을 먹으라고 새끼들을 적극적으로 부추긴다.[2] 이 값진 식사를 마친 새끼들은 둥지를 떠날 때 몸집이 더 커져 더 많이 살아남는다. 어미 거미가 제 한 몸을 희생해 새끼들이 최상의 상태에서 삶을 시작하도록 돕는 것이다. 말하자면 은 수저를 물려주는 셈이다.

아마우로비우스 페록스 같은 극단적 사례가 아니어도 부모가 어떤 식으로든 자식을 보살피는 것은 이미 생식이라는 높은 비용을 치른 것 외에 부가 비용을 더한다는 의미다. 여기서 짚고 넘어가야 할 사실이 있다. 자원은 무한하지 않다. 어느 동물이든 생식과 생존에 쓸 수 있는 자원은 한정되어 있다. 마치 예금 계좌에 들어있는 돈과 같다. 지금 이 돈을 쓰면 다른 데 쓰거나 나중에 쓸 돈이 줄어든다. 생식의 대가가 생존일 수도 있고, 지금 새끼를 기르는 데 투자하는 대가로 다음 새끼를 얻지 못할 수도 있다.* 부모가 예금, 즉 자원을 쓰려면 자식에 쌓이는 생존 편익과 번식 편익이 관련 비용을 상쇄해야 한다.

내가 알기로 손에 꼽게 헌신적인 부모는 칼라하리사막에서 연구할 때 알게 된 남방노란부리코뿔새Tockus leucomelas다. 남방노란부리코뿔새는 성나 보이는 눈, 독특하게 구부러진 노란 부리에 모양새가 볼품없는, 조금 희한하게 생긴 새다. 우리가 연구하던 현장에는 과학자 수십 명이 보호구역 주변의 다양한 종과 관련한 자료를 모으느라 늘 사람이 오갔다. 그래서인지 남방노란부리코뿔새 몇 마리가 사람에게 길들었다. 내 연구 분야는 아니었지만 나는 이 녀석들을 즐겁게 지켜보았다. 특히 번식기 모습

---

* 암컷의 수명이 끝나갈 즈음에는 나중에 쓰려고 자원을 아낄 이유가 없으니 현재 생식이 미래 생식을 심각하게 희생시키지 않는다. 따라서 암컷은 생식 수명이 막바지에 이를 때 일어나는 생식 활동에 대체로 더 많이 투자한다.

이 흥미로웠다.

남방노란부리코뿔새는 번식기가 되면 암컷과 수컷이 끈끈한 유대를 형성한다. 수컷이 암컷에게 음식을 갖다주고 가끔은 형형색색의 꽃까지 물어 날랐다. 암컷에게는 이런 구애 기간이 수컷이 배우자와 아버지로 적합한지 판단할 중요한 기회다. 새끼를 기를 때 수컷에게 완전히 의지해야 하기 때문이다. 다른 코뿔새가 모두 그렇듯 남방노란부리코뿔새 암컷도 나무 구멍 속에 둥지를 틀고 들어간 다음, 마치 자신을 가두듯 먹이를 받을 좁은 틈만 남기고 입구를 막은 채 알을 낳는다. 암컷과 둥지 속에서 부화한 어린 새끼들의 목숨을 살릴 생명줄은 수컷뿐이다. 암컷이 둥지에 자신을 가둔 채 알을 낳고 품는 약 40일 동안, 그리고 부화한 새끼들이 어느 정도 자랄 때까지 수컷은 좁은 틈으로 암컷과 새끼들이 먹고살 먹이를 건넨다.[3] 남방노란부리코뿔새는 부모가 새끼를 살리려고 얼마나 애쓰는지를 생생하게 보여준다.

진화가 새끼에게 어느 정도 투자하는 부모를 선호한다면 실제로 이 비용은 누가 치러야 할까? 자연에서 일어나는 놀랍고도 수수께끼 같은 양상 중 하나는 겉보기에는 암수를 쉽게 구분하기 어려운 종일지라도 누가 새끼를 기르는지를 보면 성별을 가늠할 수 있을 구분이 가능한 때가 많다는 것이다. 눈에 띄는 몇

몇 예외를 제외하고, 부모가 새끼를 돌보는 종 가운데 대부분이 새끼 돌보기를 모두 또는 대부분 암컷이 떠맡는다. 수컷은 자신의 도움이 새끼들에게 중요한 추가 이익이 될 때, 또는 새끼 곁에 머물지 않는다면 얻을 수 있는 생식 기회를 보상할 때만 주위에 머물며 새끼를 돕는다.

물론 이러한 일반 규칙에도 예외가 있다. 앞에서 살펴봤듯이 남방노란부리코뿔새 수컷은 새끼를 애지중지한다. 또 얼마 안 되지만 몇몇 종에서 수컷이 새끼 양육의 의무를 모두 떠맡기도 한다. 체외 수정을 하는 물고기에게서는 이런 일이 흔히 벌어진다. 암컷이 수컷의 영역에 알을 낳아 수컷에게 새끼를 보살필 의무를 맡기고 떠날 수 있기 때문이다.[4] 새들은 대개 암수가 함께 새끼를 보살피지만 그래도 새끼에게 더 많이 투자하는 쪽은 주로 암컷이다.

인간 사회에서는 대체로 아빠보다 엄마가 자식에게 더 많이 투자한다. 첫 희생은 태아가 엄마 배 속에 있는 동안 발생한다. 모든 포유류 암컷이 임신 기간에 많은 희생을 치르지만 인간 여성은 특히 더 많은 대가를 치르는 듯하다. 다른 영장류에 비해 인간의 아이는 태어났을 때 몸집이 더 큰데도 뇌 성장은 대부분 출산 이후에 일어난다. 따라서 갓 태어난 아이는 세상을 마주할 준비가 되어 있지 않다. 인지 능력과 운동 능력이 떨어지고 청력과 시력이 어른에 미치지 못해 의식주를 오롯이 보호자에게 의존한다. 실제로 갓난아이가 새끼 침팬지 같은 인지 능력과 운동 능력을 갖춘 채 태어나려면 엄마 배 속에서 아홉 달을 더 버티다 태어나야 한다.

몇 해 전까지만 해도 여성이 성장이 덜 된 아이를 출산하는 까닭이 태아가 성장할수록 두개골 크기 또한 커져 산도를 빠져나오지 못하기 때문이라고 생각했다. 하지만 2012년에 발표된 한 연구는 완전히 다른 이야기를 한다. 사람의 임신 기간을 아홉 달로 제한하는 원인은 몸의 구조가 아니라 에너지라는 것이다. 임신 막바지에 이르면 임신부의 안정기 에너지 대사율이 임신하지 않은 여성에 비해 두 배나 높을 정도로 치솟는다.[5] 최근 한 연구에 따르면 임신한 여성의 몸이 요구하는 대사 에너지가 무려 울트라 마라톤을 뛰는 선수의 몸이 요구하는 대사 에너지에 맞먹었다.[6] 그러니 출산은 태아의 머리 크기 때문이 아니라 임신부의 대사 에너지 요구량이 한계에 이르러 촉발되는 것으로 보인다.

물론 태아를 돌보느라 들어가는 에너지는 출산으로 끝이 아니다. 앞으로도 여러 해 동안 아이를 먹이고 보호해야 한다. 출산 뒤에도 아이에게 더 많이 투자하는 쪽은 아빠보다 엄마다. 엄마가 아이를 더 많이 보살피는 현상은 타고난 본능이 아니라 습득한 문화에 뿌리박고 있다는 주장이 유행을 탔다. 하지만 계통수에서 우리와 가까운 이웃에게로 잠깐 눈을 돌려보면 엄마의 역할에 끝이 없는 것을 하나부터 열까지 모두 가부장제 탓으로 돌리기는 어렵다.

사람은 포유류다. 포유류 중 새끼를 오롯이 암컷이 떠맡아

기르는 종은 무려 90퍼센트가 넘는다.[7] 모든 포유류 암컷이 배 속에 새끼를 품고(오리너구리처럼 알을 낳는 포유류도 있다) 새끼가 태어나면 젖을 물린다. 이때는 수컷이 도울 만한 일이 드물다. 암컷을 떠날 확률도 높아 암컷에게 새끼를 완전히 떠넘기기도 한다. 게다가 새끼에게 가장 필요한 존재는 엄마라는 증거가 뚜렷하다. 자료가 남아있는 모든 인간 사회에서, 장기적 관점에서 아이가 더 잘 자라고 더 많이 살아남는 쪽은 아빠보다 엄마가 있는 쪽이다.

포유류 가운데서도 인간은 수컷이 자식에게 투자하는 몇 안 되는 종이다. 물론 얼마나 투자하느냐는 매우 다양하다. 탄자니아 북부에서 서로 가까운 지역에 사는 하드자족Hadza과 다투가족Datoga을 예로 들어보자. 이들의 거주 지역은 비슷하나 남성이 육아에 보이는 태도는 사뭇 다르다. 하드자족 남성은 아이를 안고 달래고 함께 노는 데 시간을 많이 쏟는다. 하지만 다투가족 남성은 육아를 '여자가 할 일'로 여겨 어린 자식을 돌보기는커녕 말도 잘 섞지 않는다.[8]

다른 종이 그렇듯 인간 수컷도 아이를 돌보려면 대부분 다른 짝짓기 기회를 포기해야 한다. 수컷이 새끼를 돌본다는 것은 다른 암컷을 만나 자식을 낳는 데 쓸 에너지가 줄어든다는 뜻이다. 그러므로 갓난아이를 애지중지하며 돌보는 남성은 자식에게 그리 투자하지 않거나 갓난아이를 돌보지 않는 남성에 견줘 호르몬 특성이 독특하리라 예상할 수 있다. 이런 효과를 낼 만한 가장 유력한 후보는 짝짓기와 관련해 흔히 떠올릴 호르몬, 테스토스테론이다. 물론 갓 아빠가 된 사람의 테스토스테론을 조작하는 실험은 비윤리적이라 시도할 수 없다. 하지만 다른 종에서 이런 실험을 진행한 결과를 보면 모두는 아니어도 많은 경우 수컷에게 테스토스테론을 주사했을 때 짝짓기에 더 관심을 보이고 새끼를 돌보는 데는 관심을 덜 보였다. 차선책으로 사람에게 진행할 만한 실험으로는 종단 연구가 있다. 연구자들은 영향을 미칠 만한 호르몬의 농도를 여러 시기에 걸쳐 측정해 호르몬의 농도 변화가 특정 행동이나 관심사의 변화로 이어지는지 알아냈다. 이에 따르면 아이가 태어날 때 남성의 순환 테스토스테론 수치가 줄었다. 또 기저 테스토스테론 수치가 낮은 남성은 갓난아이를 돌보는 데 시간을 더 많이 쏟고 자식을 돌보는 욕구와 관련한 뇌 영역의 활동이 늘어나는 경향을 보였다. 남성이 자식을 돌보는 풍습이 없는 다투가족 같은 사회에서는 남성들의 테스토스테론 수치에 그런 변화가 나타나지 않아 테스토스테론이 남성의 육아 태도를 조절하는 호르몬이라는 주장과 들어맞는다.[9]

그런데 자식에 투자하는 비용을 훨씬 더 많이 치르는 쪽은 왜 주로 엄마일까? 아주 순진하게 그저 타고난 신체 구조 때문에 여성이 어쩔 수 없이 자식에게 더 많이 투자한다고 주장할 수도 있다. 남성은 아이를 배지도 젖을 물리지도 못하니 여성이 육아를 맡을 수밖에 없다는 것이다. 하지만 동물계로 시야를 넓히면 이런 설명은 설득력이 없다. 암컷이 임신하는 것조차 당연한 일이 아니다. 해마는 수컷이 새끼를 밴다. 새는 임신에 해당하는 포란을 주로 암컷이 맡지만 예외인 종도 있다. 공작은 이 임무를 대부분 수컷이 떠맡는다. 모든 포유류가 그렇듯 갓난아이에게 젖을 물리는 쪽은 여성이지만 엄밀히 따지면 남성도 쉽게 젖을 물릴 수 있다. 남성도 누구나 젖가슴이 있고 젖분비 자극 호르몬인 프로락틴을 주사하거나 섭취하면 남성의 가슴에서도 젖이 나온다. 그런데도 남성은 젖을 물리도록 진화하지 않았다. 포유류 암컷이 새끼를 배고 젖을 물리기 때문에 육아에 더 투자한다고 말하는 것은 돈을 모조리 써버려 돈이 떨어졌다고 말하는, 하나 마나 한 소리다.

우리가 정말로 알고 싶은 것은 바로 이 문제다. 엄밀히 따지면 수컷도 이러한 육아 형질에 값을 치르도록 진화할 수 있었는데 왜 알을 품거나 새끼를 배거나 젖을 물리는 값비싼 투자를 암컷이 모두 독점한 것일까?

암컷이 자식에 더 많이 투자하는 주요 원인은 아이가 틀림없는 자기 자식이라고 확신하기가 수컷보다 더 쉽기 때문이다. 수컷이라는 존재가 피할 수 없는 운명은 자신이 자식의 생부인지 확신하기 어렵다는 점이다. 친자식이 아닌 아이에게 투자하는 것은 진화적으로 값비싼 실수다.

대체로 수컷은 경쟁자가 자기 짝과 교미하는 것을 무슨 짓을 해서라도 막으려 한다. 어떤 수컷은 질투에 눈이 멀어 목숨까지 내건다. 이 끔찍한 사례를 잘 보여주는 동물이 미국호랑거미 Argiope aurantia다. 미국호랑거미 암컷은 특이하게도 정자를 보관하는 저장소가 두 곳 있고 수컷한테는 정자를 전달할 촉수가 두 개 있다. 암컷은 수컷에게 한 번에 한 촉수만 집어넣게 하는데 가끔은 수컷이 어린 암컷을 붙잡고 억지로 암컷의 정자 저장소 양쪽에 촉수 두 개를 모두 집어넣는다. 이때 교미에 성공하면 희한한 일이 일어난다. 수컷의 심장이 멈춰 그대로 죽는다. 궁극의 짝 지키기mate guarding 전략이 아마 이것이지 않을까 싶다. 수컷의 교미 기관이 부풀어 오른 채 죽으면 암컷이나 다른 수컷이 죽은 수컷을 제거하기 어렵다. 죽은 수컷은 아주 성능 좋은 교미 마개 노릇을 하는 셈이다.[10] 수컷이 그런 무리수를 써서라도 기필코 아비가 될 각오가 되지 않은 종에서는 아이가 틀림없는 친자식인지 확신하기 어려운 현실이 아이를 보살피는 값비싼 희생을 주저하게 하는 강력한 진화적 동기로 작용한다.

암컷이 육아를 대부분 떠맡는 이유는 또 있다. 생식 과정에서 암컷은 수컷은 겪지 않는 제약을 타고난다는 점이다. 이 제약은 암컷과 수컷의 정의에서 비롯한다. 암수가 나뉘는 종은 개체가 생산하는 생식세포의 크기로 성별을 구별할 수 있다. 암컷은 상대적으로 크기가 큰 난자를 적게 만들고, 수컷은 상대적으로 작은 크기의 정자를 많이 만든다. 우리가 임신은 반드시 암컷에게서 발생한다는 순환 논법에서 벗어나 해마는 수컷이 임신한다는 사실을 아는 까닭도 이 때문이다. 난자에는 수정란이 성장할 영양분이 들어있지만 정자는 대체로 유전물질의 정보만 전달한다. 생식에서 정자는 기생충과 마찬가지다. 난자가 내놓은 영양분에 올라타 유전자 풀로 가는 공짜 표를 얻을 뿐이다.

난자를 만들려면 정자보다 더 많은 비용이 들기 때문에 암컷은 수컷에 비해 생식세포를 적게 만든다. 따라서 수컷과 암컷은 번식 성공도에서 다른 제약을 마주한다. 이렇게 생각해보자. 모든 난자와 정자가 무도회장에 모여 함께 춤출 이성을 찾아야 한다. 무슨 일이 벌어질까? 난자는 그 수가 적어 희귀한 덕분에 원하기만 한다면 거의 틀림없이 짝을 만난다. 이와 달리 대다수의 정자는 입맛만 다셔야 할 것이다. 이 비유는 현실 세계에서 나타나는 번식 성공도의 제약에 적용할 수 있다. 난자 대다수는 짝이 될 정자를 만나지만 정자 대다수는 난자와 절대 수정하지 못한다. 수컷의 번식 성공도는 얼마나 많은 난자를 수정하느냐. 달리 말해 얼마나 많은 암컷에 접근하느냐에 좌우되다시피 한다. 이와 달리 암컷의 번식 성공도는 얼마나 많은 수컷에 접근하느냐가 아니라 시간과 자원이라는 생태 통화에 좌우된다. 우리 인간도 아이를 가장 많이 낳은 남성은 아이를 가장 많이 낳은 여성보다 자녀 수가 훨씬 많다. 기록에 의하면 다산왕 남성은 자녀가 1,000명이 넘고 다산왕 여성이 낳은 자녀는 69명이다.

이런 생식 제약이 암컷과 수컷이 어떻게든 유전자를 남기려고 활용하는 전략에 엄청난 영향을 미쳤을 수 있다. 일반적으로 수컷의 생식 전략은 틀림없이 질보다 양을 더 강조할 것이다. 이와 달리 암컷은 대체로 짝짓기 상대를 더 까다롭게 골라 귀중한 생식 자원을 자질이 뛰어난 수컷에게만 투자할 것이다. 하지만 자연계에서 목격하는 양상은 이보다 더 미묘하다. 수컷이 여러 암컷과 짝짓기하기를 더 좋아하느냐(일부다처), 짝이 된 암컷 곁에 계속 머물기를 더 좋아하느냐(일부일처)는 새로운 암컷을 만나기가 얼마나 쉬운지에 크게 좌우된다. 여기에 영향을 미치는 요인이 성비, 즉 수컷과 암컷의 수다.

수컷보다 암컷의 수가 더 많으면 수컷은 되도록 더 많은 암컷과 짝짓기하려는 경쟁이 늘어나 자식에게 투자를 거의 하지 않을 것이다. 반대로 암컷의 수가 적으면 짝이 있는 수컷은 암컷 곁에 찰싹 붙어있는 쪽이 더 이익이다. 무도회장의 정자와 난자를 다시 떠올려보면 이 예측을 뒷받침하는 논리를 이해하기 쉽다. 무도회장에 정자 10개와 난자 100개가 있다면 여러 난자와 돌아가며 짧게 춤춘 정자일수록 자정까지 더 많이 춤출 수 있다. 이 무도회장에서는 일부다처가 승리 전략이다. 반대로 난자 10개에 정자 100개가 모였다면? 여기에서는 사랑한 뒤 떠나는 전략이 성과를 거두기 어렵다. 운 좋게도 함께 춤출 짝을 만난 정자라면 다른 짝을 만나려 시도하기보다 그 짝 옆에 바짝 붙어 다른 정자가 접근하지 못하게 막는 것이 최선이다.

수컷이 짝을 지키는 데 전념하면 진화 관점에서 여러 상황이 벌어질 수 있다. 다른 짝짓기 기회를 찾아 떠나기보다 짝이 된 암컷 옆에 머무는 수컷은 자식을 돌보는 데 에너지를 쏟아 이익을 얻는다. 이로 보건대 수컷의 육아 참여가 진화한 까닭은 비용이 많이 드는 새끼 키우기를 거들기 위해서가 아니라 다른 수컷에게 짝을 뺏기지 않으려고 암컷 곁에 머물렀기 때문일 것이다.

광범위한 계통 발생 분석을 통해 포유류 2,500종의 짝짓기 방식과 수컷의 육아 참여가 진화하는 과정을 재구성한 결과, 전반적인 사건의 발생 순서는 다음과 같았다. 경쟁자에게 짝을 뺏기지 않으려고 일부일처가 먼저 나타났고, 그다음에 아버지가 생겨났다.[11]

암컷보다 수컷의 수가 무척 많은 몇몇 물새는 성 역할이 완전히 뒤집혀 암컷이 더 크고 공격적이며 수컷을 쥐락펴락한다. 특히 자카나 Coccothraustes vespertinus 암컷은 육아에 전혀 신경 쓰지 않는다. 수컷의 둥지에 알만 낳을 뿐, 나머지 세세한 육아는 모두 수컷에게 떠맡긴다. 송장벌레 같은 종에서는 수컷끼리 얼마나 치열하게 경쟁하느냐에 따라 수컷이 새끼에 투자하는 정도가 달라진다. 송장벌레는 곤충계의 무덤 파기 선수로, 죽은 쥐나 다른 작은 척추동물을 파묻는 까닭에 그런 이름이 붙었다. 그렇다고 송장벌레가 무덤을 파는 목적이 죽은 동물의 존엄을 지켜주기 위해서는 아니다. 이 무덤은 새로 부화하고 나올 송장벌레 유충이 머물 집이다. 송장벌레는 곤충 가운데는 몹시 드물게도 이처럼 새끼에게 먹이를 공급해 보살핀다. 부화한 송장벌레 유충이 자신들의 집인 사체를 직접 먹이로 삼을 수도 있지만 부모가배 속 가득 고기를 소화한 다음 게워내 새끼에게 먹이면 영양분을 섭취하기가 더 좋다. 이때 수컷은 경쟁자인 다른 수컷이 나타나면 암컷과 새끼 곁에 머물지만 그렇지 않을 때는 잽싸게 암컷과 새끼 곁을 떠난다.[12] 송장벌레 수컷의 육아 참여 여부는 혈통을 방어하려는 욕구가 중요한 역할을 하는 듯하다.

그렇다면 인간은 어떨까? 송장벌레는 수컷의 수가 넘쳐날 때더 충실한 아버지가 되지만 인간도 그러리라는 보장은 없다. 게다가 딱정벌레의 성비는 실험실에서 조절할 수 있지만 성비가남성의 양육 투자 성향에 미치는 영향을 확인하겠다고 사람에게그런 실험을 할 수는 없다.

다만 인류 역사에서 이런 실험에 가깝게 성비가 조정된 일이잦았으니, 이런 자료를 이용해 살펴볼 수 있다. 1800년대 후반,이제 막 영국의 식민지가 된 오스트레일리아에서는 추방되어 이주한 남성 범죄자가 여성 범죄자보다 훨씬 많아 어떤 곳에서는성인 남녀의 비율이 자그마치 16대1에 이르렀다. 그렇게 남성이넘쳐나는 곳에서는 여성들이 결혼해 남편에게 부양받을 확률이높았다. (따라서 노동 시장에 참가할 확률도 낮았다.) 그러니 남성이넘쳐날 때는 남성이 여성과 관계를 유지하는 데 더 많이 투자했다고 볼 수 있다. 실제로 오늘날 이 지역들에서 나타나는 성 역할과 태도를 살펴보면 19세기의 불균형한 성비가 영향을 끼쳤다는 것을 알 수 있다. 한때 남성이 넘쳐났던 지역에서는 오늘날에도 여성이 노동 시장에 뛰어드는 비율이 낮고, 남녀 모두 남성의 일과 여성의 일에 더 보수적인 태도를 보인다.[13]

최근에 남아메리카 동북부의 가이아나에 사는 마쿠시Macuxi 인디언을 연구한 결과도 비슷하다. 이 지역의 남성은 일자리를 찾아 숲이나 광산이 있는 외진 곳으로 떠나고 여성은 도시에 살기를 선호해 어떤 곳에서는 여성에 비해 남성의 수가 적다. 여성이 더 많은 도시에 사는 남성들은 가벼운 성관계에 흥미를 느끼고 한 여성에 헌신하는 관계에는 관심이 적었다. 이와 달리 외진 곳에 사는 남성들은 배우자에게 헌신한다고 답한 비율이 높았다.[14]

많은 연구에 따르면 남성은 대체로 여성보다 남성이 더 많을 때 한곳에 정착해 결혼하고 싶어 하고 훨씬 더 안정된 결혼 생활을 한다. 하지만 다음 장에서 보듯이 부모가 협력해 자식을 기르더라도 누가 자식에게 더 많이 투자해야 하느냐를 놓고 갈등이 불거질 수 있다. 일반적으로 엄마든 아빠든 모두 상대가 육아를 더 많이 맡아주기를 바란다. 그렇다면 이런 육아 다툼을 해결할 방법은 무엇일까?

05 ——

개미와 베짱이

성 대결에서 승자는 없다. 적과 내통하는 자가 수두룩하기 때문이다.

작자 미상

금화조Taeniopygia guttata는 오스트레일리아의 척박한 오지에서 꿋꿋이 살아가는 작고 강인한 새다. 겉보기에는 여느 새와 마찬가지로 금화조도 암수의 유대가 탄탄해, 아우성치는 새끼로 가득한 둥지에 암컷과 수컷이 쉴 새 없이 먹이를 나르는 듯하다. 하지만 실상은 당혹스럽다. 암수가 함께 애지중지하는 듯 보였던 새끼는 먹이를 제대로 먹지 못해 가볍고, 어미 혼자 키운 새끼는 더 잘 먹어 무겁다. 왜 이런 일이 발생할까?

부모가 새끼를 보살피는 과정 곳곳에는 갈등이 도사린다. 설사 암컷과 수컷이 함께 새끼를 키우더라도 상대보다 조금 덜 투자하고 싶은, 상대가 새끼를 세 번 챙길 때 자신은 두 번만 챙기고 싶은 유혹을 느낀다. 실험에 따르면 금화조 암컷은 수컷이 믿음직할수록 게으름을 피워 육아에서 힘든 일을 수컷에게 더 많이 떠넘긴다. 암컷의 이런 전략이 위에서 말한 아주 얄궂은 결과로 이어져 어미만 있는 새끼보다 어미와 아비가 모두 있는 새끼가 더 부실하게 자라는 것이다.[1] 이러니 투자 축소 경쟁이 끝까지 치달으면 어떤 결과가 나타날지는 훤하다. 암수 모두 상대보다 더 적게 육아에 참여하려 들면 가여운 새끼는 끝내 누구한테서도 먹이를 얻지 못한다.

그렇다면 이런 갈등을 피할 방법은 무엇일까? 말을 하지 못하는 금화조 암컷과 수컷이 함께 육아 부담을 협의하고 협력해 새끼에게 먹이를 줄 방법이 있을까? 이론가들은 부모 한쪽이 육아에 조금 소홀하면 다른 한쪽이 상대보다 더 적게 투자하기보다 오히려 부담을 더 떠안아 모자란 부분을 메꿀 것이라고 예측한다. 여기서 중요한 대목은 설령 그렇더라도 빈틈을 완전히 메꾸지는 않는다는 것이다. 설명하기 쉽도록 '개미형 부모'와 '베짱이형 부모'가 있다고 해보자(인간 사회에서는 두 유형을 '엄마'와 '아빠'라고 부른다). 베짱이형 부모가 쉴 때마다 개미형 부모가 빈틈을 모두 메꾼다면 베짱이형 부모에게는 굳이 육아에 손을 보탤 진화적 동기가 없다. 이때는 상대에게 새끼를 떠맡기고 다른 곳에서 또 다른 짝짓기 기회를 찾는 쪽이 더 이익이다. 그런데 개미형 부모가 육아에 조금 더 애쓰되 빈틈을 완전히 메꾸지 않는다면 베짱이형 부모가 곤경에 빠질 새끼를 염려해 짝과 새끼 곁에 머물며 육아를 도울 동기가 더 생긴다. 많은 연구에 따르면 새들의 육아 행태가 이런 진화 모형이 예측한 결과에 놀랍도록 일치한다. 부모 중 한쪽을 잠깐 잡아두거나 꽁지깃에 추를 달아 둥지에 먹이를 나르기 어렵게 했을 때, 다른 한쪽이 더 열심히 먹이를 나르기는 해도 빈틈을 완전히 메꾸지는 않았다. 이 문제를 대화로 풀지 못해서인지 새는 양육 투자를 둘러싼 갈등을 타결하지 못한 것 같다.

암수가 지금의 새끼만 함께 키우는 상황에서는 누가 새끼에 투자하느냐는 갈등이 더 뚜렷해진다. 이유는 간단하다. 수컷이 암컷과 이번에만 함께 번식할 계획이라면 암컷의 장래 생식 잠재력이 떨어지든 말든 제 알 바가 아니기 때문이다. 그러니 수컷은 암컷이 자신의 새끼를 기르는 이번 번식에 다음에 다른 수컷과 번식할 때 쓸 생식 자원까지 모조리 쏟아붓기를 바란다. 반면 수컷과 암컷이 오랫동안 함께 살 때는 갈등이 누그러진다. 수컷이 적합도 측면에서 암컷의 장래 생식 잠재력에 관심을 기울여야 할 더 확고한 이해관계가 생기기 때문이다.[2]

누가 육아를 더 많이 맡아야 하느냐를 둘러싼 이런 불화가 현실 세계에서 어떻게 펼쳐지는지는 수컷과 암컷이 상대를 교묘히 속여 육아를 더 많이 떠맡기는 모습을 통해 알 수 있다. 송장벌레 암컷은 제 짝을 노련하게 조정한다. 새끼가 태어나면 암컷은 먹이를 배불리 먹고 소화한 다음, 새끼가 먹도록 게워내기를 반복하며 유충들을 키우느라 바쁘다. 유충이 한창 먹이를 먹는 육아에 바쁜 시기에는 암컷이 잠시 생식 능력을 잃는다(인간도 여성이 갓난아이에게 젖을 물릴 때 가끔 이런 일이 벌어진다. 젖이 나오게 하는 호르몬인 프로락틴이 수유 무월경을 일으켜서다). 하지만 이렇게 잔뜩 지친 상태인 암컷에게 수컷은 계속 짝짓기를 하자고 매달린다. 새끼를 키우는 암컷에게 짝짓기는 비용이 많이 들어가는 일이다. 따라서 암컷은 자신의 생식 능력이 사라진 동안 수컷이 성가시게 구는 일을 막고자 강한 성욕 억제제인 화학물질을 분비해 수컷이 교미할 생각을 잊도록 한다. 이 덕분에 수컷이 새끼를 보살피는 데 집중하는 효과까지 생기니, 암컷에게는 더 이득이다.[3]

많은 인간 사회가 일부일처제를 유지한다. 그렇다면 인간 사회에서는 남녀 갈등이 아주 적지 않을까? 하지만 여러 신호로 보건대 주의해야 할 점이 많다. 첫째, 오늘날 인간의 집단생활 모습을 바탕으로 먼 옛날 조상의 상황을 추론할 때는 주의를 기울여야 한다. 사실 현재의 생활 풍습은 우리의 기원을 알려줄 믿음직한 길잡이로 적합하지 않다. 또 어떤 인간 사회를 기준으로 짝짓기 시장을 평가해야 할지도 명확하지 않다. 결혼과 육아 풍습은 문화에 따라 각양각색이다. 남녀가 한 쌍을 이루는 일부일처제가 널리 퍼져있긴 하지만 한 남성이 아내를 여럿 두는 일부다처제도 존재하고, 드물게는 한 여성이 남편을 여럿 두는 일처다부제 사회도 있다. 마지막으로 여성과 남성의 적합도 이익을 평생에 걸쳐 비교하면 일부제(여성이 평생 한 남성과만 짝을 맺는다)와 순차 일부일처제(남녀가 이혼이나 사별 뒤 새 짝을 만날 수 있다) 사이에 아주 중요한 차이가 드러난다. 순차 일부일처제에서는 남성과 여성이 함께 아이를 키우고자 짝을 이루더라도 이혼이나 사별 뒤 새 배우자를 만날 수 있어 두 사람의 적합도 이익이 완벽히 일치하지는 않는다.

신체 특성을 살펴보면 조상들의 상황을 더 깊이 이해할 수 있다. 수컷과 암컷의 다른 신체 구조는 그 아래 깔린 짝짓기 방식을 반영할 때가 많다. 이를테면 고릴라 사회는 우두머리 수컷이 가임기 암컷을 모두 거느리는 일부다처제다. 그런 종에서는 수컷이 경쟁자들을 물리치기 쉽도록 암컷보다 몸집이 크고 공격성이 무척 높다. 그런데 짝짓기 성공 여부가 수컷끼리의 거친 경쟁보다 암컷의 선택에 좌우될 때는 다르다. 이 경우에는 공작처럼 수컷이 화려하기 그지없는 모습을 뽐내며 암컷에게 인상 깊은 구애 행동을 펼치는 쪽으로 진화한다.

짝짓기 방식의 비밀을 알려줄 또 다른 중요한 실마리는 고환의 크기다. 투박하게 표현하자면, 암컷이 내키는 대로 여러 수컷과 짝짓기하는 환경에서는 수컷의 고환이 몸집에 비해 더 크다.

고환이 크면 정자를 더 많이 만들 수 있어 짝짓기 무대에서 더 효과적으로 경쟁할 수 있기 때문이다. 다른 대형 유인원의 고환을 살펴보면 이러한 특징이 두드러지게 나타난다. 고릴라는 한 무리에 있는 모든 암컷이 실버백이라는 우두머리 수컷과 짝짓기 한다. 낮은 정자 경쟁률에서 예상할 수 있듯이 고릴라는 몸집에 비해 고환이 작다. 이와 달리 암컷이 발정기 동안 여러 수컷과 짝짓기하는 침팬지는 고릴라와 딴판이다. 고릴라의 고환은 호두만 한데 비해 침팬지의 고환은 달걀만 해 정자를 고릴라보다 거의 200배나 많이 만들 수 있다.[4]

이러한 신체 특징을 이용해 우리 조상들의 짝짓기 방식을 추론하면 남성과 여성 사이에 발생하는 갈등의 범위를 예측할 수 있다. 남성은 대체로 여성보다 몸집이 크고 힘이 세지만, 붉은사슴처럼 사납게 짝짓기 싸움을 벌이지도 않고, 우두머리 고릴라처럼 암컷보다 두 배나 큰 덩치를 갖고 있지도 않다. 따라서 남성의 몸집과 힘에 어느 정도 자연선택이 적용했을지언정 고릴라처럼 여러 여성을 독차지한 채 다른 남성과 경쟁하지는 않았다. 정확히 말하면 인간 남녀의 몸집 차이는 일부일처 종에 대체로 더 들어맞는다. 그러나 현대 인류의 조상이 짝짓기 상대를 마구잡이로 바꾸지는 않았어도, 고환 크기를 보면 조상들의 짝짓기 시장은 평생 지속하는 일부일처제보다는 십중팔구 더 다채로웠다. 인간 남성의 고환은 고릴라보다 크고 침팬지보다 작다. 정확히는 침팬지보다는 고릴라 쪽에 훨씬 더 가깝다. 이로 보건대 침팬지에 비해 조상들에게는 정자 경쟁이 덜 중요했지만 여성들은 평생 한 명 이상과 짝짓기했을 것이다. 따라서 우리 조상들은 순차 일부일처제였다고 결론짓는 것이 타당하다. 순차 일부일처제에서는 남성과 여성의 적합도 이익이 평생토록 완전히 일치하지는 않으니 당연하게도 양육 투자에서 어느 정도 불화가 예상된다.

때로는 암컷과 수컷의 갈등이 가장 친밀한 관계인 엄마와 태아 사이에서도 나타날 수 있다. 흔히들 임신을 엄마와 아이 사이에 유대가 형성되는 특별한 시간으로, 육아 전쟁이 벌어지기 전 단계라고 여긴다. 태아는 아기처럼 밤새 울어 젖히지도 짜증을 내지도 않으며 부모의 골치를 썩일 만한 어떤 일도 하지 않는다. 하지만 임신 기간을 평화로운 시기로만 본다면 이는 장밋빛 환상에 불과하다. 많은 임신부에게 생기는 튼살은 엄마가 하루가 다르게 자라는 태아를 품느라 어떤 대가를 치르는지 고스란히 보여준다. 겉으로 드러나는 이 자국은 배 속에서 갈등이 벌어지고 있다는, 태아의 유전체와 엄마의 유전체 사이에 치열한 전투가 벌어지고 있다는 표시이기도 하다.

나도 첫 아이를 임신했을 때 여느 임신부가 그렇듯 꼬박꼬박 병원에 들러 혈당을 재야 했다. 12시간 동안 금식한 다음 미적지근한 포도당을 마셔야 하는 혈당 검사는 임신 때 받은 검사 중에서도 몹시 고역스러운 일 중 하나였다. 내키지 않았지만 눈을 질끈 감고 포도당액을 꿀꺽꿀꺽 삼켜야 했다. (어느 날은 같이 대기실에 있던 다른 임신부가 포도당액을 다 삼키자마자 토하고 말았다. 그 임신부는 집으로 돌아갔다가 다른 날 처음부터 다시 검사 받아야 했다.) 한 시간 뒤 간호사가 바늘로 내 손가락을 찔러 갑자기 들어온 포도당액에 혈당 수치가 어떻게 반응했는지 확인했다.

고역스럽기는 하지만 혈당 검사는 심각한 임신 합병증인 임신 당뇨병을 발견하는 데 요긴하다. 임신 당뇨병에 걸리면 혈당을 조절하지 못해 태아가 지나치게 크게 자라고 자칫 목숨을 잃기도 한다. 그런데 임신 당뇨병은 태아 안에서 엄마의 유전자와 아빠의 유전자가 충돌한 탓에 발생한 것일 수도 있다. 태아의 모든 세포에는 엄마한테 받은 모계 유전자와 아빠한테 받은 부계 유전자가 들어있다. 이 가운데 어느 쪽에서 왔는지를 나타내는 표지가 붙은 유전자를 각인 유전자imprinted genes라 부른다. 각인 유전자는 유전자 발현을 조절해 특정 유전자의 발현을 높일지 낮출지를 정할 수 있다.[5]

한 사람의 몸속 세포에 들어있는 유전체는 모두 똑같지만 세포가 어느 부위에 있느냐에 따라 기능이 다르다. 그 이유는 유전자 발현에 있다. 침샘 세포는 복합 탄수화물을 단당으로 분해하는 아밀라아제를 분비하지만 팔뚝 피부를 구성하는 세포가 침을 질질 흘릴 필요는 없다. 그러므로 모든 유전자가 모든 세포나 신체 기관에서 똑같이 발현하지는 않는다. 정확히 말해 유전자는 어떤 신체 부위의 세포 속에 있느냐에 따라 스위치가 켜지거나 꺼지고, 강하게 발현하거나 약하게 발현한다.

이 대목에서 이상한 일이 벌어진다. 유전자마다 발현할지 말지, 얼마나 발현할지에 대한 생각이 다르다는 것이다. 태아 안에서는 엄마한테서 영양분을 얼마나 많이 쥐어짤지를 놓고 모계 유전자와 부계 유전자가 다툰다. 양쪽 유전자 모두 태아가 엄마에게 자원을 꽤 많이 받아야 한다는 데는 동의하지만 얼마나 많이 받아야 하는지에서는 생각이 갈린다.

엄마와 태아, 어찌 보면 모계 유전자와 부계 유전자 사이에 벌어지는 이 갈등을 이해하기 쉽게 줄다리기에 빗대보자. 아이를 키운다면 텔레비전을 얼마나 오래 볼지 아이와 줄다리기를 해본 적 있을 것이다. 아이에게 텔레비전을 보여주면 집안에 평화와 고요가 찾아오고 하던 일을 마칠 수 있다. 하지만 아이는 단지 몇 분이 아니라 서너 시간 동안 텔레비전을 보고 싶어 한다. 이때 적정 시청 시간이 갈등 구간이 된다. 아이가 부모의 바람보다 더 오래 텔레비전을 보려고 설득 전략을 펼치는 구간도 여기다. 태아 속에도 모계 유전자와 부계 유전자 사이에 이와 비슷한 갈등 구역이 있고, 여기서는 부계 유전자가 모계 유전자의 뜻을 거슬러 더 많은 투자를 요구한다.

엄마와 아빠의 유전자가 태아 안에서 왜 갈등하는지를 알려면 유전자 관점에서 들여다봐야 한다. 모계 유전자는 현재 태아의 생존에도 신경 쓰지만 앞으로 낳게 될 다른 태아도 고려해야 한다. 그러니 모체를 끝까지 쥐어짜 더는 자식을 못 낳게 되는 상황이 발생하면 손해다. 이와 달리 부계 유전자의 관심사는 엄마보다 태아다. 이 여성한테서 태어날 다른 아이 역시 나와 똑같은 유전자를 공유한다는 보장이 없기 때문이다. 따라서 부계 유전자는 엄마를 압박하는 유전자들로 선발되며 태반에 자원을 전달하는 데 관여하는 영역에서만 발현한다. 이런 유전자가 만든 호르몬은 엄마의 혈액 속 영양분 농도를 높이고, 엄마의 행동을 조절하는 뇌 영역에까지 변화를 일으켜 출산 뒤에 아이를 더 살뜰히 보살피게 한다.

이 갈등의 최전선은 엄마와 태아 사이에 영양분과 노폐물이 오가는 태반이다. 포유류의 태반은 태반세포가 어미의 몸에 얼마나 깊이 발을 들이느냐에 따라 형태가 무척 다양하다. 말 같은 종의 태반은 '상피 융모막epitheliochorial' 태반으로 태반 조직이 자궁 상피 조직과 정확히 경계를 그으며 맞닿는다. 이와 달리 인간을 포함한 영장류의 태반은 침투성 '혈융모hemochorial' 태반이어서 태반세포가 자궁벽을 지나 모체의 혈관까지 파고든다. 태반세포는 엄마가 아니라 태아에서 나오므로, 엄마가 아닌 태아를 위해 일한다. 인간의 태반세포는 모체의 혈액에 직접 닿기 때문에 임신부가 태아에게로 가는 영양분을 통제할 수 없다. 유인원도 마찬가지다. 인간에서든 유인원에서든 모체에서 얼마나 많은 영양분을 가져올지를 결정하는 쪽은 엄마가 아니라 태반이다.

이렇게 태아에게 우위를 허락하는 방식은 자식을 적게 낳아 더 우수하게 양육하는 종에서 진화적 절충으로 발달했을 것이다. 태아가 엄마의 혈액에 자유롭게 접근할 수 있으면 엄마 배 속에서 건강한 크기로 자라는 데 필요한 영양분을 받기가 더 쉽다(인간에게서 보듯 이런 특성은 특히 뇌를 키워야 할 필요성 때문에 나타났을 것이다). 하지만 엄마 관점에서는 통제권을 잃는 데 따른 불이익이 발생한다.

태아로 통제권이 넘어가면 태아에게 영양분을 더 많이 공급하려는 부계 유전자의 작용에 휘둘리기 쉽다. 이런 부계 유전자는 대체로 호르몬을 만들 유전 정보를 전달해 작용하는데, 이로 인해 유전자 발현이 달라지면 엄마의 혈관 속에 흐르는 호르몬 수치가 달라진다. 예를 들어 태반에서 만들어져 젖샘을 자극하는 사람 태반성 락토겐human placental lactogen: HPL은 인슐린의 작용을 방해한다. 세포가 혈당을 흡수하게 돕는 인슐린이 제대로 작용하지 못하면 임신부의 혈당 농도가 높아진다. 따라서 임신부가 혈당을 흡수해 에너지로 쓰는 능력이 줄어드는 반면, 태아는 엄마 혈액 속 당을 더 많이 빨아들일 수 있다. 이 외에 다른 호르몬은 모체의 혈압을 높여 영양분이 풍부한 혈액을 태아에게 더 빠르게 전달한다. 이런 호르몬들이 마구 작용하면 임신부가 임신 합병증을 앓거나 심한 경우 목숨까지 위협받는다. 혈당 수치가 높으면 임신 당뇨병에 걸릴 확률이 높아지고 태아가 걷잡을 수 없이 커져 출산할 때 문제가 생길 수 있다. 호르몬의 영향으로 모체의 혈압이 높아지면 심각한 임신 합병증 가운데 하나인 임신중독증에 걸리기 쉽다.

그리 잘 알려지지 않았지만 임신은 임신부의 암 발병률도 높인다. 특히 태반 조직이 자궁 안에서 계속 증식할 때 생기는 악성 탈락막종deciduoma malignum은 상상 임신한 여성이나 유산한 지 얼마 안 된 여성에게 나타난다. 악성 탈락막종을 그대로 놔두면 순식간에 목숨을 위협받는다. 태반에서 임신부의 자궁에 침투하는 영양막trophoblast은 그 특성이 전이암 세포와 놀랍도록 비슷하다. 빠르게 증식하면서 세포 조직에 침투하고 입력된 자멸 지시를 무시한다. 임신 테스트기에 줄 두 개를 표시하는 사람 융모생식샘자극호르몬human-chorionic gonadotropin: HCG은 태반의 영양막뿐만 아니라 종양 세포에서도 만들어지는데, 암 환자의 30퍼센트에서 발견된다.[6]

침투성이 있는 영양막이 엉뚱한 모체 조직을 장악하면 수정란이 자궁 바깥에 착상해 자라는 자궁외임신이 일어난다. 자궁외임신은 난관(나팔관)에서 자주 일어나는데 난소, 복막, 자궁경부, 그리고 아주 드물게는 제왕절개를 한 부위에서도 일어난다. 영양막의 특성이 워낙 암세포와 비슷하다 보니 자궁외임신을 했을 때 항암제인 메토트렉세이트methotrexate로 치료하기도 한다.[7]

사람은 다른 포유류에 비해 암에 특히 잘 걸린다. 사람의 수명이 늘어나기도 했고(나이를 먹을수록 암에 걸릴 확률이 높아진다) 현대 사회의 생활 방식이 오염된 대기, 담배 연기 같은 발암 물질과 고열량 식사 등 위험 요인을 불러들이기도 했다. 여기에 그다지 알려지지 않은 또 다른 위험 요인이 하나 더 있다. 바로 인간의 태반이다. 먼 옛날에는 다른 포유류도 우리처럼 침투성 태반을 지녔지만 말을 포함한 유제 동물 종에서는 진화 과정에서 침투성 태반이 사라졌다.[8] 이렇게 태아가 모체에 접근할 가능성을 줄인 것은 침습하는 전이암으로부터 모체를 보호하고자 작동한 자연선택의 부산물인 듯하다. 즉, 태반세포가 암세포와 굉장히 비슷하게 작동하자 침투성을 없앤 것이다.[9] 최근 이 가설에 들어맞는 증거가 발견됐는데 태반의 침투성이 적은 종일수록 전이암이 드물었다.

결론은 인간이 위태로운 상황에 빠졌다는 것이다. 굶주린 태아에게 영양분을 최대한 공급하려면 침투성 태반이 필요하다. 하지만 모체가 태반세포에 문을 열어주면 암세포를 포함한 모든 침습성 세포에 맞설 내부 방어막이 약해진다.

아이는 자궁에 있을 때뿐만 아니라 태어난 뒤에도 부모가 주고 싶은 것보다 더 많은 자원을 달라고 요구할 때가 많다. 갓난아이를 둔 부모가 가장 많이 하소연하는 어려움이 수면 부족이다.

이 현상은 특정 지역에서 나타나는 육아 관습이 아니라 모든 문화에서 두루 나타난다. 갓난아이는 걸핏하면 밤에 눈을 떠 엄마(또는 아빠)에게 젖을 달라고 보챈다. 당연한 일이라고 생각할 수 있다. 아이는 그저 배고픔을 알리고 부모는 부모의 도리를 다해 반응하는, 양쪽에 똑같이 이익이 되는 상호작용으로 볼 수도 있다. 하지만 더 자세히 들여다보면 갓난아이가 밤에 깨서 우는 데는 다른 이유가 있을 것 같은, 별난 특징 몇 가지가 드러난다.

엄마가 아이에게 자주 젖을 물리면 앞서 언급한 수유 무월경이 일어나 산모가 잠깐 생식 능력을 잃기도 해서 꼬박꼬박 젖을 물리는 여성은 임신할 확률이 낮다. 덕분에 엄마의 자원을 상대로 어린 형제자매와 경쟁할 일 없이 더 오래 젖을 먹을 수 있다.[*] 밤에 자주 깨는 아이는 대체로 동생 없이 엄마에게 더 오랫동안 꾸준히 보살핌을 받는다. 그러니 갓난아이가 아직 태어나지도 않은 동생과 경쟁하느라 툭하면 밤에 깨 젖을 빤다고 추론할 수 있다. 이 가설이 맞다면 엄마의 희생을 대가로 태아에게 자원을 전달하는 데 관여한 유전자와 마찬가지로, 밤에 아이를 자주 깨우는 유전자도 부계 유전자로 봐야 한다. 태아의 부계 유전자는

---

[*] 예전에 소규모 사회를 살펴본 몇몇 인류학 연구에 따르면 쌍둥이가 태어나거나 손위 형제자매가 여전히 엄마의 젖을 빠는 상황에서는 갓난아이가 목숨을 잃기도 했다. 현대 산업 사회에 사는 사람들이야 극심한 자원 부족을 그리 걱정하지 않겠지만 입에 풀칠하기도 바쁜 사람들에게 식량 부족이란 곧 엄마가 갓난아이와 다른 아이에게 함께 젖을 물리지 못한다는 뜻이었을 것이다.

모계 유전자에 비해 앞으로 엄마가 낳을 아이에 그다지 신경 쓰지 않기 때문이다.

꽤 별난 가설이지만 이 추론을 뒷받침하는 증거도 있다. 프라더-윌리 증후군Prader-Willi syndrome과 안젤만 증후군Angelman syndrome은 염색체 15번에 있어야 할 유전자 일부가 결실해 나타나는 유전 질환이다. 프라더-윌리 증후군에서는 부계 유전자가 결실해, 해당 유전체에서 모계 유전자만 발현한다. 희한하게도 프라더-윌리 증후군을 앓는 갓난아이는 젖을 잘 빨지 않고 가냘프게 울며 잠을 많이 잔다. 안젤만 증후군은 프라더-윌리 증후군과 발현 양상이 정반대다. 모계 유전자가 결실해 부계 유전자만 발현하기 때문에 이 병을 앓는 아이는 잠을 설치고 밤에 자주 깨 젖을 빤다.[10] 갓난아이에게 여러 심각한 어려움과 문제를 일으키는 두 질환은 또 다시 줄다리기를 떠올리게 한다. 한쪽 부모에게 받은 각인 유전자가 결실되어 나타나는 이러한 질환의 발생은 줄다리기에서 한쪽이 갑자기 줄을 놓아버리는 상황과 비슷하다. 조금 전까지 팽팽했던 시합이 엉망진창이 되어버린다.

태아가 엄마의 투자 정도를 조종하는 더 기이한 방법이 있다. 자궁 속에서 엄마와 체액을 통해 세포를 교환하는 것이다. 우리 가운데 절반, 어쩌면 더 많은 사람이 몸 안에 다른 사람의 세포를 갖고 있다. 두 아들의 엄마인 내 몸 안에는 남성의 Y염색체를 품은 세포, 아들들 몸속에 있는 세포와 정확히 똑같은 유전자가 각인된 세포가 들어있다. 마찬가지로 두 아들의 몸속 어딘가에도 내 세포가 돌아다니고 있을 것이다. 게다가 내 몸에는 아이들의 세포뿐 아니라 엄마의 세포도 들어있다. 어쩌면 엄마의 엄마의 세포도. 그렇다. 우리는 키메라다.

그렇다면 아이들한테 받은 세포는 내 몸속에서 무슨 일을 할까? 미세 키메라 현상microchimerism은 아직 연구가 걸음마 단계라 많은 내용이 수수께끼에 싸여있다. 어떤 과학자들은 태어난 아이의 세포가 자신을 위한 투자를 늘리고 다음에 태어날 아이를 위한 투자를 줄여 동기간 경쟁에 영향을 미친다고 주장한다. 지금까지 나온 예비 조사 자료에서도 주목할 만한 점이 있다. 주로 엄마의 유방 조직으로 이동하는 태아 세포는 그곳에서 갓난아이에게 먹일 젖을 많이 생성하도록 작용하는 듯하다. 설치류 연구에서는 태아 세포가 어미의 뇌로도 이동해 새로운 신경세포가 자라도록 자극했다. 이를 통해 어미가 행동하는 방식, 새끼와 소통하는 방식에 영향을 미쳤을 것이다. 다른 연구에 따르면 아이를 낳은 여성이 다음 아이를 임신하지 못하거나 태아를 잃는 습관 유산은 임신중독증에서 그랬듯 먼저 태어난 형제자매가 엄마의 몸속에 남긴 태아 세포와 관련이 있다. 짐작건대 태아 세포가 엄마에게서 더 많은 자원을 뽑아내고 동생과 경쟁할 일이 생기지 않도록 막는 역할을 할지도 모른다.[11]

학자로서 말하자면 미세 키메라 현상 연구는 아직 초기 단계이므로 여기서 자세히 다루기 망설여진다. 하지만 입이 다물어지지 않을 만큼 흥미로운 분야이니 간단하게라도 언급할 만한 가치가 있다. 앞으로 5~10년 안에 미세 키메라 현상을 다룬 책이, 그러니까 여러 개체에서 받은 많은 세포가 한 몸뚱이 안에서 서로 교류하는 방식을 다룬 책이 나오더라도 놀랄 일이 아니다.

아울러 이런 양상은 협력이 대체로 갈등과 밀접한 관련이 있음을 드러낸다. 흔히 남편과 아내의 유대, 특히 엄마와 아이의 유대를 신성하기 그지없는 헌신으로 본다. 그러나 이토록 친밀한 연대에서도 양쪽 유전자가 자신에게 유리하도록 균형을 깨뜨리려 하는 탓에 속임수와 싸움이 난무한다. 그러므로 갈등은 서로 다투는 맞수 사이에서뿐 아니라 이해관계가 거의 맞아떨어지는 개체 사이에서도 피할 수 없다.

지금까지 아이가 부모의 삶을 어려움에 빠뜨리는 수많은 방법에 대해 이야기했다. 하지만 이야기를 여기서 끝내면 오해를 불러일으킬 수도 있겠다. 다음 장에서는 가족 내에서 자식이 중요하고 도움이 되는 종을 다루려 한다. 이런 종들은 구성원끼리 서로 힘을 합쳐 새끼를 기른다. 우리 인간도 그중 하나다.

반가워, 아가야

자연의 손길 한 번으로 온 세상이 피붙이가 되네.[1]

윌리엄 셰익스피어 William Shakespeare

부모가 자식을 도와주고 돌보는 모습은 자연스럽다. 그런데 자식이 부모에게 도움을 주는 모습은 어떤가? 흔한 일은 아니지만 몇몇 종에서는 자식이 부모의 은혜에 보답하곤 한다. 가족 사이에 나타나는 이런 제도를 협력 번식cooperative breeding이라고 부른다. 이러한 협력 번식은 개미, 흰개미, 꿀벌, 말벌, 새, 물고기, 갑각류, 포유류를 아우른 동물계 곳곳에서 진화가 찾아낸 묘책이다. 꽤 다양한 이 엘리트 클럽에서는 어미가 어린 자식을 키울 때 더 나이 많은 자식에게 도움을 기대할 수 있다. 우리도 이 클럽에 속한다. 그런 면에서 우리 인간은 특이하다. 유인원 가운데 협력 번식이 일어나는 종은 인간뿐이다.

자녀에게 도움을 받아 어린아이를 키우는 종이라니, 현대 산업 사회에서는 놀라운 이야기처럼 들리기도 한다. 오늘날 우리는 대체로 핵가족으로 살고, 아이가 동생을 돌볼 만한 나이가 되기 전에 출산을 멈춘다. 나는 드물게도 육남매 중 맏이로 자라 육아 도우미 역할을 맡을 기회가 많았다. 물론 마냥 뛰어난 도우미는 아니었다. 엄마는 여섯 살이던 내게 남동생을 맡기고 집안일을 하다가 겪었던 일을 자주 이야기했다. 책벌레였던 나는 옆에서 무슨 일이 벌어지는지도 모른 채 책에 코를 박고 있기 일쑤였다. 몇 분 뒤 엄마가 돌아왔을 때 남동생은 어떻게 찾아냈는지도 모를 개 밥그릇을 가져와 거실 카펫에 개밥을 신나게 문지르고 있었다고 한다.

"니컬라! 동생 잘 보라고 했잖아!"

나는 책 너머로 눈을 빠끔히 내밀고 답했다.

"잠깐 보긴 했는데 책이 더 재밌어요."

지구촌 곳곳의 인간을 살펴보면 동생을 돌보지 않는 아이가 오히려 드물다. 일곱 살에서 열네 살 사이의 아이가 집에서 동생을 돌보거나 수렵·채집 활동으로 식량을 구해와 가족과 나누는 경우는 꽤 흔하다. 아이들은 형제자매, 조부모, 부모의 형제자매, 사촌을 포함한 가족에 둘러싸여 자라고, 이 모든 가족이 아이를 키우는 데 손을 보탠다. 그런데 다른 대형 유인원은 인간과 사뭇 다르다. 새끼가 거의 어미 손에서만 자라고 다른 친척들과는 특별한 유대를 형성하지 않는다.

협력해 새끼를 키우는 종의 분포도를 세계 지도에 겹쳐보면 서식 환경이 혹독한 지역에 몰려있는 것을 확인할 수 있다.[2] 미어캣과 두더지쥐는 아프리카 사막에, 흰눈썹꼬리치레Pomatostomus superciliosus와 오스트레일리아흙둥지새는 오스트레일리아 오지에, 홈부리아니Crotophaga sulcirostris와 솜털머리타마린Saguinus oedipus은 중남미에 산다.

호모 사피엔스를 포함하고 있는 사람속Homo에 속했던 모든 초기 인류도 비슷한 상황을 마주했다. 인류 역사 대부분 동안 인간은 지구에서 혹독하기로 손꼽히는 지역에서 살았다. 주로 플라이스토세에 속하는 150~280만 년 전(지구 역사가 1년이라면 12월 31일 오후 6시쯤이다) 사람속의 시작을 알린 조상들은 동아프리카 열곡대에 살았다. 인류 진화의 연대표를 재구성할 중요한 화석이 많이 발견되는 이 지역은 하나였던 아프리카판이 아프리카판과 소말리아판으로 갈라지는 지각의 단층선에 있다. 1000만 년 전에는 평평한 열대림이었던 이곳이 이제는 아찔하게 솟은 산과 아프리카 대호수를 이루는 드넓은 분지가 뒤섞인 들쭉날쭉한 풍경으로 바뀌었다. 아프리카판이 둘로 갈라지면서 동아프리카

고원이 만들어지자 날씨의 양상이 바뀌었다. 한때 울창한 숲으로 뒤덮였던 곳이 점차 메마르고 척박해졌다. 땅이 서서히 메말라가는 가운데, 아프리카판이 서서히 쪼개지며 생긴 분지에 대호수가 생겼다가 순식간*에 사라지자 기후까지 급격히 바뀌었다.[3]

등장 초기에 이런 환경을 마주했으니 사람속은 여러 번 생존을 위협받았을 것이다. 무엇보다 먹거리를 구하기가 무척 어려웠을 듯하다. 어쩌다 가끔 비가 오는 건조한 지역에서는 개인이 먹이를 적극적으로 찾아 나서야 한다. 당시 인류는 과일을 따 먹고, 감자 비슷한 덩이줄기를 캐 먹고, 동물을 사냥해 잡아먹은 듯하다.** 이렇게 수렵과 채집으로 살아가는 방식은 위험할뿐더러(땅에 묻힌 덩이줄기는 찾아내기 어렵고 덩치가 큰 짐승은 사냥꾼을 공격한다) 수렵·채집 기술을 터득하기까지 시간이 걸린다. 그러니 살아남으려면 무리를 이뤄 활동하고 다른 사람에게 기술을 배울 줄 아는 능력이 무척 중요했을 것이다.[4]

우리 선조들의 서식지에는 또다른 위험도 도사리고 있었다. 먹이인 대형 초식 동물뿐 아니라 사나운 포식자도 우글거렸다. 우리 눈에는 사람속 조상이 현대인과 아주 비슷해 보이겠지만

---

* 지질 연대 관점에서 순식간이다. 이 호수들은 20~40만 년 간격으로 나타났다 사라지기를 반복한 것으로 보인다.

** 침팬지를 포함한 다른 유인원은 대부분 채식 동물이다. 침팬지가 다른 동물을 사냥해 잡아먹기는 하지만 고기는 침팬지가 섭취하는 영양분의 겨우 5퍼센트를 차지할 뿐이다. 이와 달리 현대의 수렵·채집인들은 영양분의 50퍼센트를 고기로 섭취한다.

플라이스토세에 아프리카 초원을 어슬렁거리던 검치호랑이와 대형 사자(최근에 발견된 화석 증거에 따르면 플라이스토세 사자들은 현생 사자보다 몸집이 꽤 컸다)에게는 그저 군침 도는 점심거리로 보였을 것이다.[5] 이 무렵 인류는 나무에서 내려와 땅에서 생활했는데 아프리카 초원에서 갈수록 숲이 사라지던 시기이니 위험을 맞닥뜨렸을 때 달아나 몸을 숨기기도 어려웠을 테다.

그래도 유리한 점이 있었다. 우리 인간은 함께였다. 영양 무리에서 봤듯이 수가 많으면 희석 효과와 혼란 효과 덕분에 더 안전하다. 그런데 인간은 여기서 한발 더 나아간 듯하다. 포식자와 맞서 싸워 몰아내는 법을 배웠다. 침팬지와 개코원숭이 같은 다른 영장류를 관찰한 결과가 이 가설을 뒷받침한다. 땅에서 살거나 황량한 지역에 살아 포식자에게 잡아먹힐 위험에 더 많이 노출되는 영장류일수록 무리를 크게 이루며 수컷의 수가 더 많다.[6] 더 중요한 사실은 이런 무리에 속하는 수컷이 포식자를 공격하고 이기기까지 한다는 것이다. 침팬지가 포식자인 표범을 자주 공격하다 못해 구석으로 몰아 죽이는 모습이 관찰되었다. 우리 조상들도 십중팔구 똑같이 행동했을 것이다.

인류가 진화하며 점차 나무에서 내려오자 포식자와 싸우기가 더 수월해졌다. 두 발로 걸은 덕분에 두 손이 자유로워져 무기 같은 물건을 잡을 수 있었다. 또 두 팔로 나뭇가지에 매달려 이동하지 않자, 팔 근육이 돌덩이와 같은 무기를 멀리 던지는 데 맞춰 발달했다. 이런 적응에 힘입어 초기 인류는 포식자의 위협을 막아냈을 뿐만 아니라 포식 동물이 잡은 먹이를 빼앗아 먹는 솜씨 좋은 약탈자가 되었다.

이러한 기술을 손에 넣자 인간이 포식자로 발돋움하기가 훨씬 수월해졌다. 이 능력은 호모 사피엔스가 대규모로 아프리카를 벗어나 놀랍도록 빠르게(지구 역사가 1년일 때 약 11분 동안) 지구 곳곳으로 이주한 시기에 맞춰 발달했다. 인간이 지나간 자리에 남은 거대 동물의 멸종 흔적은 먹이 사슬의 밑바닥에 있던 인간이 급격히 꼭대기로 올라섰다는 증거다.[7]

빠르게 훑어본 초기 인류의 진화에서 끌어낸 간단한 결론은 인간이 살아남으려면 협력해야 했다는 것이다. 동아프리카 열곡대에서 인간과 더불어 다른 유인원이 살았다는 화석 증거가 거의 없는 까닭도 그래서다. 실제로 대형 유인원 사촌이 사는 환경은 계절 변화가 별로 없고 더 풍요로워 강력한 협동이 생존의 전제조건이 아니다. 그러니 이런 생각이 들지 않을 수 없다. 만약 우리가 사람보다 침팬지에 더 가까웠다면 지금까지 살아남을 수 있었을까? 어쩌면 우리는 사람속의 화석 기록으로 남은 한 종, 생존을 시도했다 실패한 종으로만 남았을지도 모르겠다.

그런데 힘을 합칠 때 여러 이점이 있는 것치고는 협력해 새끼를 기르는 종의 비율이 놀라울 만치 낮다. 양서류나 파충류 가운데는 협력해 새끼를 키운다고 알려진 종이 하나도 없다.[8] 곤충, 거미, 포유류, 어류는 1퍼센트 언저리고[9] 조류도 약 8퍼센트에 그친다.[10] 함께 힘을 합치기란 어려운 일이어서 협력이 퍼지려면 알맞은 상황이 마련되어야 하기 때문이다. 협력 번식을 하는 조력자는 일부일처제를 하고, 한배에 새끼를 여럿 낳는 종에서 가장 흔하게 나타난다. 일부일처에서는 자식들이 모두 친형제자매이므로 조력자가 생겨날 여건이 쌓인다. 마찬가지로 암컷이 한배에 낳는 새끼가 하나가 아니라 여럿일 때, 조력자가 어미의 번식 성공도를 높일 여지가 더 많다.[11]

그런데 이 점에서 인간은 예외다. 우리는 한배에 대개 한 아이를 낳고, 출산 간격에서 보듯이 더 많이 낳기보다 더 튼튼한 아이를 낳고 싶어 한다. 앞서 봤듯이 배 속에 한 아이만 품어도 여성의 신진대사는 큰 영향을 받는다. 그러니 협력해 새끼를 키우는 다른 영장류처럼 쌍둥이를 낳을 확률을 높이는 변이가 일어나면 태아가 영양분을 적게 받거나 임신부가 감당하기 어려울 만큼 많은 자원을 투자해야 한다. 그래서 인간은 육아에 도움을 받을 다른 길을 택했다. 한배에 낳는 아이 수를 늘리기보다 아이를 낳는 간격을 줄이기로 한 것이다. 우리와 가장 가까운 유인원 사촌인 침팬지는 새끼가 여섯 살 무렵에야 어미와 떨어진다. 하지만 현대의 수렵·채집 사회에서 조력자와 함께 아이를 키우는 여성은 갓난아이가 젖을 떼자마자 다음 아이를 밸 수 있어 3년마다 아이를 낳아 키울 수 있다. 그러므로 인간 사회의 여성은 협력 번식을 통해 매우 튼튼한 아이를 비교적 많이 낳아 질과 양의 충돌을 해결한 것이다.

우리가 협력해 아이를 키우는 종이라는 사실에는 인간 사회와 육아 규범을 이해할 깊은 의미가 숨어 있다. 인류는 사회를 이뤄 살았으므로 인간이 지구에 존재한 대부분의 기간 동안 엄마는 광범위한 인간관계 속에 있었고, 아이는 아빠, 손위 형제자매, 부모의 형제자매, 조부모를 포함한 다양한 사람에게 보살핌을 받으며 자랐다.[12] 오늘날까지 여러 인간 사회가 이렇게 살아간다. 물론 많은 산업 사회에서는 대가족이 학교, 어린이집 같은 공식 기관으로 상당수 대체되었다. 이와 같은 아이를 돌보는 공식 기관들은 협력해 아이를 키우려는 본성이 논리적으로 확장한 결과이며, 애초에 그런 기관이 존재하는 까닭도 우리가 협력해 아이를 키우는 종이기 때문이다.

어린 새끼가 한시도 어미와 떨어지지 않는 다른 대형 유인원과 달리, 인간의 아이는 엄마보다 다른 사람에게 더 많은 보살핌을 받는다. 게다가 보호자 한 사람과 특별한 유대를 형성하지 않아도 괜찮기에 여러 사람, 심지어 같은 어린이에게 보살핌을 받아도 된다. 이 관점은 서구에서 이상으로 여기는 핵가족과는 사뭇 다르다.[13] 서구의 핵가족에서는 부모가 대가족의 도움을 거의 받지 못한 채 아이를 길러야 하고, 아이를 더 적게 더 적은 터울로 낳기 때문에 먼저 태어난 아이가 육아를 돕기는커녕 여전히 보살핌을 받아야 한다.

육아는 우리 인간의 진화 역사를 충분히 고려하지 않았을 때 치명적인 결과를 낳는 영역이기도 하다. 서구의 육아 방식은 오늘날 본보기로 삼아야 할 척도로 자주 사용되며 어떤 육아 방식이 바람직한지, 그런 육아 방식을 충실히 따르지 않으면 아이에게 어떤 상처를 주는지 판단하는 데 영향을 미친다. 육아 분야에서 아주 유명한 개념인 '애착 이론'이 대표적인 예다. 이 이론은 아이가 건강하게 성장하는 것은 주된 보호자와 단단한 애착을 형성하는 데 달려있다고 말한다. 그런데 여기서 말하는 주된 보호자는 대체로 엄마다. 이 논리에 따르면 아이에게 둔감하거나 반응하지 않는 엄마, 아이를 어린이집에 보내는 엄마는 아이의 발달 과정을 방해하며 광범위하게 악영향을 미칠 위험이 있는 애착 불안을 일으킨다.[14]

결국 애착 이론이 암시하는 바는 다음과 같다. 아이가 세상에 스스럼없이 반응하고 잘 적응해 성인기에 유용한 관계를 형성할 줄 아는 생산적인 사회구성원이 되도록 키워야 할 사람은 '엄마'다. 따라서 아이에게 문제가 생기면 모두 '엄마' 탓이다. 이 이론의 문제점은 여러 문화를 넘나들어 살펴보고 역사와 진화 과정을 아무리 폭넓게 둘러봐도 부모 중 한 사람은 육아를, 다른 사람은 생계를 도맡아야 한다고 강조하는 핵가족이 매우 드문 형태라는 것이다. 엄마가 아이에게 누구도 대체할 수 없는 유일한 보호자라는 개념은 학문적으로 뒷받침된 규범이 아니라 근대 서구에서 생겨난 문화 사상이다.

이를 뒷받침하는 확실한 자료가 있다. 미국국립아동건강 및 인간발달연구소National Institute of Child Health and Human Development는 1991년부터 2007년까지 1,000명이 넘는 아동을 생후 한 달부터 열여섯 살까지 추적 관찰했다. 어떤 아이는 어린이집에 갔고, 어떤 아이는 집에서 엄마가 도맡아 길렀다. 연구소가 내놓은 보고서의 주요 결론은 명백했다. 어린이집에 다닌 아이와 집에서 자란 아이의 발달 정도가 다르지 않았다.[15] 더 최근인 2003~2006년에 프랑스에서 1,400명이 넘는 아동을 관찰한 연구도 비슷한 결과를 보였다. 오히려 좋은 어린이집에 다닌 아이가 엄마 혼자 돌본 아이보다 대체로 감정 장애나 행동 장애를 덜 겪었다. 아마 어린이집에 다니는 아이가 또래나 다른 어른과 상호작용할 기회가 더 많았기 때문일 것이다.[16] 그렇다고 이런 연구들이 엄마와 아이의 유대를 하찮게 보거나 아이의 정서를 건강하게 발달시키는 데 엄마의 역할이 없다고 말하는 것은 아니다. 정확히 말하면 이런 연구들은 육아를 다양한 보호자와 다양한 관계를 아우른 더 넓은 관점에서 바라보길, 사회성과 협동성을 자랑하는 인간의 기나긴 진화 역사를 더 잘 반영하는 관점에서 바라보기를 권장한다는 의미다.

07 ──

알락노래꼬리치레의 가르침

어린 마음에, 왜 신사들이 모두 조류학자가 되지 않는지 의아
했다.[1]
찰스 다윈

20대 초반이었을 무렵 나는 협력 번식이 어떻게 작동하는지
더 깊이 이해하고 싶어 칼라하리사막 주변에서 새를 쫓아다녔
다. 그렇다고 아무 새나 쫓지는 않았다. 내가 특히 관심을 쏟은
종은 알락노래꼬리치레였다. 흰 몸통에 날개와 꼬리가 검고 통
통한 이 새는 칼라하리사막에서 옹기종기 무리 지어 살아간다.
운 좋게도 나는 이 새의 행동을 처음으로 자세히 살펴본 연구진
중 하나였다. 내 연구의 핵심은 협력을 바탕으로 형성된 사회에
서 생길 수밖에 없는 갈등을 파악하는 것이었다.

조류에서 가장 흔히 등장하는 사회적 제도는 수컷 한 마리와 암컷 한 마리가 짝을 이뤄 새끼를 키우는 결합이다. 많은 종에서 이런 정략결혼이 새끼가 둥지를 떠날 때 끝이 난다. 알락노래꼬리치레는 다르다. 이들은 사회적인 삶의 방식에 영구적으로 그리고 완전히 헌신한다. 먹이 찾기부터 잠자기, 놀이, 일까지 모든 것을 함께한다. 무리의 크기는 다양하다. 달랑 세 마리가 끈끈하게 뭉쳐 살기도 하지만 열네 마리까지 더 큰 떼를 이루는 무리도 흔하다. 번식은 무리마다 우두머리 암수 한 쌍이 독차지한다. 나머지는 모두 육아 조력자로 밀려나 우두머리 부부의 새끼를 먹이고 지키고 보살피는 역할을 맡는다.

내가 연구를 수행한 쿠루만강 보호구역[2]은 내 박사 논문을 지도한 팀 클러튼-브록Tim Clutton-Brock 교수가 처음 자리를 잡고 동물의 행동을 장기간 연구한 곳으로, 에둘러 '푸른 칼라하리'라 부르는 사막의 농경지 외딴 구석에 있다. 쿠루만강은 이름만 강일 뿐 20년에 한 번 물이 흐를까 말까 해 모래투성이 강바닥이 그대로 드러나있다. 칼라하리사막의 모래는 위치에 따라 빛깔이 조금씩 다르다. 강바닥에 가까울수록 칙칙한 갈색이고 위로 올라갈수록 지푸라기 같은 누런색으로 옅어지다 모래언덕에 이르면 마침내 진하디진한 황토색으로 바뀐다. '푸른 칼라하리'라는 이름과 달리 푸르른 곳은 아니지만 이곳에는 그 나름의 아름다움이 있다.

칼라하리사막은 생명체가 살아가기에 꽤 혹독한 곳이라 협력이 일상인 것처럼 보였다. 내가 연구한 알락노래꼬리치레는 박쥐귀여우Otocyon megalotis(귀가 우스꽝스럽게 큰 사랑스러운 회색 갯과 동물이다), 사회성 거미social spider(성긴 솜털 같은 거미집으로 식별할 수 있다), 미어캣, 흰눈썹베짜기새Plocepasser mahali, 떼베짜기새 Philetairus socius, 여러 종류의 개미 같은 다양한 사회성 동물과 보금자리를 공유했다. 이 가운데 떼베짜기새는 여기저기 뚫린 작은 구멍이 모두 이어져 있어 마치 새 전용 공동주택 같은 엄청나게 큰 둥지를 짓는다. 무리에 새로 합류한 떼베짜기새는 기존의 거대한 구조물에 자기 둥지를 덧붙이는데, 어느 순간에 이르면 공동 둥지가 중력의 힘을 이기지 못하고 와르르 땅에 떨어지기도 한다.

이곳에서 저마다의 방식으로 살아가는 모든 사회성 동물들이 촉각을 곤두세우는 대상이 있으니, 바로 날씨다. 사막에서는 모두의 생존이 비에 달렸다. 우기에 들어서면 멀리서 내리는 비와 촉촉이 젖은 땅의 내음이 서북풍에 실려와 이제 곧 비가 내릴 것을 알린다. 먹구름이 끼면 그야말로 장관인 폭풍이 금세 몰려온다. 천둥이 어마어마한 소리로 사방을 울리고 번개가 번쩍번쩍 내리친다. 벼락에 맞은 앙상한 나무들은 폭풍이 얼마나 거셌는지 말해준다. 벼락은 같은 곳을 두 번 치지 않는다지만 우리가 살았던 집이 벼락을 맞은 적은 한두 번이 아니었다(그 바람에 전화선이 끊기고, 깜빡하고 전원을 빼지 않았던 컴퓨터나 전자 기기가 고장 나곤 했다).

폭풍이 지나가면 사막에는 생기가 돈다. 노란 꽃이 붉은 모래를 뒤덮고, 스치면 달라붙어 따가운 풀이 다리 높이까지 자라 엉겨 붙곤 했다. 비 덕분에 생존 걱정을 덜어낸 동물들은 이때부터 번식에 공을 들인다. 사막에 사는 생명에게 비는 반가운 손님이자 먹이를 뜻한다. 먹이가 떼로 몰려오기 때문이다.

맨 처음 찾아오는 먹이는 나방 애벌레로, 큰비가 내린 며칠 뒤 떼를 지어 나타난다. 나방 애벌레들은 반드시 위로 올라가야 하는 임무라도 받은 것처럼 벌판에서는 나무를 기어오르고, 우리의 다리와 머리, 식탁으로 끊임없이 기어올랐다. 덕분에 우리는 시도 때도 없이 그들을 떨어내야 했다. 당연하게도 몇 주 뒤에는 나방이 떼로 밀려온다. 엄청난 나방 떼가 날개를 파닥거리며 집 밖 베란다 전등 주위로 와글와글 몰려들어, 혹시라도 집안의 전등을 끄지 않고 문을 열었다가는 재앙 수준의 나방 떼가 들이닥쳤다. 나방 떼가 쏜살같이 집 안으로 몰려들면 파닥이는 날개에서 떨어진 가루로 숨쉬기가 어려울 정도였다.

사막에 내리는 비는 변덕스럽기도 해서 이따금 찾아오는 폭풍이 지나가면 오랫동안 가뭄이 이어진다. 그래서 사막에서 살아가는 삶은 아슬아슬하다. 좋을 때는 정말 좋지만 나쁠 때는 끔찍하기 짝이 없다. 협력하는 생활 방식은 이렇게 극도로 혹독한 환경에서 개체를 보호한다. 혼자 힘으로 살아가기보다 함께 움직이는 집단에 포함돼 좋을 때는 함께 번창하고 나쁠 때는 함께 이겨내는 편이 이롭다.

∴ ∴ ∴

　쿠루만강 보호구역에 거주하는 사람들에게는 풍요와 기근을 오가는 삶이 일상이었지만 우리 연구원들은 강우량에 그리 얽매이지 않았다. 다만 우리의 먹거리 확보를 좌우하는 것은 비가 아니라 드물게 다녀오는 장보기였다. 현장에는 알락노래꼬리치레 연구자들 말고도 미어캣을 장기 연구하는 훨씬 큰 과제를 수행하는 몇몇 과학자와 10명 남짓한 자원봉사자까지 모두 20명가량이 함께 살았다. 쿠루만강 보호구역에서 가장 가까운 시내에 가려면 울퉁불퉁한 비포장길을 세 시간이나 달려야 하는 탓에 우리는 웬만하면 한 달에 한 번, 한 달치 식량을 한꺼번에 구매했다. 그때 사지 못한 음식은 한 달 내내 구경도 못했다. 과일과 신선한 채소는 늘 가장 먼저 떨어지거나 더위에 썩어 문드러졌다. 초콜릿과 맥주는 금세 바닥이 나 월말에는 어쩔 수 없이 통조림이나 건조식품을 조리해 먹어야 했다.

　물론 알락노래꼬리치레는 인간이라면 걱정하지 않아도 될 위험까지 겪어야 했다. 먹이 찾기도 어려운 마당에 다른 동물의 먹이가 되는 일도 피해야 했다. 사막은 사방이 탁 트인 모래벌판이어서 포식자를 피해 몸을 숨길 곳이 드물다. 게다가 알락노래꼬리치레의 먹이인 작은 곤충이나 벌레는 모래 바로 아래에 숨어 살기 때문에 먹이를 찾으려면 부리로 모래를 파헤쳐야 했다. 이렇게 바닥에 고개를 처박고 먹이를 찾는 탓에 커다란 수리부

엉이나 아프리카회색매Melierax canorus, 잔점배무늬독수리Polemaetus bellicosus처럼 하늘에서 덮치는 맹금의 공격 위험이 컸다. 선명한 주황색 다리와 부리가 눈길을 잡아끄는 아프리카회색매는 황량한 길가를 따라 수백 킬로미터나 이어진 나무 울타리에 앉아, 낌새를 알아차리지 못하는 다음 희생자를 기다렸다. 딱 한 번 쌍안경으로 본 잔점배무늬독수리는 달궈진 땅 위를 나는 모습이 꼭 검은 점 같았지만 실제로는 날개폭이 무려 2미터에 이르는 훨씬 더 무시무시한 포식자다. 한번은 우리 연구 현장의 우두머리 미어캣 암컷이 사라져 송신기를 추적해보니, 잔점배무늬독수리의 둥지에 있었다. 둥지에서는 송신기뿐 아니라 우리 연구 현장에 서식하는 작은 다이커영양Sylvicapra grimmia의 뼈도 발견되었다. 이 최상위 포식자가 꽤 큰 먹잇감까지 해치운다는 것을 실감한 순간이었다.

알락노래꼬리치레가 야생에서 어떻게 행동하는지를 관찰하기란 무척 어렵다. 포식자를 두려워한 이 새가 우리도 의심했기 때문이다. 우리가 100미터 가까이만 다가가도 귀신같이 알아채고 새된 소리로 경보를 울리며 멀리 달아났다. 알락노래꼬리치레가 우리를 믿고 받아들이게 할 가장 좋은 방법은 둥지에서 조금 떨어진 곳에 꼼짝하지 않고 앉아있다가, 새끼에게 먹이를 주러 오는 부모를 지켜보는 것이었다. 하지만 야생 동물과 낯을 트기란 느리기 짝이 없는 지루한 과정이다. 알락노래꼬리치레를 겁주지 않으면서도 거리를 좁히기 위해 우리는 몇 시간 동안 모래밭에 앉아 조금씩 둥지에 가까이 다가가야 했다. 이런 상황에서는 앉을 자리를 잘 살펴봐야 한다. 나는 하필 개미집에 너무 가까이 앉았다가 여러 번 곤욕을 치렀다. 집으로 가는 길목이 막혀 화난 개미들이 세 시간 동안 나를 물어뜯은 것이다. 그렇다고 자리를 옮길 수도 없었다. 자리에서 일어섰다가는 알락노래꼬리치레가 놀란 나머지 모습을 감춰서 그동안의 고생이 한순간에 헛수고가 될 터였다. 내 임무는 알락노래꼬리치레가 내 존재에 신경 쓰지 않을 정도로 주변 환경에 녹아드는 것이었다.

숨죽이고 앉아 낯을 익히기를 반복해 마침내 둥지 가까이 다가갔을 때, 알락노래꼬리치레에게 먹이로 밀웜(갈색거저리 애벌레)을 던져줬다. 이때 요령은 먹이를 찾는 알락노래꼬리치레의 부리 바로 아래에 밀웜을 던지는 것이다. 제대로 겨냥했을 때는 알락노래꼬리치레가 밀웜을 먹었고(안타깝게도 그런 일이 내 바람만큼 자주 일어나지는 않았다), 그때마다 나는 휘파람을 불었다. 목적은 맛있는 먹이가 나타난 뒤 휘파람 소리가 들렸을 때 보이는 우리를 알락노래꼬리치레가 위험하지 않은 존재로 인식하도록 훈련하는 것이었다. 우리는 여러 달에 걸쳐 알락노래꼬리치레의 신뢰를 얻었고, 그 덕분에 이 새들의 자연 생태를 가까이에서 지켜볼 수 있었다. 휘파람 훈련도 성과가 있었다. 드넓은 서식지에서 알락노래꼬리치레 무리를 찾느라 몇 시간을 허비하지 않고 그저 휘파람을 불고 맛있는 밀웜을 내놓으면 무리 전체가 우리에게 날아왔다.

우리는 알락노래꼬리치레가 휴대용 저울에 올라서는 것도 훈련했다. 대가는 물 한 모금이었다. 이 새들은 마치 인간이 고급 포도주를 마실 때처럼 아주 재밌는 자세로 물병 뚜껑에 담긴 물을 마셨다. 새의 몸무게를 잰다는 것은 장기적으로 건강 상태를 확인해 어떤 녀석이 건강하고 어떤 녀석이 병약한지를 파악할 수단을 얻는다는 뜻이다.

우리 연구의 목적은 알락노래꼬리치레의 협력 생활을 탐구해 이 끈끈한 가족 집단에서 누가 무슨 일을 맡는지 알아내는 것이었다. 그런데 곧바로 심각한 문제를 맞닥뜨렸다. 우리 눈에는 모든 알락노래꼬리치레가 비슷해 보였다. 어떤 개체가 어떤 일을 맡고 있는지 확인하려면 먼저 새를 구분할 줄 알아야 했다. 우리는 이 문제를 흔한 방식으로 해결했다. 개체군에 속하는 모든 새의 발에 네 가지 색을 섞어 식별 고리를 끼웠다. 이 식별 고리 덕분에 새마다 식별명을 붙여 추적할 수 있었고, 별명을 지어 회의 때 구분해서 말하기 쉽도록 했다. 개체군에서 가장 오래 자리를 지킨 우두머리 암컷은 오른쪽 발목에 흰White 고리와 빨간Red 고리를, 왼쪽 발목에 흰White 고리와 쇠Metal 고리를 꼈다. 그녀의 식별명은 WR|WM이었고, 별명은 원더우먼이었다.

연구 초기에는 성체를 하나하나 붙잡아 고리를 끼워야 했기에 어쩔 수 없이 신뢰가 깨질 수밖에 없었다. 더러는 두 번 다시 우리를 믿지 않는 녀석도 있었다. 이런 불상사를 막고자 우리는 개체군의 모든 성체에 고리를 끼우는 작업을 마치자마자, 무리가 새끼를 치는 둥지를 확인해 아직 둥지에 머무는 새끼에게도 고리를 채웠다. 새끼 새에 고리를 끼우면 신뢰가 깨지는 일을 막을 수 있었다. 하지만 이를 위해서는 둥지에 접근하는 엄청난 위험을 무릅써야 했다. 아까시나무 가지까지 손을 뻗어 삐죽삐죽한 둥지에서 새끼를 꺼내려면 10미터짜리 사다리의 마지막 단까지 올라가서도 까치발을 들어야 했다. 게다가 둥지 안이 보이지 않을 때가 많아서 그냥 둥지 안으로 손을 집어넣어 더듬더듬 새끼를 찾아야 했다. 사다리에서 떨어질지 모른다는 불안과 손끝에 새끼들이 아니라 독사가 잡힐지 모른다는 걱정도 컸다. 둥지 근처에 먹이를 물고 온 부모가 보이지 않아 새끼들이 살아있는지 확실하지 않을 때는 특히 더 걱정스러웠다.

알락노래꼬리치레가 우리를 위협으로 여기지 않게 된 덕분에 새들을 가까이에서 관찰하게 되자, 이 새들이 자신과 연약한 새끼들을 위험에서 지키고자 얼마나 애쓰는지가 빠르게 파악되었다. 고백하건대 처음에는 알락노래꼬리치레가 포식자를 지나치게 경계한다고 생각했다. 알락노래꼬리치레는 머리 위로 날아가는 비행기, 쌍안경으로도 거의 보이지 않을 만큼 멀리 있는 맹금처럼 위협일 것 같지 않은 존재에도 새된 경고음을 울렸다. 그런데 어느 날 알락노래꼬리치레가 얼마나 순식간에 포식자로 인해 목숨을 잃는지 두 눈으로 목격했다. 그때 나는 암수 한 쌍이 무리를 이뤄 다른 알락노래꼬리치레의 도움 없이 새끼 두 마리를 키우던 '양말'이라는 가족에게서 자료를 모으고 있었다. 부모는 허구한 날 배고프다고 울어대는 새끼의 배를 채우려고 먹이를 구하려 바삐 돌아다녔다. 나도 양말 가족도 서로 자기 일에 바쁜 탓에 노란몽구스 Cynictis penicillata 가 슬그머니 다가온 줄은 까맣게 몰랐다. 눈 깜짝할 새에 가시덤불에서 튀어나온 몽구스가 새끼 한 마리를 낚아챘다. 겨우 몇 초만에 일어난 일이었다.

더 큰 규모의 무리에서는 파수꾼이 서로 돌아가며 보초를 선다.[3] 파수꾼은 나뭇가지나 울타리 같은 높은 곳에 앉아 위험이 다가오지 않는지 주위를 살핀다. 미어캣 사회에도 파수꾼이 있다. 연구를 돕는 자원봉사자들은 미어캣을 머리 위에 올리고 인간 초소 노릇을 하는 모습을 사진으로 남기곤 했다. 보초를 서는 알락노래꼬리치레는 든든한 낮은 목청으로 파수꾼 노래를 불러 먹이를 찾는 구성원들에게 아무 문제가 없다고 알린다. 위험을 알아챘을 때는 포식자에 따라 다른 소리로 경고음을 내서 먹이를 찾던 무리가 재빨리 안전한 곳으로 달아나게 한다.[4] 알락노래꼬리치레가 언제나 나보다 훨씬 빨리 포식자를 알아챈 까닭도 아마 이렇게 협력하는 파수꾼 체제 덕분일 것이다.

어떤 포식자는 내게도 위협이 되기에 사막에서 혼자 돌아다 닐 때보다 알락노래꼬리치레와 함께일 때 훨씬 안전하다고 느낀 적도 있다. 알락노래꼬리치레의 서식지를 터벅터벅 돌아다니며 휘파람을 불어도 아무 소득이 없던 어느 후덥지근한 오후였다. 며칠 전 폭우가 내렸는데, 이렇게 먹이가 풍부할 때는 알락노래 꼬리치레가 휘파람과 밀웜에 시큰둥했다. 그날은 무더운 데다 사 막답지 않게 습한 탓에 축축한 모래가 따가운 햇빛을 받아 김을 내뿜는 듯했다. 이러한 습한 열기가 마치 뱀의 낮 사냥을 부추기 는 것 같았기에 우리는 이런 날을 '뱀 나올 것 같은 날씨'라고 불 렀다. 나는 친숙한 흰 몸통에 검은 무늬가 보이기를 바라며 나무 에서 눈을 떼지 않았다. 그때 발 근처 수풀에서 자그맣게 부스럭 거리는 소리가 났다. 한 발짝도 채 떨어지지 않은 곳에서 케이프 코브라Naja nivea 한 마리가 목깃을 펼치고 머리를 꼿꼿이 세운 채 나를 바라보고 있었다. 공격할 준비를 마쳤다는 신호였다. 케이 프코브라는 예민한 데다 독성이 무척 강해 결코 마주치고 싶지 않은 뱀이다. 머리카락이 쭈뼛 곤두선 나는 천천히 뒷걸음질 쳤 다. 다행히 케이프코브라도 경계를 풀고 슬그머니 도망갔다.

알락노래꼬리치레는 나보다 훨씬 용감했다. 뱀을 보면 영역 에서 몰아내려고 뱀 주위로 몰려들어 거친 소리로 시끄럽게 울 어대며 공격한다. 몽구스와 올빼미를 포함한 다른 여러 위험한 적들한테도 이렇게 떼를 지어 공격을 퍼부었다. 앞서 살펴본 우 리 인간처럼 알락노래꼬리치레도 협동을 해서 적을 물리치는 데
'

성공했다.

∴ ∴ ∴

알락노래꼬리치레가 위험에 노출될 때는 앞서 말한 대로 고개를 처박고 먹이를 찾는 순간뿐만 아니라 둥지에 있을 때다. 알락노래꼬리치레는 대체로 아까시나무의 높은 곳에 둥지를 트는데 이곳은 접근하기 어렵다는 것 외에는 위가 뻥 뚫려 있어 이렇다 할 보호막이 없다. 그래서 한배에서 태어난 새끼가 모조리 포식자에게 잡아먹히는 일이 숱하다. 밤은 특히 더 위험해서 둥지에서 알을 품던 우두머리 암컷이 목숨을 잃기도 한다. 이런 무시무시한 위험 탓에 알락노래꼬리치레는 몇 가지 협력 방식을 활용해 새끼의 사망률을 줄인다(이 연구가 내 박사 논문의 바탕이 되었다). 육아 조력자가 모자란 무리는(먹이를 물어 나르기에도 바빠) 둥지를 지켜 포식자를 몰아내는 데 쏟을 시간이 별로 없다. 따라서 수가 적은 무리는 새끼가 아직 덜 자라 날지 못하는데도 어서 빨리 둥지를 떠나라고 부추긴다. 아직 연약한 새끼일지라도 둥지 안보다 둥지를 벗어났을 때 더 안전하기 때문이다. 이와 달리 수가 많아 새끼를 보호하기 쉬운 무리에서는 새끼들이 귀중한 며칠을 둥지에 더 머물게 했다가 떠나게 한다.[5]

알락노래꼬리치레가 새끼를 보호하고자 협력하는 더 정교한 방법은 혼자가 아니라 두 마리가 함께 둥지에 먹이를 주러 가는 것이다. 처음에는 왜 그럴까 싶어 고개를 갸웃거렸지만 알고 보니 이는 포식자한테서 둥지를 숨기는 영리한 방법이었다. 이유는 이렇다. 알락노래꼬리치레 새끼는 거의 하루 내내 둥지에 조용히 숨어 지내다 어른 알락노래꼬리치레가 먹이를 물고 찾아오면 둥지 밖으로 고개를 내밀고 먹이를 달라고 크게 울어댄다. 어른들이 먹이를 주러 갈 때마다 뜻하지 않게 포식자에게 '여기 새끼가 있습니다!' 하고 광고를 하는 셈이다. 하지만 한 조를 이뤄 새끼에게 먹이를 주면 둥지의 위치를 포식자에게 알리는 횟수를 늘리지 않고도 충분한 먹이를 나를 수 있다. 기발한 해법이었다. 먹이를 잡은 알락노래꼬리치레는 나뭇가지로 날아가 다른 새가 합류할 때까지 기다렸다가(몇 분이 걸릴 때도 있다) 함께 둥지로 날아간다. 이런 협력을 통해 새끼들이 먹이를 달라고 한바탕 시끄럽고 위험하게 울어대는 횟수를 줄이면서 먹이를 두어 배 넘게 줄 수 있다.[6]

새끼들이 둥지를 떠날 때는 훨씬 흥미로운 상황이 펼쳐진다. 알락노래꼬리치레 새끼들은 둥지를 떠난 뒤에도 몇 주 동안 어른들이 주는 먹이에 의지해 산다. 둥지에 있을 때 새끼들은 거의 하루 종일 웅크리고 있다가 어른들이 먹이를 물고 올 때만 활기를 찾았다. 하지만 둥지를 떠난 뒤에는 상황이 완전히 바뀐다. 땅으로 내려온 새끼는 먹이를 찾는 어른들 뒤를 졸졸 쫓아다니며 먹이를 달라고 쉴 새 없이 시끄럽게 울어댄다. 진이 다 빠진 어른 알락노래꼬리치레는 도저히 못 참겠다는 듯 새끼 위로 뛰어울라 머리를 콕콕 쪼며 한숨 돌리기도 한다. 그 모습을 보고 있노라면 절로 안쓰러운 생각이 든다.

알락노래꼬리치레 새끼는 꽤 약삭빠르다. 포식자에게 잡아 먹히기 쉽다는 약점을 무기로 어른들을 압박해 먹이를 내놓게 한다.[7] 실컷 배불리 먹었을 때는 비교적 안전한 나무에 올라가 기분 좋게 자리를 잡지만 어른들이 먹이를 늦게 가져온다 싶으면 위험한 땅으로 내려가 더 빨리 먹이를 가져오라고 닦달했다 (이스라엘의 유명한 생물학자 아모츠 자하비Amotz Zahavi가 이런 '협박' 전략을 맨 처음 주장했는데, 공교롭게도 자하비가 이스라엘 네게브사막에서 연구한 대상도 꼬리치레 종이었다). 새끼가 포식자에게 먹히기 가장 쉬운 땅 위로 내려앉아 목숨을 위험에 빠뜨리기를 마다하지 않으면 어른들에게 배가 고프다는 신호가 확실하게 전달되어 더 빨리 먹이를 먹을 수 있다.

내가 특히 흥미를 느낀 조력 행동은 교육이다. 교육은 협력의 한 형식이다. 가르치는 사람은 학생이 중요한 기술이나 지식을 익힐 수 있도록 애쓴다. 타인이 배울 수 있도록 기회를 주거나 적극적으로 가르치고 반응해 돕는 과정은 이 세상의 모든 사회와 문화에서 일어난다. 교육은 우리가 읽기와 쓰기 같은 기술을 배우는 방법이자 문화 축적, 그러니까 사회와 기술이 시간이 지날수록 복잡해지는 경향을 만드는 데도 아주 중요한 역할을 한다. 이런 래칫 효과rachet effect*는 새로운 세대가 다시 밑바닥에서부터 기술을 발명하고 중요한 사실과 전문 지식을 발견할 필요 없이 지난 세대의 성과를 발판으로 삼을 때만 일어난다. 교육은 인간 사회의 진화를 워낙 탄탄히 밑받침한 토대이기에 2006년 이전까지는 교육이 인간에게서만 나타나는 행동이자 지구에 사는 다른 종과 우리를 구분하는 행동으로 여겼다.

하지만 그렇지 않다. 실제로 동물계를 둘러보면 교육 사례가 넘친다. 그리고 놀랍게도 우리 예상을 벗어난 종에서 주로 나타난다. 우리와 비슷한 행동을 할 만한 종을 떠올릴 때 흔히들 대형 유인원에 눈길을 돌린다. 어린 침팬지가 어미에게서 새로운 기술과 요령, 이를테면 딱딱한 견과류를 돌로 깨는 법을 배우는 능력은 확실히 뛰어나다. 하지만 어미가 적극적으로 새끼에게 무엇을 가르친다고 확신할 만한 증거는 없다.

왜 그런지 이해하려면 먼저 교육이 무엇인지, 교육의 목적이 무엇인지를 더 폭넓게 이해해야 한다. 교육은 특별한 형식의 조력 행동이다. 모든 도움이 그렇듯 가르침에도 비용이 발생한다. 진화는 투자 이익이 비용을 넘어설 때 교육의 손을 들어준다. 침팬지에게서 확실한 교육 사례가 나타나지 않은 이유는 수지타산이 맞지 않기 때문이다. 새끼 침팬지는 사회학습에 뛰어나다.[8]

---

* 어떤 현상이 후퇴하지 않고 전진만 한다는 뜻으로, 톱니 효과라고도 번역한다. ─옮긴이

누가 적극적으로 가르치지 않아도 보고 따라 하면서 배운다. 흔히 침팬지의 교육 사례로 제시되는 기술, 이를테면 돌멩이로 견과류를 깨는 기술과 막대기로 흰개미를 잡는 기술은 혼자서도 시행착오를 거쳐 익힐 수 있고, 어린 새끼가 그 과정에서 혹시 실수를 저지르더라도 다칠 위험이 거의 없다. 게다가 이런 기술을 가르친들 투자 이익이 생길지도 의문이다. 견과류와 흰개미는 침팬지의 주식이 아니라 별미에 가깝다. 침팬지의 주식은 딱히 노련한 기술이 필요 없는 과일과 나뭇잎이다.[9] 그러니 어미가 새끼를 가르치느라 치르는 비용이 새끼의 생존이나 번식 성공도가 늘어나는 확실한 이익으로 돌아올 것 같지 않다.

이 관점으로 교육을 바라보면 왜 자연에서 가장 확실한 교육 사례가 우리와 가장 가까운 현생 사촌이 아니라 교육 비용 대비 이익이 높은 종에게서 나오는지를 설명할 수 있다. 침팬지는 하루치 열량을 과일과 나뭇잎처럼 찾기 쉬운 먹이에서 대부분 얻는다. 하지만 더 복잡한 틈새인 수렵·채집 환경을 차지한 초기 인류는 땅에서 덩이줄기를 캐거나 껍데기에서 견과류를 끄집어내거나 동물을 사냥해 먹고살아야 했다. 이렇게 복잡한 수렵·채집 기술은 배우는 데는 시간과 재능이 필요하고 혼자 지켜보기만 해서는 익히기 어렵다. 다른 대형 유인원 사촌들과 달리 우리가 가르치는 데 열성인 까닭은 수렵·채집 기술이 배우기 어렵고 생존에 필요했기 때문이다.

교육과 관련해 처음으로 우리 인간의 자부심을 무너뜨린 종은 영장류도, 포유류도, 조류도 아닌 개미다. 2006년 나이절 프랭크스Nigel Franks 교수와 공동 연구자들이 호리가슴개미Temnothorax albipennis가 먹이나 새로운 둥지로 가는 가장 빠른 길을 서로에게 가르친다는 사실을 밝혀내 과학계를 깜짝 놀라게 했다.[10] 개미는 다른 개미를 물어 나를 줄 아니, 길을 아는 개미가 아무것도 모르는 개미를 목적지까지 물어 나르는 쪽이 훨씬 효율적일 수 있다. 하지만 이 경우 뒤쪽을 바라보며 실려가는 개미는 길을 익히지 못한다. 개미가 길을 기억하려면 원을 그리며 자기 발로 이동해 경로에 있는 다양한 주요 지형지물을 익혀야 한다. 앞장선 개미는 교사 역할을 해, 학생 개미가 곳곳을 둘러볼 때까지 기다리며 목적지까지 천천히 움직인다. 길을 다 익힌 학생 개미는 이제 교사 노릇을 할 수 있다.

지금까지 여러 종에서 확실한 교육 사례가 나왔지만 특이하게도 영장류에서는 사람 외 다른 사례를 발견한 적이 없다.[11] 개미의 뒤를 바짝 뒤쫓은 다음 사례는 미어캣이다. 몽구스과에 속하는 미어캣은 무척 잘 협력하고 알락노래꼬리치레처럼 칼라하리사막에서 대가족을 이루며 산다. 협력해 번식하는 많은 동물이 그렇듯 미어캣도 주로 우두머리 한 쌍이 번식을 독차지하고 서열이 낮은 개체는 양육을 돕는다. 이때 조력자 미어캣이 제공하는 도움 중 하나가 교육이다.

전갈은 잘만 다루면 미어캣에게 양질의 영양분을 제공할 좋은 먹잇감이다. 하지만 사람까지 죽일 만큼 강력한 독침이 달린 적이기에 잘못 건드렸다가는 목숨을 잃을 위험이 있다. 미어캣 새끼가 전갈 다루는 법을 연습할 기회는 매우 드물뿐더러 위험투성이다. 새끼가 전갈을 제대로 다루려면 누군가가 새끼들을 가르쳐야 한다.

새끼가 아주 어릴 때는 조력자 미어캣이 막 숨통을 끊은 먹잇감을 새끼에게 건넨다. 이때는 새끼에게 아무런 기술이 없어도 된다. 하지만 새끼가 더 자라면 육아 조력자들이 교육 단계를 올린다. 꼼짝 못 하게 망가뜨린 도마뱀붙이, 독침을 없앤 살아있는 전갈로 연습 기회를 재공하고, 전갈 같은 위험한 먹이를 어떻게 다뤄야 할지 가르친다. 마지막에는 살아있는 먹잇감을 그대로 건넨다. 이 수업에서 새끼들은 살아 움직이고 위험한 먹이를 다루는 방법을 꽤 안전하게 훈련한다. 살아있는 먹이를 새끼에게 먹이려면 시간이 오래 걸릴뿐더러 기껏 잡은 먹이가 도망갈 수도 있으니 이는 비용이 만만치 않은 수업이다. 만약 육아 조력자의 목표가 새끼에게 되도록 먹이를 많이 먹이는 것이라면 죽은 먹이를 주는 쪽이 훨씬 효율적이다. 하지만 새끼가 사냥 기술을 갈고닦게 가르쳐 얻는 이익이 비용을 넘어선다.

교육이 투자 가치가 있으려면 새끼가 전혀 모르는 것을 가르쳐야 한다. 새끼가 이미 할 줄 아는 일을 가르치는 것은 의미가 없다. 그렇다면 교사는 학생의 능력이나 지식을 어떻게 파악할까? 인간은 언어, 그리고 타인의 속내를 들여다볼 줄 아는 능력, 곧 '학생이 무엇을 아는지 아는' 능력이 중요한 역할을 한다. 이 능력은 마음 이론theory of mind에 포함되는 인지 기제에 속한다. 오랫동안 우리는 동물계 교사에게도 이런 강력한 인지 능력이 있다고 가정했고, 그 바람에 인간이 아닌 다른 동물의 교육 사례를 찾지 못하고 헤맸다. 지금껏 언급한 사례 가운데 그런 능력이 있거나 유난히 똑똑하다고 평가받는 종은 하나도 없다.

미어캣을 연구한 학자들이 솜씨 좋게 밝혀낸 바에 따르면 조력자 미어캣은 아주 단순한 직관적 판단을 이용해 새끼들에게 맞춤 수업을 진행한다. 이들은 새끼의 능력을 파악하기보다 단순하게 새끼의 발육 상태에 맞춰 수업의 난이도를 조정한다. 이때 발육 상태를 판단하는 기준은 새끼가 먹이를 달라고 보채는 구걸 신호다. 연구진은 이를 증명하고자 스피커로 새끼들이 먹이를 보채는 소리를 내보내 조력자들을 속였다. 깜빡 속아 넘어간 조력자 미어캣들은 한달음에 달려와 스피커 앞에 먹이를 떨궜다. 이때 더 많이 자란 새끼의 구걸 신호를 들려주면 거의 손대지 않은 전갈을 가져왔고, 더 어린 새끼의 소리를 들려주면 죽은 전갈이나 독침을 뺀 전갈을 가져왔다.[12] 이처럼 미어캣도 정말로 새끼를 가르친다. 다만 그 방식이 사람과 확연히 다르다. 비록 인지 경로는 완전히 달라도 생태 환경에 유리하다면 많은 종이 인간과 마찬가지로 동료나 새끼를 가르친다.

여러 예로 볼 때, 확실한 교육 사례를 찾으려면 교육의 효용을 중요하게 고려해야 한다. 모르긴 몰라도 치타도 미어캣과 똑같은 방식으로 새끼를 가르칠 듯하다. 어른 치타가 사냥에 성공하기 위해 요구되는 냉혹한 조건과, 먹잇감을 거꾸러뜨릴 때 생기는 위험을 고려하면 그럴 만도 하다. 영양이나 가젤에게 제대로 차이면 큰 부상을 입거나 자칫 목숨을 잃을 수 있다. 무리 지어 사는 사자와 달리 치타는 대개 혼자 살기 때문에 다른 개체가 잡은 고기를 먹지 못한다. 배를 채우려면 반드시 사냥에 나서야 한다. 게다가 몸집이 크지 않고 힘도 세지 않아 먹잇감을 거꾸러뜨릴 때 억센 힘을 이용하지 못한다. 그보다는 죽을힘을 다해 먹잇감의 경정맥을 물고 늘어져 숨통을 조인다. 어떨 때는 이 시간이 10~20분까지 걸린다. 그렇게 정확하게 숨통을 끊는 법을 배우려면 미어캣처럼 훈련이 필요하다. 그래서 어미 치타는 아직 숨통이 끊어지지 않은 먹잇감을 새끼들에게 던져줘 사냥법을 배우게 한다. 고양이를 키운다면 뜻하지 않게 비슷한 수업을 받았던 경험이 있을 것이다. 고양이가 아직 죽지 않은 쥐를 부엌에 갖다 놓는 습성도 이런 교육 행동을 드러내는 것으로 보인다.

당시에는 미처 깨닫지 못했지만 내가 알락노래꼬리치레를 연구하던 초기에 관찰한 행동 중 하나가 바로 교육이었다. 그때

나는 새로 낯을 익힌 한 무리의 둥지에서 새끼에게 먹이를 주러 오는 새들을 관찰하며 누가 먹이를 주는지, 또 얼마나 많이 주는지를 기록했다. 새끼들이 태어난 지 11일쯤 되었을 때 어른 알락노래꼬리치레가 목구멍을 울려 '푸르르' 소리를 냈다. 며칠 뒤 다시 둥지를 찾으니 이제는 어른 알락노래꼬리치레가 아래쪽 가지에 앉아 있어 보이지 않을 때조차 새끼들이 푸르르 소리에 힘차게 반응했다. 새끼가 푸르르 소리를 먹이 주는 어른이 왔다는 신호로 받아들이는 법을 배웠다는 걸 알려준 첫 암시였다. 정말로 그렇다면 교육이 일어난다는 실제 사례, 그것도 조류의 첫 교육 사례일 터였다. 게다가 파블로프가 그랬듯, 어른 알락노래꼬리치레가 새끼들에게 푸르르 소리에 먹이 전달을 연상하는 조건반사를 일으키도록 훈련했다는 뜻이기도 했다!

물론 배제해야 할 다른 가능성도 있었다. 가장 주목할 만한 다른 해석은 새끼들이 푸르르 소리에 반응한 까닭이 교육 때문이 아니라 발달 과정의 특정 시기에 도달했기 때문이라는 가정이었다. 새끼가 자연스레 습득한 행위라면 알락노래꼬리치레가 새끼를 가르친다는 사례가 될 수 없다. 나는 이 가설이 맞는지 확인해봐야겠다고 생각했다. 그래서 내가 직접 교사가 되어 실험을 진행했다. 내 가설은 이랬다. 만약 새끼들이 푸르르 소리에 반응하는 반응이 교육의 결과라면 추가로 더 가르쳤을 때 배우는 속도가 빨라질 것이다. 반면 발달 과정에서 때가 되어 나타난 자연스러운 행동이라면 내가 추가로 더 가르치든 말든 변화가 없을 것이다.

나는 추가 수업을 진행하고자 빗자루 끝에 작은 스피커를 매달아(그럴듯한 첨단 장비였다!) 거의 둥지 높이로 올려 새끼들에게 소리를 들려주기로 했다. 먼저 어른 알락노래꼬리치레의 푸르르 소리를 녹음했다. 그리고 추가 수업을 진행할 실험군 여섯 둥지를 고른 뒤 먹이를 주러 갈 때마다 새끼들에게 푸르르 소리를 들려줬다. 나는 어른 알락노래꼬리치레보다 조금 빠른 9~11일 차에 푸르르 소리를 들려줬다. 대조군 둥지 여섯 곳에 똑같은 소리를 들려줬는데, 먹이 주는 시간에 맞추기보다 마구잡이로 아무 때나 들려줬다. 중요한 것은 11일 차에 새끼가 푸르르 소리에 어떻게 반응하느냐였다. 나는 추가 수업 실험군에 속하는 새끼들이 고개를 내밀고 먹이를 달라고 아우성치는 데 반해, 대조군에 속해 추가 교육을 받지 못한 새끼들은 녹음 소리에 반응하지 않으리라고 예상했다.

결과는, 놀랍게도 예상에 꼭 들어맞았다. 새끼 알락노래꼬리치레는 푸르르 소리에서 먹이 공급을 떠올렸고, 어른 알락노래꼬리치레가 새끼를 가르친다는 것을 확인할 수 있었다.[13]

다만 알락노래꼬리치레는 조금 희한한 사례였다. 미어캣과 치타에서는 교육의 투자 가치가 뚜렷하다. 이들에게는 먹잇감을 다루는 법이 아주 중요한 생존 기술이다. 하지만 새끼 알락노래꼬리치레가 어른의 울음소리에서 먹이 공급을 떠올리는 법을 배웠을 때 어떤 이익을 얻는지가 그다지 뚜렷하지 않았다.

나중에 알고 보니 이 훈련은 어른들이 새끼들을 속이려고 쓰는 정교한 계략이었다. 앞서 봤듯 어른 알락노래꼬리치레는 새끼들에게 용기를 불어넣어 둥지에서 뛰어내리도록 해야 하고, 작은 무리일수록 새끼들이 며칠 더 빨리 뛰어내리게 응원한다. 문제는 새끼들이 둥지를 떠날 마음이 별로 없다는 것이다. 바로 여기서 새끼들에게 먹이가 온다고 생각하도록 가르친 푸르르 소리가 개입한다. 어른 알락노래꼬리치레는 새끼들에게 둥지를 떠날 용기를 불어넣을 목적으로 먹이 없이 둥지에서 조금 떨어진 곳에 걸터앉아 푸르르 소리를 낸다. 물론 새끼들은 먹이가 없다는 사실을 모른다. 그래서 어른들이 밥 먹으라고 부르는 소리에 용기를 내 둥지 가장자리로 올라가 마침내 뛰어내린다(아직 날지 못하므로 대개는 아주 높은 곳에서 말 그대로 툭 떨어진다). 새끼들이 둥지를 벗어난 뒤에도 어른 알락노래꼬리치레는 이 '선의의 거짓말'을 미끼로 써서 밤에 포식자를 피할 보금자리용 나무로 새끼들을 이끈다.[14] 그러므로 교육은 알락노래꼬리치레가 포식자가 넘치는 환경에 대처한 또 다른 값진 적응이다.

이런 연구는 오랫동안 끈기 있게 시도해야 하고 지루하고 반복되는 행동을 몇 시간이고 지켜봐야 하는 힘겨운 활동이다. 하지만 이 행성에 사는 다른 종을 더 깊이 알고 싶다면 이들을 파악하는 데 기꺼이 시간을 쏟아야 한다. 어느 외계인이 인간의 행동을 연구하느라 지난 몇 시간 동안 나를 지켜봤다면 인간이란 자식한테는 거의 눈길을 주지 않고 반짝이는 모니터만 뚫어져라 쳐다보는, 그리고 웬만해서는 움직이지 않는 종이라고 결론지을 수도 있다. 그 외계인이 인간의 행동이 얼마나 다채로운지를 생생히 이해하려면 꼼짝하지 않고 머물며 나를 여러 시기, 여러 맥락에서 관찰해야 한다. (다시 생각해보니, 어째 외계인의 판단이 그리 틀리지 않을 수도 있을 것 같다) 우리가 다른 동물의 사회생활을 더 깊이 파악하려 할 때도 마찬가지다. 그렇게 하지 않으면 단순하기 짝이 없는 잘못된 견해를 내놓을 위험이 있다.

여러 장기 연구가 동물의 행동을 규명한 덕분에 이제 우리는 꼬리치레, 미어캣, 개코원숭이, 그리고 다른 흥미로운 종들이 어떻게 협력하는지를 많이 알게 되었다. 이 값진 지식 덕분에 우리가 다른 사회성 동물과 얼마나 비슷한지, 협력이 얼마나 다양한 형식과 복잡성을 띨 수 있는지를 안다.

협력은 다양한 일을 실행할 수 있게 한다. 알락노래꼬리치레 사례에서 봤듯이 협력하면 포식자가 있는지 파악하고, 둥지를 보호하고, 새끼들에게 음식과 교육을 제공할 수 있다. 하지만 가끔은 협력이 개체를 바꾸기도 한다. 더 나은 조력자가 되도록 개체에 되돌릴 수 없는 영원한 변화를 일으킨다. 다음 장에서 이런 일이 어떻게 일어나는지 살펴보자.

08 ——

여왕이여, 영원하라

> 어떤 해적들은 끔찍하게 잔혹한 짓이나 엄청나게 대담한 행동
> 으로 불멸을 얻는다. 어떤 해적들은 어마어마한 재산을 모아
> 불멸을 얻는다. 하지만 이 선장은 웬만하면 죽지 않음으로써
> 불멸을 얻겠다고 마음먹은 지 오래였다.[1]
>
> 테리 프래챗Terry Pratchett

가족 생활을 하면 할 일이 많다. 일개미는 공격자로부터 보금자리를 지키거나, 지하에 있는 곰팡이 농장을 관리하거나, 포식자의 턱에서 동료를 구하느라 정신없이 바쁜 하루를 보낼 것이다. 조력자 미어캣은 포식자를 피하려 보초를 서고, 새로 태어난 새끼를 보살피고, 젖을 분비해 새끼들에게 먹인다. 사회성 동물은 대체로 텃세를 많이 부리니 영역을 침범하는 이웃을 몰아내는 것도 무리 생활의 중요한 임무다.

할 일이 많을 때는 개체가 특정 활동을 전담해야 효율이 높

다. 전문화는 규모의 경제를 낳는다. 패스트푸드점에서 음식이 빨리 나오는 이유도 그래서다. 맥도날드에는 혼자서 온갖 일을 다 하느라 종종걸음을 치는 직원이 없다. 큰 업무를 작은 전담 역할로 쪼개기 때문이다. 누구는 계산대를 맡고, 누구는 주문을 정리하고, 누구는 감자를 튀기고, 누구는 햄버거를 만들고, 누구는 매장을 정리하고 바닥을 닦는다. 공장의 조립 공정도 분업을 원칙으로 돌아간다. 모든 작업자가 모든 일을 하기보다 한 사람이 작은 업무 하나를 완전히 전담하는 편이 효율이 높다.

사회성 동물도 비슷한 방식으로 일을 나눌 때가 많다. 다만 어떤 무리에서든 누구는 더 부지런하게 누구는 더 게으르게 움직인다. 몇몇 종에서는 일꾼들이 생애 주기에 따라 다른 일을 맡는다. 꿀벌의 경우, 벌집 안에서 일하는 안전한 임무는 어린 일벌이 맡고, 밖에서 먹이를 모으는 위험한 임무는 나이 많은 일벌이 맡는다. 군락 관점에서 보면 더 오랫동안 군락에 이바지할 어린 일벌을 잃는 쪽보다 수명이 다해가는 늙은 일벌을 잃는 쪽이 피해가 적다.[2]

협력 사회에서는 흔히 나이에 따라 역할이 나뉜다. 따라서 평생 한 가지 일만 맡는 일꾼은 흔치 않다. 왜 그런지는 예외 사례를 자세히 들여다보면 알 수 있다. 눈길을 끄는 출발점은 개미, 흰개미, 진딧물처럼 사회성이 매우 높은 진사회성eusociality 곤충이다. 몇몇 개미 종에서는 자폭 임무만 담당하는 형태로 성장하는 일개미가 있다. 이 자폭 개미는 콜로봅시스 엑스플로렌스

Colobopsis explodens의 군락에서 출현한다(특성에 걸맞게도 학명의 뜻 역시 폭발하는 개미다). 이들은 군락이 공격받으면 복부에서 폭발을 일으켜 적에게 노란 독성 물질을 내뿜는다. 고깔머리흰개미Nasutitermes도 군락에 위험이 닥치면 일개미가 자폭해 머릿속에 든 고약한 액체를 적에게 내뿜는다. 그런가 하면 꿀단지개미Myrmecocystus의 일개미는 식량 창고로서 성장한다. 배에 빵빵하게 들어찬 꿀 때문에 꼼짝도 하지 못하는 이 살아있는 꿀단지는 배를 살짝만 건드려도 꿀을 분비해 다른 일개미들에게 먹이로 나눠준다. 최근 연구에 따르면 일부 진딧물은 마치 딱지로 변해 상처를 감싸는 세포처럼 끈끈한 석고 반죽으로 성장했다가 자폭해 군락 벽의 금 간 곳을 메꾼다고 한다.

앞에서 살펴봤듯이 개미 군락은 다세포 유기체와 비슷하다. 임무를 나눌 때도 개미 하나하나가 마치 몸속 세포처럼 행동한다. 이때 개미가 맡는 일은 평생 직업이 된다. 심장세포가 마음을 바꿔 간세포가 될 수 없듯이 몸 바쳐 폭탄이나 꿀단지가 되기로 한 개미가 임무를 물릴 길은 없다. 실제로 이와 같은 헌신이 사회성이 극도로 높은 곤충한테서만 뚜렷이 나타나는 까닭은 이런 사회가 개체가 모인 군락이라기보다 초유기체처럼 작동하기 때문이다.[3]

그런데 사회성 동물이 개체 사이에 흔히 나눠 맡는 활동이 하나 있다. 바로 번식이다. 협력 번식을 하는 많은 종과 마찬가지로 칼라하리사막의 알락노래꼬리치레와 미어캣은 한 집단에서 한 쌍만 새끼를 친다. 그렇다고 육아 조력자가 번식을 완전히 포기한 것은 아니고 시기를 늦췄을 뿐이다. 서열이 낮은 알락노래꼬리치레와 미어캣에게도 번식에 필요한 신체 기관이 모두 있다. 다만 번식을 독점하는 우두머리에 가로막히거나 친척이 아닌 짝에 접근하지 못해 번식을 하지 못할 뿐이다. 그러므로 육아 조력자는 번식할 꿈에 부푼 개체, 때를 노리며 탐나는 번식 지위에 오를 날을 기다리는 개체라고 할 수 있다.

하지만 번식할 개체와 조력만 하는 개체가 태어날 때부터 정해져 완전히 다른 발달 과정을 거치는 동물도 있다. 역할이 구분되는 시기, 왕관을 물려받을 개체는 생식 우두머리라는 중요한 임무에 고도로 전문화한다. 사회성 동물인 마크로테르메스 벨리코수스Macrotermes bellicosus 흰개미의 여왕개미는 기괴하게 부풀어 오른 애벌레처럼 생겼다. 앙증맞은 일흰개미에 비하면 몸집이 자그마치 30배나 크다. 꿀벌은 여왕벌이 일벌보다 두 배 더 크고, 큰 덩치 덕분에 하루에 알을 1,500개나 낳을 수 있다. 또 몸집이 커 날지 못하므로 벌집 안에 갇혀 지낸다. 꿀벌 군락이 장소를 옮길 준비를 할 때는 일벌들이 여왕벌이 살을 빼 날 수 있게 하려고 운동과 식이 요법을 시킨다(여왕벌을 이리저리 떠밀어 벌집을 계속 돌아다니게 하고 먹이를 적게 주는 식이다).

알락노래꼬리치레와 미어캣 무리에서는 육아 조력자가 생식 기회를 얻을 가능성이 남아있지만 흰개미와 같은 개미 사회에서 일개미는 영원히 불임이다. 즉, 생식에 유리한 상황이 생겨도 번식하지 못한다. 이 특성은 정말로 크게 주목할 만하다. 만약 우리가 현대판 내시로 살라는 명령을 받는다면, 그래서 선택받은 소수의 성공을 돕는 용도로만 쓰인다면 누구나 격분할 것이다. 그런데도 이런 희한한 삶의 방식을 택하는 종이 여럿 있다. 사실 우리도 그 가운데 하나다. 게다가 인간 사회는 불임으로 변모하는 개체에 아주 친근한 이름까지 붙였다. 바로 '할머니'다.

　내가 아이를 낳은 뒤, 나는 부모님이 함께 시간을 보내고 싶어 하는 대상 순위에서 순식간에 몇 단계 아래로 밀려났다. 혜성같이 나타나 엄청난 성공을 거둔 톱스타처럼 부모님의 우선순위 1위를 차지한 인물은 바로 내 아이들이다. 할아버지와 할머니에게는 손주들을 돌보는 것이 보람찬 일이다. 하지만 진화의 눈으로 봤을 때 조부모는 당혹스러운 난제다. 특히 여성은 왜 죽음이 한참이나 남은 시기에 생식을 멈출까?

　지구에 존재하는 종 가운데 생식을 멈춘 뒤에 이렇게 오래 사는 종은 찾아보기 어렵다. 그리고 우리 영장류 사촌을 포함한 거의 모든 종이 죽을 때까지 계속 새끼를 낳는다. 적어도 시도는 멈추지 않는다. 하지만 인간은 다르다. 어떤 대형 유인원과도 달리, 엄마와 딸의 생식 기간이 거의 겹치지 않는다.[4] 오히려 딸이 생식 활동에 들어가는 시기와 엄마가 폐경을 겪는 시기가 겹친다.

중요한 신체 변화인 폐경이 닥치면 노년에 들어섰다는 한탄이 절로 나오고 나도 이제 늙어 쓸모없어졌다는 느낌이 들 수도 있다. 하지만 나는 다른 관점을 제시하고 싶다. 폐경은 여성의 삶에서 특별한 쓸모가 있는 중요한 전환점이다. 이때 여성은 생식의 궤도를 바꿔 아이를 낳는 사람에서 육아를 돕는 사람이 된다.

폐경은 그저 현대에 들어 건강과 생활 방식이 향상한 덕분에 수명이 늘어나 생긴 인위적 결과가 아니다. 전부는 아니라도 대다수 사회에서 폐경은 쉰 살 무렵에 일어나고, 현대 기술과 의료에 접근하기 어려운 여성들도 폐경 뒤 오랫동안 삶을 이어간다. 현대의 수렵·채집인은 물론이고 18세기 서인도 제도의 트리니다드섬에서 일한 노예들처럼 역사적으로 사망률이 몹시 높았던 사회에서도 마찬가지다. 폐경 시기는 유전되는 형질인데, 산업사회에서는 여성들이 갈수록 늦게 아이를 낳으면서 폐경도 더 늦어지는 듯하다(폐경 나이는 체질량 지수와 흡연 같은 환경 요인에도 영향을 받는다. 흥미롭게도 최근 연구에 따르면 성생활이 활발할수록 폐경이 늦게 나타나며 몸이 임신할 위험이 없다고 인식할 때 폐경이 더 일찍 온다고 한다).[5]

폐경과 관련한 신체 변화를 더 자세히 들여다보면 폐경은 일반적인 노화 과정에 속하지 않는다. 여성이 처음에 갖고 태어나는 난포는 약 200만 개이며 난포 하나하나가 난자를 만들 수 있다. 하지만 나이를 먹을수록 난포가 줄어들어 20세 무렵에는 평균 10만 개, 35세에는 5만 개가 남는다. 그래도 이 속도를 유지한다면 여성은 보통 60세가 지난 지 한참일 때까지 아이를 낳을 수 있어야 한다. 하지만 38세 무렵이 되면 이상한 일이 벌어진다. 이때부터 난포 수가 뚝 떨어져 훨씬 가파르게 줄어든다. 그 결과 50세 무렵에는 난포 수치가 월경에 필요한 최소한도 밑으로 떨어진다.[6]

난포가 줄어드는 과정을 살펴보면 폐경의 작동 방식이 더 확실히 드러난다. 하지만 왜 이런 일이 일어나는지는 알 수 없다. 왜 여성의 생식 능력이 30대 후반에 이토록 급격히 줄어들까? 생식이 막다른 골목에 다다른 듯한데도 왜 불임 상태로 끈질기게 삶을 이어갈까?

이 질문에 답하려면 폐경을 진화 관점에서 바라봐야 한다. 그러면 폐경이 수많은 세월 동안 시어머니와 며느리 사이에 벌어진 진화 대결의 산물이라는 것을 알 수 있다.

과학이 완전한 증거를 찾지는 못했지만 여러 이유로 보건대면 옛날 조상들은 주로 여성이 거주지를 옮겼다.[7] 남성이 여성의 거주지로 이동하기보다 가임기 여성이 '남편(여기서 남편이란 정확한 의미의 남편이 아니라 함께 아이를 낳아 키우는 남성을 가리킨다)' 쪽으로 거주지를 옮겨 남편의 가족과 함께 살곤 했다. 이러한 여성의 시집살이로 나타난 중요한 결과 하나가 아이를 무사히 기르는 데 필요한 제한된 자원을 놓고 시어머니와 며느리가 경쟁할 가능성이다. 산업화 이전의 역사 자료를 살펴보면 이런 경쟁이 어떤 영향을 미쳤는지 파악할 수 있다.

핀란드에서는 1700년대부터 1950년대 초반까지 루터교 교회가 주민들의 결혼, 출산, 사망을 세세히 기록했다. 이 기록은 원래 세금을 매기는 용도였는데 피임약과 현대 의학의 발달로 적합도를 추정하기가 지나치게 복잡해지기 전까지 자연선택이 대대로 인간에게 어떻게 작용했는지를 이해하는 데 큰 도움이 된다.

이 자료에 따르면 시어머니가 며느리와 같은 시기에 아이를 낳고 키울 때 두 사람의 아이는 모두 생존에 어려움을 겪었다.[8] 이런 동시 생식의 대가는 어마어마하게 컸다. 시어머니와 며느리 사이에 생식 경쟁이 벌어지는 경우, 15세까지 살아남는 아이가 채 절반이 되지 않았다.

그런데 사실 동시 생식 역시 지극히 드물게 나타났다. 500명 넘는 시어머니 가운데 겨우 30명 남짓만 며느리와 비슷한 시기에 아이를 낳았다. 대다수 경우 이타주의처럼 보이는 상황이 벌어졌다. 나이 많은 시어머니가 젊은 며느리에게 아이 낳을 권리를 양보한 것이다. 그렇다면 본인의 생식을 멈추고 며느리가 아무런 제약 없이 아이를 낳고 키우는 상황에서 시어머니는 도대체 무슨 이익을 얻을까?

이 수수께끼는 젊은 며느리와 나이 든 시어머니가 상대의 자식과 어떻게 연관되는지를 살펴보면 풀 수 있다. 며느리가 낳은 아이가 정말로 아들의 아이라면*, 시어머니에게는 손주에게 관심을 기울여야 할 확고한 유전적 이익이 있다. 이와 달리 며느리는 시어머니가 낳는 아이에게 관심을 기울여야 할 유전적 이익이 전혀 없다. 이 근연도 비대칭relatedness asymmetry이 시어머니에게서 힘을 앗아간다. 자식을 낳았다가는 손주에게 해를 끼칠 테니 시어머니의 출산 의욕이 꺾이는 것이다. 하지만 며느리는 다르다. 며느리의 유전자는 시어머니나 시어머니가 낳은 아이의 유전자에 어떤 부담을 주든 개의치 않는다. 이런 근연도 비대칭 때문에 시어머니는 생식을 둘러싼 모든 전쟁에서 항복을 선언한다. 그리고 그 대가로 손주를 얻는다. 폐경 뒤에는 손주의 육아를 돕는 것이 최선이다. 할머니가 손주를 돌볼 때 이익을 얻는다는 것은 기록이 탄탄히 뒷받침한다. 따라서 수명이 많이 남았어도 생식을 멈추는 쪽을 선택하는 자극제가 된다. 할머니는 진화 과정에서 일어난 충돌의 잿더미에서 탄생한 존재인 것이다.

우리가 참조할 근거가 출생, 사망, 결혼 기록뿐일 때는 할머니가 정확히 어떻게 손주의 생존을 도왔는지 추론하기가 무척 어렵다. 아마 옛날 핀란드의 할머니들은 지식 창고와 같은 역할

---

* 핀란드의 인구 자료에서는 그 확률이 매우 높다. 당시 핀란드는 엄격한 일부일처제 사회였고 간통을 엄하게 처벌했다. 세계적으로도 남의 아이를 친자로 알고 키우는 남성은 중앙값 기준으로 평균 1~2퍼센트에 그친다. 핀란드 자료도 엇비슷할 것이다.

을 해, 젖 물리기부터 소아 질환에 대처하는 법까지 아이를 키울 때 일어나는 모든 상황에 필요한 중요 정보를 건넸을 것이다. 어떤 문화에서는 할머니가 손주에게 젖을 물리기도 한다. 실제로 출산을 멈춘 지 여러 해가 지났는데 젖이 나오는 경우도 있다. 이 외에도 할머니가 아직 보호자의 손길이 필요한 아이들을 보살피는 조력자 역할을 한 덕분에 아이 엄마가 수렵·채집이나 임금 노동처럼 갓난아이를 먹여 살리는 데 필요한 다른 일을 할 수 있었다.

이런 자료에서 광범위하게 나타나는 또 다른 양상은 할머니라고 다 같은 할머니가 아니라는 것이다. 이전과 현대의 자연 출산 모집단 26곳을 분석한 바에 따르면 아빠 쪽 할머니보다 엄마 쪽 할머니가 아이의 생존에 더 큰 영향을 미쳤다.[9] 조금은 혼란스러운 결과다. 알다시피 당시 여성들은 대부분 남편 쪽 가정에서 아이를 낳았으니 아이를 키울 때 힘든 일을 도울 사람이 시어머니라고 추론하는 것이 당연하다.

진화가 던진 이 수수께끼를 풀어줄 답은 또 다른 교회 자료에서 찾을 수 있었다. 이번에는 17~18세기에 캐나다 퀘벡 주변에서 살아간 프랑스 출신 정착민의 삶을 기록한 자료다. 이 자료에 따르면 딸이 남편 쪽 가정으로 옮겨가 아이를 낳더라도 너

무 먼 곳만 아니라면 친정어머니가 여전히 육아를 도왔다. 친정
어머니와 딸이 멀리 사는 경우에는 딸이 낳은 아이의 생존율이
떨어졌다.[10] 아무래도 친정어머니가 육아를 도울 수 없어서였을
것이다. 그러므로 시어머니와 며느리의 생식 충돌로 폐경이 진
화했으며, 생식을 멈춘 여성은 자기 핏줄이 틀림없는 손주, 그러
니까 아들의 아이보다 딸의 아이에게 투자를 집중하는 것으로
보인다.

그런데 할머니가 오래 살아야 손주에게 이득이라면 왜 여성
은 훨씬 더 오래 생존하지 않을까? 이 논리대로라면 죽어야 할
이유가 아예 없는 것 아닐까? 이 물음에 답하기에 앞서 풀어야
할 중요한 오해가 있다. 흔히들 죽음의 원인을 노화라고 설명한
다. 하지만 이 그럴싸한 설명은 사실이 아니다. 노화는 어쩔 수
없는 생명 작용이 아니다. 정확히 말해 노화는 자연선택의 영향
으로 나타나는 현상이다. 조금 더 오래 살 때 적합도 이득이 크
다면, 그리고 나이를 먹을수록 갖가지 노인병에 시달리지 않는
다면 우리는 아마 더 오래 건강하게 살고자 할 것이다. 노화는
진화가 우리에게 더는 미래가 없다고 판단할 때 일어난다. 이때
자연선택은 세포 분화 같은 기초 생리 작용을 유지하고 감독하
는 데 게을러진다. 아무도 읽지 않을 문서를 교정한들 무슨 의미
가 있겠는가.

그렇다면 할머니의 죽음은 무엇 때문일까? 핀란드 교회의 자
료를 분석한 한 연구에 따르면 진화 관점에서 할머니는 아이가

태어난 뒤 처음 서너 해 동안만 도움이 된다. 손주들이 태어났을 때 할머니 나이는 대부분 75세쯤이다. 이 시기가 넘어가면 할머니가 손주의 생존에 도움이 되기는커녕 오히려 짐이 된다. 할머니를 먹여 살리면 아이 하나가 성인기까지 생존할 확률이 줄어들기 때문이다. 이 영향력은 수명 증가에 무게를 두는 선택압력이 너무 높아지지 않도록 막는 균형추 노릇을 한다. 마침내 자연선택은 할머니가 더 오래 살지 않고 죽는 쪽으로 기운다.[11]

이쯤 되면 남성의 노화가 궁금해질 것이다. 몇몇 증거에 따르면 남성은 나이가 들수록 테스토스테론이 줄어들고 여성을 사로잡는 성적 매력이 떨어진다. 하지만 여성이 생리가 뚝 끊기는 폐경을 겪는 것과 달리 남성은 이에 해당하는 뚜렷한 갱년기 현상을 겪지 않는다.

그렇다면 왜 할머니와 달리 할아버지는 계속 생식 기능을 유지할까? 할아버지는 손주의 생존에 어떤 역할을 할까? 관련 연구가 부쩍 늘고 있지만 할아버지의 역할에 대해서는 아직 하나로 모인 의견이 없다. 몇몇 연구가 예외 사례를 보고하지만 크게 볼 때 할머니와 달리 할아버지라는 존재는 손주의 장기 생존에 그리 영향을 미치지 않는다. 이 말이 맞다면 남성이 오래 사는 현상이 조금 당혹스러워 보이기 시작한다. 일부일처제 사회에서 남성의 생식 기능은 아내가 폐경을 맞을 때 끝나야 한다. 게다가 할아버지가 손주의 생존에 딱히 중요하지 않다면 왜 남성은 여성과 비슷하게 오래 생존하는 걸까?

하나의 가설은 남성이 아내의 폐경 뒤에도 새로운 짝짓기 상대를 계속 구할 수 있기 때문이라는 것이다. 핀란드 교회 자료로 다시 돌아가보자. 당시 이혼은 허용되지 않았다. 하지만 배우자가 죽으면 재혼이 가능했다. 아내를 잃은 남성은 남편을 잃은 아내에 비해 재혼하는 비율이 세 배나 높았고, 거의 어김없이 훨씬 어린 아내를 맞았다. 재혼한 여성과 달리 재혼한 남성은 90퍼센트 넘게 새로운 아이를 낳았다. 문화 비교 연구를 살펴봐도 적어도 몇몇 사회(이를테면 케냐의 목축 부족인 투르카나족Turkana이나 볼리비아의 농경 부족인 치마네이족Tsimane)에서는 남성이, 특히 재산이 많을수록 장년기나 노년기에 들어선 뒤에도 생식 시장에서 꽤 높은 가치를 유지했다. 그런 사회에서는 60대는 물론 70대에 들어선 남성도 어린 아내를 맞아 계속 아이를 낳을 수 있다. 그러므로 남성이 여성과 비슷하게 오래 살고 남성판 폐경을 겪지 않는 까닭은 남성이 아이를 낳을 때 드는 비용이 비교적 적고, 느지막이 낳은 아이로 적합도 이익을 계속 늘릴 수 있기 때문이다.[12]

사회를 이루는 생활 방식은 우리 인간의 생리 기능뿐 아니라 수명에까지 영향을 미쳤다. 그런데 사회성이 매우 높은 몇몇 종에서는 자연선택이 노화 시계를 완전히 멈춰 세운 듯하다. 사회성 동물인 흰개미와 개미 군락의 여왕은 대부분 하루에 알을 수백 개에서 수천 개까지 낳으면서도 수명은 일개미보다 무려 100배나 길어 10년 넘게 산다. 만약 인간에게 여왕개미 같은 존재가 있다면 겨우 70년이 아니라 자그마치 7,000년을 살 것이다.

유달리 오래 사는 또 다른 생명체는 사회성 동물인 두더지쥐다.[15] 두더지쥐는 누가 보더라도 희한한 종이다. 찡그린 표정에 꽉 다문 입술 가운데로 억센 노란 뻐드렁니 두 개가 툭 튀어나와 있다. 다마랄란트두더지쥐는 털이라도 있어 그나마 봐줄 만하지만 사촌인 벌거숭이두더지쥐Heterocephalus glaber는 생김새가 마치 뻐드렁니가 달린 음경 같다. 오죽하면 2017년에 캐나다 아동보호원이 10대 소년들에게 자신의 성기 사진을 타인에게 보내지 말라는 캠페인을 벌일 때, 그런 사진 대신 '길고 핏줄과 살이 있는' 이 동물의 사진을 보내는 게 어떻겠냐는 제안을 했을 정도다. 벌거숭이두더지쥐를 맨 처음 잡은 사람은 이들의 기이한 생김새에 몸서리치게 놀라서 자신이 병에 걸린 두더지쥐를 잡은 것이 틀림없다고 굳게 믿었다. 그 바람에 벌거숭이두더지쥐의 정체가 밝혀지기까지 13년의 세월이 더 걸렸다.

모습은 희한하기 짝이 없어도 두더지쥐는 대단히 흥미롭고 많은 연구가 진행된 동물이다. 나도 잠깐 두더지쥐를 연구한 적이 있다. 하지만 아크릴판으로 커다란 연구용 서식지를 지을 공간이 넉넉하지 않았고, 고백하건대 내가 두더지쥐를 다룰 줄도 몰랐을뿐더러 조금 무서웠던 탓에 연구는 취소되었다. 억센 앞니에 손가락을 물리지 않고 두더지쥐를 잡으려면 겨우 몇 센티미터의 꼬리를 잽싸게 붙잡아야 한다. 시력은 약해도 공기의 움직임을 귀신같이 알아채는 두더지쥐가 자신을 향해 다가오는 적의 손길을 눈치채고 순식간에 꼬리 쪽으로 고개를 휙 돌려 적의 손을 꽉 물어버리기 때문이다.

나보다 용감한 연구자들은 사회성이 높은 두더지쥐 두 종, 다마랄란트두더지쥐와 벌거숭이두더지쥐를 광범위하게 연구했다. 이 설치류들은 자기네가 개미라도 되는 줄 아는지 땅속에 커다란 사회를 이뤄 산다. 다마랄란트두더지쥐 군락은 그나마 크기가 작아 채 20마리가 안 되지만 벌거숭이두더지쥐 군락은 수백 마리에 이른다. 모든 군락에는 번식을 도맡는 여왕 두더지쥐가 한 마리씩 있는데, 개미와 달리 두더지쥐에는 왕도 있다. 일꾼 두더지쥐도 새끼를 낳을 능력이 있지만 여왕이 떡하니 버티고 있고 군락 안에 친척인 수컷만 있는 한 피임약을 먹는 여성처럼 생리 활동이 억제되어 대부분 배란을 하지 않는다. 그러므로 일꾼 두더지쥐 대다수는 살아있는 동안 한 번도 새끼를 낳지 않는다. 왕관을 물려받은 암컷 두더지쥐는 여왕개미가 그렇듯 새로운 성장기에 들어선다.[14] 굴을 팔 때 쓰는 두개골과 주변 근육은 그대로지만 (굴 파기는 일꾼들 몫이다) 몸이 더 길어진다. 몸이 길어지면 복강이 커져 더 크고 무거운 새끼를 배고 낳을 수 있다. 번식에 맞게 특화하는 것이다. 여왕개미나 여왕벌이 그렇듯 여왕 두더지쥐도 수명도 늘어난다. 평균 8년 남짓 사는 일꾼 두더지쥐와 여왕 두더지쥐는 달리 30년까지 산다.[15]

어떻게 이 여왕이란 존재들은 거의 불멸에 가깝게 생존하는 걸까? 영원한 젊음의 묘약을 찾기라도 한 걸까? 그렇다면 어떻게 찾았을까? 그 답을 찾으려면 노화를 설계 오류가 아닌 설계 특성으로 봐야 한다. 투자 자원이 한정적이니 생명 현상에서는 얻는 것이 있으면 반드시 잃는 것이 있다. 은행 계좌의 돈을 다시 한번 떠올려보자. 번식에 돈을 쓰면 몸을 유지하거나 치료하는 데 쓸 돈이 그만큼 줄어든다. 따라서 번식에 노력을 쏟는 만큼 생존 기간이 줄어드는 대가를 치르는 것이 거의 보편 법칙이다. 노화는 번식에 무게를 둬 처음부터 자원을 쏟아붓느냐, 아니면 초기 성장과 생존에 무게를 둬 초기 투자를 마칠 때까지 번식을 미루느냐는 자원 배분 결정에서 비롯한다.[16]

그런데 이렇게 사회성이 높은 동물들의 여왕은 늙지를 않아 이와 같은 보편 법칙을 무시하는 듯하다. 앞서 살펴본 바와 같이 여왕개미는 무시무시한 속도로 알을 낳으면서도 전혀 늙지 않고, 여왕 두더지쥐는 일꾼 두더지쥐보다 훨씬 오래 산다. 여왕이 오래 사는 까닭은 더 뛰어난 자질을 타고나서가 아니다. 여러 실험에서 여왕개미가 낳은 알을 계속 치워 알을 더 많이 낳게 했는데도 수명에는 아무런 영향을 받지 않았다. 이렇듯 아무리 먹어도 줄지 않는 케이크의 비법을 알아낸, 번식 활동이 수명에 어떤 비용도 청구하지 않는 생물을 '다윈의 악마Darwinian demon'라고 부른다.[17] 도대체 이들의 비결은 무엇일까?

∴ ∴ ∴

진화가 우리 수명을 늘리는 하나의 방법은 웬만해서는 죽지 않게 만드는 것이다. '죽지 않았으면 더 오래 살았을 텐데' 같은 하나 마나 한 소리로 들릴 수도 있겠다. 하지만 여기에는 생각해볼 만한 점이 있다. 포식자에게 잡아먹히거나 병으로 죽는 외인성 사망 위험은 수명의 진화에 영향을 미쳐 신체의 노화 과정을 좌우한다. 초파리를 떠올려보라. 초파리는 다른 생물에 잡아먹히거나 때려 잡혀서 죽을 위험이 무척 크기에 수명이 짧다. 따라서 초파리는 나중에 악영향을 미칠지라도 초기에 생식 활동에 자원을 쏟아붓도록 적응했다. 안전한 실험실 환경에서 살 때마저 초파리의 수명은 몇 주를 넘기지 못한다. 반대로 기대 수명이 긴 종에서는 자연선택이 노화 과정을 늦추는 쪽으로 더 강력하게 작용해 잠재 수명을 더 늘린다.

몇몇 종이 선택한 수명을 늘리는 아주 효과적인 방법은 포식자를 능숙하게 피하는 것이다. 나는 것도 한 방법이다. 박쥐는 비슷한 크기의 포유류보다 약 3.5배 더 오래 산다. 사람 손가락보다 짧은 브란트박쥐Myotis brandtii는 무려 40년 넘게 산다. 새도 몸집만 놓고 보면 생각보다 수명이 길다. 게다가 몸집이 비슷할 경우 비행할 줄 아는 새가 비행하지 못하는 새보다 대체로 더 오래 산다. 날 줄 알면 탈출 수단이 하나 더 생겨 잡아먹힐 위험이 줄어드니 수명이 길어지는 것이다. 같은 이유로 나무에 사는 종도 땅 위에 사는 종보다 수명이 더 길다.[18]

벌거숭이두더지쥐와 진사회성 곤충의 여왕이 유달리 오래 사는 이유도 여기서 실마리를 찾을 수 있다.[19] 어찌 보면 이들의 늘어난 수명도 생명을 보호하는 방법을 반영한다. 수명이 가장 긴 개미는 철통같이 안전한 개미집에서 살고, 두더지쥐는 포식자와 온도 변화를 막아주는 땅속에서 산다. 여왕개미는 개미집 밖에서 수행해야 하는 위험한 임무를 맡지 않는다. 먹이를 구하는 일은 모두 일개미 몫이다. 게다가 먹이를 구하는 일개미가 여왕과 거의 접촉하지 않는다. 먹이를 구하는 일개미는 바깥세상의 질병과 감염에 가장 많이 노출되므로 개미집에서도 안쪽 깊숙이 숨어 지내며 새끼나 여왕을 돌보는 유모 개미와 접촉하지 않는다. 이런 특권을 누리는 유모 개미는 마치 병원 안쪽 중환자실에서 연약한 환자들을 돌보는 의료진과 같다. 실험에서도 먹이를 구하는 일개미를 감염시키면 중환자실 의료진에 해당하는 유모 개미가 연약한 새끼들을 더 안쪽 굴로 옮겨 격리하고, 더 나아가 이 구역에 새끼들을 감염시킬 다른 개미들이 발을 들이지 못하게 막는다.[20]

이런 안전장치가 여왕을 보호하긴 하지만 여왕이 오래 사는 까닭은 이 때문만은 아니다. 앞서 봤듯이 개미 군락은 불임인 일

개미 대다수가 다세포 생물을 구성하는 세포 같은 초유기체라
할 수 있다. 따라서 여왕개미의 번식 생활은 뚜렷이 다른 두 단
계로 나뉜다. 하나는 일개미를 낳고 키우는 성장 단계, 그리고
새로 여왕이 될 공주 개미와 공주 개미와 짝짓기할 수개미를 낳
는 '진정한' 번식 단계다. 이 관점에서 보면 군락의 초기 성장 단
계는 대다수 동물이 겪는 청소년기, 그러니까 작고 어린 개체가
더 큰 성체가 되는 시기와 비슷하다. 개미 군락의 진정한 번식
단계는 동물이 성장에서 번식으로 초점을 바꾸는 시기에 해당한
다. 여왕개미가 성인기에 들어섰을 바로 그때 다음 세대에 건네
줄 유전자 복권을 사 공주 개미와 수개미를 낳는다.

　　다음 장으로 넘어가기에 앞서, 더 큰 그림을 잠시 살펴보자.
이제 우리는 협력이 우리 삶을 다듬어 빚어내는 무수한 방식을
이해하기 시작했다. 우리가 무슨 일을 하느냐 뿐만 아니라 우리
가 어떤 존재인지를 알아가기 시작한 것이다. 협력은 우리 신체
의 생식 기능에 영향을 미쳐 할머니의 존재를 등장시켰다. 또 우
리에게 도움을 주고 수명에 영향을 미쳐 우리가 계속 살아있게
한다.
　　지금껏 이야기의 중심은 협력이었다. 그러나 곧 무대에 오를
준비를 마치고 기다리는 갈등을 잊어서는 안 된다. 다음 장에서

는 두 힘이 어떻게 소통하는지, 겉보기에는 사랑이 넘치는 가족
이 어떻게 경쟁과 위협의 온상이 될 수 있는지를 다뤄보겠다.

09 ———

피비린내 나는 왕위 쟁탈전

형제와 있으면 우리끼리 싸운다. 사촌이 나타나면 형제와 손잡고 싸운다. 낯선 이가 나타나면 형제, 사촌과 손잡고 싸운다.
아랍 속담

가족이 있는 사람이라면 누구나 알 것이다. 가족이라고 해서 언제나 화목하지는 않다는 걸 말이다. 어릴 때 에드워드 4세의 두 아들 에드워드 5세와 리처드가 겪은 끔찍한 일을 들은 적이 있다.

1483년에 에드워드 4세가 죽자, 동생인 글로스터 공작 리처드가 겨우 열두 살과 아홉 살이던 두 왕자 에드워드 5세와 리처드의 후견인으로 지명되었다. 되돌아보면 이는 잘못된 결정이었다. 글로스터 공작은 두 조카를 런던탑에 머물게 했다. 겉으로 내세운 이유는 런던탑이야말로 에드워드 5세가 대관식을 기다리기에 가장 안전한 곳이기 때문이었다. 이내 에드워드 4세의 결혼이 무효로 선언되었고, 왕위 계승 1순위가 된 글로스터 공작이 왕위를 차지해 리처드 3세가 되었다. 그 과정에서 두 왕자는 사라졌다. 거의 200년 뒤, 런던탑에서 어린이 유골 두 구가 발견되었다. 이 유골은 리처드 3세가 두 조카의 실종과 살해에 관여했음을 짐작케 한다.

가족 간의 배신은 성서에서부터 오늘날까지 역사에서 줄기차게 등장한다. 성서는 창세기에서부터 형제간 경쟁의 시작을 강렬하게 알린다. 이브가 첫아이로 아들을 임신했다는 대목을 채 소화할 새도 없이, 몇 문장 뒤에 곧바로 첫아이 카인이 동생 아벨을 죽이는 장면이 나온다. 2017년에 말레이시아 쿠알라룸푸르국제공항에서 암살된 북한의 김정남도 독재자인 동생 김정은의 지시로 살해되었다고들 본다. 실제로 북한은 형제간 경쟁이 일어날 위험을 매우 심각히 여겨 권력 계승자들을 함께 키우지 않는다. 김정은과 김정남은 아버지 김정일의 장례를 준비할 때 처음 만났다고 한다.[1]

이러한 가정불화는 사람한테만 나타나는 결점이 아니다. 어미의 자궁 속에서 부화하는 모래뱀상어Carcharias taurus는 자궁 안에서 걸판지게 형제자매들을 잡아먹는다. 너그러움과 도움을 바탕으로 무리를 형성해 서로 협력하여 새끼를 기르는 듯 보이는 종들도 걸핏하면 옥신각신 드잡이가 벌어진다. 척추동물에 속하는 종 대다수에서 육아 조력자는 언젠가는 자신도 번식 지위를 물려받기를 바라는 예비 엄마 아빠다. 서열이 낮은 개체는 우두머리 부부 옆에 있는 한 새끼를 낳지 못한다. 무리 구성원이 모두 친척이기 때문이다. 하지만 이성 우두머리가 친부모가 아니면, 또는 친척이 아닌 방문자와 잠깐이라도 접촉할 기회를 얻으면 갈등이 이빨을 드러낸다.

서열이 낮은 미어캣 암컷은 우두머리 수컷이 아버지이기 때문에 무리 안에서 교미할 수 없더라도 구애자가 될 만한 수컷을 만날 다른 길이 있다. 마찬가지로 서열이 낮은 수컷도 태어난 무리 안에서는 번식을 할 수 없지만 이웃한 무리에 몰래 들어가 친척이 아닌 암컷과 교미를 시도한다. 서열이 낮은 개체는 설사 무리 안에 친척이 아닌 교미 상대가 없더라도 이런 금지된 만남으로 새끼를 낳아 자신의 직접 적합도 이익을 높일 기회를 얻는다.

우두머리 암컷이 열위 개체인 자매나 딸의 임신을 막기는 어렵다. 하지만 열위 서열 암컷들의 번식 시도가 자신이 새끼를 키우는 데 걸림돌이 되지 않도록 막을 숨겨둔 계책이 있다. 우두머리 암컷은 임신한 암컷이 생기면 거칠게 몰아붙여 무리에서 내쫓는다.* 혼자 살아야 하는 암컷은 굶주림에 급속히 살이 빠지고 대개는 배 속의 새끼를 모두 잃는다.[2] 열위 서열 암컷이 용케도 무리에 남아 새끼를 낳으면 우두머리 암컷이 아무렇지 않게 새끼를 잡아먹는다. '세계 최악의 할머니' 상이 있다면 미어캣이 강력한 우승 후보일 것이다.[3] 우두머리 암컷이 이런 영아 살해 전략을 밀고 나갈 수 있는 시기는 자기 새끼가 태어나기 전까지다. 우두머리 암컷의 새끼가 태어나면 비록 경쟁에서 불이익은 겪을지언정 열위 서열 암컷의 새끼들도 대체로 안전하다. 자기 새끼와 남의 새끼를 쉽게 구분하지 못하는 우두머리 암컷이 까딱하다 자기 새끼를 잡아먹을 위험을 감당하려 하지 않아서다.

번식 권리를 누가 얻느냐는 문제는 종에 따라 해법이 다르다. 줄무늬몽구스Mungos mungo도 미어캣처럼 큰 무리를 지어 살지만 서식 환경이 더 풍족하다. 우두머리 암컷이 번식을 독점하는 미어캣과 달리, 줄무늬몽구스는 암컷 대다수가 새끼를 낳는다. 그런데 줄무늬몽구스 사회에도 암컷이 다른 암컷의 번식을 막고자 남의 새끼를 잡아먹을 위험은 존재한다. 열위 서열 암컷들의 새끼를 가장 많이 잡아먹는 부류는 무리를 장악한 지배층 암컷들이다. 영국 엑서터대학교의 마이클 캔트Michael Cant 교수와 공동 연구자들이 이 사실을 영리하게 증명했다.[4] 연구진은 암컷 줄무늬몽구스에게 피임약을 주사했다. 생리 기능이 억제된 암컷은 새끼를 낳지 않았고 무리에서 태어난 새끼가 모두 '남의 새끼'라는 사실을 알았다. 이 새끼들이 살해되느냐 마느냐는 어떤 암

---

*   먹이가 풍부할수록 추방이 더 자주 일어난다. 어려운 시기에는 육아 도우미를 잃을 위험을 무릅쓰기가 쉽지 않다.

컷이 피임 주사를 맞았느냐가 좌우했다. 열위 서열 암컷이 새끼를 낳지 못할 때는 새끼 대다수가 살아남았다. 따라서 서열이 낮은 암컷은 지배층 암컷의 새끼를 죽이지 않는다는 것을 알 수 있었다. 하지만 지배층 암컷이 피임 주사를 맞았을 때는 열위 서열 암컷이 낳은 새끼를 시시때때로 죽였다.

자연 상태에 가까운 환경에서는 줄무늬몽구스 암컷들이 번식 활동을 완벽히 조율해 이 문제를 해결한다. 그 해결책은 무리의 모든 암컷이 같은 날 새끼를 낳는 것이다.[5] 어떤 새끼가 자기 자식인지 완벽히 확신하기 어려울 때는 새끼를 죽일 동기가 급격히 줄어든다. 예상할 수 있듯이 출산 동기화를 주도하는 쪽은 서열이 낮은 암컷들이다. 이들은 대체로 지배층 암컷들보다 며칠 뒤 교미하고서도 배 속 새끼를 무럭무럭 키워 출산 시기를 맞추는 듯하다. 새끼가 친척 암컷에게 잡아먹힐 위험을 무릅쓰느니 며칠 일찍 새끼를 낳는 쪽이 낫다는 판단일 테다.

따라서 높은 근연도 자체는 협력을 촉진하는 요술 지팡이가 아니다. 친척과 경쟁해, 더 나아가 죽여서라도 자신의 이익을 늘릴 수 있다면 개체는 숱하게 그렇게 한다. 무리 안에서 드잡이가 일어나면 대부분 무리의 효율을 해치므로, 협력에 아주 뛰어난 사회를 구축하려면 구성원 사이에 일어나는 갈등을 억눌러야 한다. 척추동물 사회 대다수에서 일꾼을 다잡는 임무는 우두머리 몫이다. 하지만 이 해법에는 명백한 문제가 하나 있다. 한 우두머리가 제대로 통제할 수 있는 일꾼의 수가 한정적이라는 점이다.

　이 사실을 간결하게 보여주는 특별한 사례가 있다. 1980년대에 메리 제인 웨스트-에버하드Mary Jane West-Eberhard가 중남미에 서식하는 붉은쌍살벌Polistes Canadensis을 관찰한 연구다.[6] 붉은쌍살벌 사회는 앞서 살펴본 알락노래꼬리치레나 미어캣 사회와 비슷하다. 여왕 한 마리가 번식을 거의 도맡지만 여왕 곁에는 기회만 오면 알을 까겠다는 희망을 품은 열위 서열 암컷들이 있다. 대체로 여왕은 공격과 위협이 난무하는 폭정을 휘둘러 열위 서열 암컷들을 단속한다. 웨스트-에버하드는 실험을 진행하며 여왕의 허리춤에 가는 낚싯줄을 두른 뒤 벌집 위쪽 가지에 묶어 다른 암컷들을 괴롭히지 못하게 막았다. 예상할 수 있듯이 열위 서열 암컷들은 여왕의 손아귀가 미치지 않아 괴롭힘을 당하지 않을 벌집 끄트머리에 알을 낳았다. 낚싯줄에 매인 신세라 알을 낳지도, 열위 서열 암컷들의 번식도 단속하지 못하는 여왕벌의 분노가 얼마나 대단했을지 상상이 간다. 다행인지 실험 다섯째 날에 낚싯줄이 끊어졌다. 여왕은 다시 벌집 곳곳을 마음대로 돌아다니며 다른 암컷들을 못살게 굴었다. 붉은쌍살벌 사회는 빠르게 예전 질서를 되찾았다.

　이 실험은 한 개체가 권력을 행사하는 데 한계가 있다는 것을 여실히 보여준다. 여왕 붉은쌍살벌은 직접 관리할 수 있는 열위 서열 암컷들만 다잡을 수 있다. 이렇게 한 개체가 구성원의 행동을 단속할 때는 협력하는 무리가 통솔자의 사익에 무너지지 않고 견딜 수 있는 크기가 제한된다. 그러므로 무리가 사회로 발전하려면 구성원이 반드시 스스로 규율을 지켜야 한다. 다세포 생명체에는 모든 유전자와 세포의 행동을 하나하나 단속하는 중앙 본부가 없다. 우리 몸의 유전자와 세포는 민주사회의 의회 같은 유전자 의회를 형성해 서로 힘을 합쳐 이기적 구성 요소의 이익을 억누른다. 이 점에서는 일부 진사회성 곤충의 군락도 다세포 생명체처럼 작동한다. 어떤 일꾼들이 이기적으로 행동하려고 하면 여왕이 아니라 군락의 다른 일꾼들이 나서서 제지한다.

지금까지 우리는 대다수 개미 사회의 일개미를 불임 계급으로 봤다. 어찌 보면 맞는 생각이다. 일개미 대다수는 유성 생식을 할 능력이 없다. 하지만 개미, 꿀벌, 말벌이 속하는 벌목의 수컷은 무정란에서도 태어난다. 이런 방식으로 성별이 결정되는 특성을 적합한 학문 용어로 단수이배체haplodiploidy라고 부른다. 말 그대로 수컷은 단수체haploid(염색체 수가 암컷의 절반이다)고, 암컷은 이배체diploid라는 뜻이다. 이 때문에 특이한 결과가 나타난다. 이 수컷은 아빠는 없이 엄마만 있고, 아들은 낳지 못하고 딸만 낳을 수 있다. 단수이배체로 생기는 중요한 결과 두 가지는 암컷 일꾼이 무정란으로 수컷을 낳을 수 있고, 수컷보다 암컷들과 근연도가 더 높다는 것이다. 이 사실이 사회성 곤충의 군락에 갈등을 일으킨다. 암컷 일꾼이 알을 낳을 수 있다는 것은 생식 활동을 놓고 여왕과 충돌한다는 뜻이고, 근연도 비대칭이 생긴다는 것은 암컷 일꾼들이 언젠가는 여왕을 죽이려 든다는 뜻이다.

단수이배체가 일꾼과 다른 구성원 사이 근연도에 어떤 영향을 미치는지 이해하기 쉽도록, 여왕이 수컷 한 마리와 짝짓기한다고 해보자.* 이때 여왕이 낳은 딸들은 이부 자매가 아니라 친자매다. 벌목에 속하는 수컷은 정자세포마다 자신의 유전체를 모두 쏟아내므로 딸들이 아빠한테서 물려받는 유전체가 똑같다. 따라서 딸들의 유전체 절반은 자매들과 동일하다. 나머지 유전체 절반은 여왕한테서 받으므로, 딸들의 모계 유전자가 자매와 같을 확률은 50퍼센트다. 즉, 아빠한테서 물려받은 유전자는 100퍼센트 같고 엄마한테서 물려받은 유전자는 50퍼센트가 같으니 대체로 암컷 일꾼은 자매와 유전자 75퍼센트($\frac{1}{2}$×100%+$\frac{1}{2}$×50%=75%)를 공유한다. 인간과 같은 이배체 종에서는 친형제자매의 유전자가 같을 확률이 50퍼센트에 그치니, 벌목의 암컷 일꾼들은 근연도가 꽤 높다. 그런데 암컷 일꾼과 수컷의 근연도는 꽤 낮다. 알다시피 수컷은 아버지의 유전자를 하나도 보유하지 않으므로 암컷은 아빠한테 받은 유전자를 수컷과 전혀 공유하지 않는다. 위에서 봤듯이 엄마한테 물려받은 어떤 유전자가 수컷한테도 나타날 확률은 50퍼센트다. 그러므로 일꾼 암컷이 수컷과 공유하는 유전자는 전체 유전자 중 엄마한테서 물려받은 절

* 많은 곤충류에서 여왕은 수컷 한 마리가 한 번 사정한 정액을 저장해놓고 여러 해에 걸쳐 많은 알을 수정한다.

반의 절반인 25퍼센트뿐이다.

이 사례의 주요 교훈을 간단히 한 문장으로 요약할 수 있다. 유전자 관점에서 볼 때, 일개미나 일벌에게는 자매의 가치가 남자 형제의 가치보다 약 세 배나 크다. 그러니 당연하게도 암컷 일꾼들은 여왕이 낳는 알의 성비가 3대1이 되기를 바란다. 어떤 종의 암컷 일꾼은 여왕이 낳은 수컷 알을 먹어 치워 성비를 바람직하게 맞춘다. 이쯤에서 3장에서 다룬 이기적인 미토콘드리아 DNA가 떠오를지 모르겠다. 이기적 미토콘드리아 DNA는 수컷 자식보다 암컷 자식을 선호한다. 더할 나위 없이 적절한 비유다.

많은 진사회성 곤충 사회가 그렇듯 땅벌 군락도 처음에 생식 능력이 없는 일벌만 낳아 몸집을 키운다. 그다음 번식 단계로 들어서 새로 떨어져 나가 군락을 이룰 수컷과 여왕이 될 잠재력이 있는 암컷을 키운다. 그런데 벌목의 희한한 성별 결정 방식 때문에 군락의 생애 주기 가운데 이 단계에 들어선 일벌들이 이따금 그야말로 엄청난 배신을 저지른다. 바로 여왕벌, 즉 엄마를 죽이는 것이다.[7]

왜 일벌들이 이런 짓을 저지르는지 이해하려면 다시 근연도를 생각해봐야 한다. 일벌은 자매와 근연도가 높아 여왕의 아들인 수컷 형제(근연도 0.25)보다 자매가 낳은 수컷 조카(근연도 0.375)와 더 가깝다. 따라서 다음 세대의 수벌을 낳을 때가 다가오면 일벌들은 여왕벌이 아니라 자신이나 자매가 수벌을 낳기를 바란다. 땅벌 군락에서 여왕벌을 죽이는 결정은 대체로 일벌 한 마리가 여왕벌한테 벌침을 쏘는 것으로 시작한다. 여왕벌이 괴로워 앓는 소리를 내면 더 많은 일벌이 달려들어 어미인 여왕벌을 미친 듯이 공격한다.

여왕벌이 딸들의 공격을 막는 방법 중 하나는 여러 수벌과 마구잡이로 짝짓기하는 것이다. 그러면 일벌 사이의 근연도가 줄어 일벌이 아무런 제약 없이 알을 낳을 수 있는 무질서보다 여왕이 도맡아 알을 낳는 쪽을 택한다. 실제로 여왕벌이 이렇게 여러 수컷과 짝짓기하면 엄마 살해자가 될 뻔했던 딸들이 충실한 노예로 바뀐다. 다른 일벌이 알을 낳지는 않는지 서로 감시하고, 반역자가 낳은 알을 먹어 치운다. 여왕벌이 일벌에게 통제권을 위탁하면 사회성 곤충의 군락이 훨씬 더 커지고, 뒤이어 전혀 알을 낳지 못하는 완전한 불임 일벌 계급이 생긴다. 자매들이 두 눈을 부릅뜨고 내 움직임을 지켜보는 사회에서는 실제로 기능하는 난소를 발달시킨들 쓸모가 없다.

이 사례는 나중에 인간 사회의 진화를 다룰 때 다시 살펴볼 더 보편적인 의미도 짐작하게 한다. 협력은 개체라는 집합체는 물론이고 일부 개체가 다른 개체의 생식과 육아를 돕는 안정된 가족 집단도 만든다. 하지만 가끔은 협력이 더 크고 복잡한 집단이 진화하도록 돕기는커녕 오히려 가로막을 때도 있다. 1부에서 살펴본 암세포가 어떻게 힘을 합쳐 숙주 유기체를 해치는지를 떠올려보라. 이번 장에서도 놀랍도록 비슷한 현상을 살펴봤다. 여왕보다 자신들이 자식을 낳는 쪽이 더 낫다는 이해관계가 맞아떨어지면 일꾼들이 결탁해 사회를 무너뜨린다. 그러므로 직관에 어긋나게도, 특히 이런 연합으로 얻는 이익이 집단 전체에 해를 끼칠 때는 오히려 협력을 방해해야 사회를 안정시킬 수 있다. 이것이 협력 깊숙이 자리 잡은 근본적 난제다. 그리고 우리 인간도 이 난제의 영향에서 벗어나지 못한다. 협력은 인류가 함께 성공하는 데 빼놓을 수 없는 요소이자 그런 성공을 가로막을 가장 큰 위협이다.

제 **3** 부

가족을 넘어

1987년 미국 텍사스에서 일어난 일이다. 18개월 된 아이 제시카 맥클루어가 이모네 집 정원에서 놀다가 깊이 7미터, 폭 20센티미터짜리 수도용 강관에 빠졌다. 소방청과 경찰청은 즉시 구조에 나섰고 미국 곳곳의 방송국과 언론사들이 구조 상황을 쉴 새 없이 기사로 내보냈다. 그러자 놀라운 일이 벌어졌다. 방송과 기사를 본 사람들이 갓 걸음마를 뗀 아이의 딱한 사정이 걱정스럽고 안쓰러워 기부금을 보내기 시작했다. 제시카가 구출되었을 때 모인 기부금은 자그마치 80만 달러가 넘었다.

인간 외에는 어떤 종에서도 이런 일이 일어나지 않는다. 왜일까? 물론 우리와 다른 종 사이에는 명백한 차이가 있다. 다른 종에는 소방청과 경찰청처럼 사회구성원을 돕는 데 전념하는 제도가 없다. 개미는 방송을 내보낼 수 없고, 침팬지는 화폐를 사용하지 않는다. 하지만 더 근본적인 차이가 있다. 우리는 피붙이도 아닐뿐더러 두 번 다시 볼 일 없는 개인을 자발적으로 꾸준히 돕는다. 그것도 그런 상호작용으로 어떤 물질적 대가도 얻지 못하는 상황에서 말이다. 여러 증거를 살펴보건대, 우리는 지구에서 유일하게 남의 고통을 느끼고 그 고통을 줄여야겠다고 마음먹을 줄 아는 종인 듯하다.

이런 형질이 진화한 까닭은 우리가 협력하여 아이를 키웠기 때문이라고 생각하기 쉽다. 친절, 관용, 기꺼이 타인을 도우려는 마음은 모두 가족을 꾸리는 데 도움이 될 만한 형질이다. 하지만 이것이 다는 아니다. 지금껏 살펴봤듯 가족을 꾸리는 종의 성향은 다양하지만 중요한 공통점이 하나 있다. 이들을 움직이는 힘은 족벌주의다. 개미, 꼬리치레, 꿀벌, 두더지쥐를 보더라도 서로 돕는 행위가 가족이라는 경계선을 넘어서지 않는다. 이와 달리 인간은 범위를 넓혀 가족 바깥에 있는 사람, 심지어 생판 모르는 남까지 돕는다.

주목할 사실이 또 있다. 사회인지 능력은 인간을 다른 종과 구분하는 매우 중요한 형질이다. 타인의 행복에 신경 쓰고, 타인의 관점에서 바라보고, 타인의 마음을 이해해 공감할 줄 아는 바로 이 능력이, 협력해 새끼를 키우는 다른 종에서는 현저히 떨어진다. 조력자 미어캣은 배고픈 새끼에게 인심 좋게 먹잇감을 갖다준다. 하지만 새끼의 행복에는 눈곱만큼도 관심이 없다. 개미는 전투에서 다친 동료를 구출하고 치료한다. 하지만 그런 행동이 공감에서 나온다는 증거는 없다. 꽤 역설로 보이는 일이다.

인간은 협력해 자식을 키우는 여러 종 가운데서도 손에 꼽힐 정도로 협력 번식에 뛰어나다. 인간의 이런 사회성은 다른 여러 인지 능력에 기반한다. 그렇다면 지구에서 함께 살아가는 다른 종과 우리를 구분하는 요인은 무엇일까? 그리고 우리는 어떻게 지금에 이르렀을까?

이제부터는 인간 사회의 특징인 대규모 협력을 가능케 한 기반을 살펴볼 것이다. 그러려면 먼저 작은 것부터 시작해 진화가 가족을 넘어선 협력을 도대체 왜, 어떻게 선호했는지 이해해야 한다.

낯선 이를 돕는 종이 우리만은 아니다. 하지만 자연계에서 우리만큼 큰 규모로 협력하는 종은 없다. 우리 인간이 협력에 이토록 뛰어난 이유는 더 강력한 인지 능력을 활용할 수 있기 때문이다. 이 능력에 힘입어 우리는 자연이 우리 앞에 던진 여러 제약 너머를 내다보고 더 협력하는 세상이 가능하다는 것을 상상할 수 있다. 또한 이런 상상력 덕분에 사회적 상호작용에 적용할 새로운 규칙도 만들어낼 수 있다. 이러한 규칙에 기대어 행동을 조율해 갈등을 피하거나 줄이고, 부분의 합보다 더 큰 성과를 얻는다. 그리고 그런 규칙이 없었다면 이루지 못했을 협력을 장려한다.

이렇듯 삶이라는 경기의 규칙을 만들고 상황에 따라 바꿀 줄 아는 능력은 우리가 협력의 규모를 키울 수 있었던 핵심 요인이다. 그 덕분에 우리는 중요한 몇몇 관계에 집중해 투자하던 단계에서 좀 더 확장해 일상에서 자신과 아무 상관없는 타인을 본능적으로 믿고 돕는다. 지금껏 만난 적 없고 앞으로도 다시 만날 일이 없을 사람까지.

배신이냐 협력이냐

인간이 천사라면 정부가 필요 없을 것이다.[1]

제임스 매디슨James Madison

"5만 파운드를 쥐고 집에 간다면 아주 아주 행복할 겁니다. 만약 내가 훔치는 쪽을 선택한다면……."

스티븐이 방청석을 가리켰다.

"저기 있는 방청객들이 우르르 달려들어 나를 두들겨 패겠죠."

그러고서 스티븐은 두 사람 사이에 놓인 작은 탁자 위로 몸을 숙여 세라의 한쪽 손을 움켜쥐고 나직이 말했다.

"장담해요. 나는 당신과 상금을 나눌 겁니다."

스티븐과 세라는 처음 보는 사이다. 두 사람은 지금 가장 인간다운 게임에 참여해 과연 상대방을 믿어도 될지 가늠하고 있다. 이 장면은 게임 이론의 고전인 죄수의 딜레마를 이용한 영국 TV 쇼 〈골든볼 Golden Balls〉의 마지막 부분이다.[2] 스티븐과 세라는 자신이 착하게 행동할지 말지를 결정해야 할뿐만 아니라 상대가 어떻게 행동할지도 판단해야 한다. 두 사람 앞에 놓인 상금은 자그마치 10만 파운드다. 이 어마어마한 상금을 얻기 위해서는 현명한 판단을 내려야 한다.

스티븐과 세라는 대화를 몇 번 나눈 뒤 '나눈다'와 '훔친다'가 써진 금빛 공 중 하나를 들어 자신의 선택을 밝힐 예정이다. 두 사람 모두 '나눈다'를 선택하면 각자 5만 파운드를 들고 집에 간다. 하지만 한쪽이 '훔친다'를, 다른 한쪽이 '나눈다'를 선택하면 '훔친다'를 선택한 사람이 10만 파운드를 모두 갖는다. 두 사람 모두 '훔친다'를 선택한 경우에는 두 사람 모두 한 푼도 받지 못한다.

눈물이 그렁그렁한 세라가 스티븐에게 자신을 믿어달라고 간청했다.

"제가 훔치는 쪽을 선택하면 저를 아는 모든 사람이 저를 역겨워할 거예요."

진행자가 두 사람에게 마지막 결정을 내리기에 앞서 다시 한번 공을 확인하라고 요청했다. 스튜디오에 팽팽한 긴장이 감돌았다. 마침내 두 사람이 공을 들어 올렸다. 스티븐은 자신이 뱉은 말 그대로 상금을 나누는 쪽을 택했다. 하지만 세라는 '훔친다'라고 쓰인 공을 들었다. 상금 10만 파운드는 모두 세라가 차지했다. 스티븐은 한 푼도 받지 못했다.[3]

이쯤 되면 세라를 자신밖에 모르는, 더 나아가 부도덕한 사람이라 헐뜯고 싶은 마음이 들 수도 있다. 하지만 전형적인 죄수의 딜레마 게임에서 얻을 이익을 생각해보자. 착하게 행동하기 어려운 동기가 겹겹이 쌓이는 상황이라면, 도대체 왜 착하게 행동하는 사람이 존재하는지가 오히려 더 궁금해진다. 이익이 돈이든 먹을거리든 자식이든, 하찮든 어마어마하든, 두 이해관계자가 협력하면 서로 최상의 결과를 얻겠지만 배신하면 더 큰 단기 이익을 얻을 수 있을 때 발생하는 상호작용은 모두 죄수의 딜레마로 볼 수 있다.

다른 사람과 1대1로 상호작용하든 훨씬 큰 집단에서 상호작용하든 이런 유인 구조가 나타나는 상황은 실생활에 수두룩하다. 이런 상호작용은 서로 잘 알고 좋아하는 사람 사이에서 일어날 때도 있고, 절대 다시 만날 일이 없을 타인과의 관계에서 발생할 때도 있다. 설거지를 내가 할까, 아니면 다른 식구가 하게 둘까? 출퇴근할 때 자전거를 탈까, 자가용을 몰까? 아이에게 감염병 백신을 맞힐까, 아니면 다른 사람들이 아이에게 백신을 맞혀 생기는 집단 면역에 기댈까?

우리가 날마다 마주하는 협력 문제를 딱 한 구절로 요약하면 이렇다. 사회적 딜레마. 협력 문제가 사회적인 까닭은 반드시 그렇지는 않아도 누군가의 결정이 다른 사람에게 영향을 미치기 때문이다. 또 협력 문제가 딜레마인 까닭은 개인과 집단의 이익이 엇갈리기 때문이다. 개인의 이익이 집단의 안녕과 맞서는 이런 유인 구조에서는 협력의 등장을 낙관하기가 쉽지 않다. 그런데도 우리는 걸핏하면 이타적으로 보이는 행동, 자신이 당장 비용을 떠안아 남에게 이익을 주는 행동을 한다. 이 당혹스러운 성향을 도대체 어떻게 이해해야 할까?

이 물음이 지나치게 냉소적으로 들릴 수도 있다. 그래서 누군가는 눈살을 찌푸리거나 혀를 차기도 할 것이다. 자신은 순전히 상대를 걱정해서, 좋은 사람이어서, 또는 남을 속이면 비도덕적이라 협력한다고 말할 수도 있다. 나도 그런 동기가 없다고 주장하지는 않는다. 오히려 그런 동기를 연구해 정량화한 실험도 있다. 이와 관련된 초기 심리 실험에서는 '낯선 사람(사실은 배우다)'이 전기 충격을 받는 모습을 지켜보느니 자신이 받겠다고 나설 만큼 사람이란 감정이입적 염려empathic concern(공감적 관심)에 자극받을 수 있다는 것을 증명했다. 게다가 우리는 남을 도울 때 자주 즐거움을 느낀다. 누군가에게 좋은 일을 할 때 얻는 뿌듯한 느낌을 경제 전문가들은 '온정 효과warm-glow giving'라고 부른다. 이 효과를 살펴보고자 사람을 뇌 영상 촬영 장비에 넣고 자선단체에 돈을 보내게 했더니, 보상과 관련한 뇌 영역이 발화했다.[4] 이때 발화하는 뇌 영역은 맛있는 음식을 먹거나, 섹스를 하거나, 니코틴이나 코카인 같은 기분 전환용 약물에 취할 때 활성화되는 곳이다. 또 다른 연구에서는 참가자들을 둘로 나눠 돈뭉치를 나눠준 뒤 한쪽에게는 자신을 위해, 다른 한쪽에게는 타인을 위해 쓰라고 지시했다. 그 결과 남에게 돈을 쓴 사람들이 그날 밤 더 행복해했다.[5] 어린아이도 장난감 인형한테 과자를 나눠주라는 요청을 받으면 그렇지 않았을 때보다 더 많이 웃었다.[6] 남에게 돈을 쓰면 혈압이 내려가고 심혈관이 더 튼튼해지는 긍정적 효과도 얻을 수 있다.[7]

이런 실험들은 매우 흥미롭다. 하지만 안타깝게도 왜 우리가 남을 돕느냐는 물음에 대한 깊이 있는 답을 제시하지는 못한다. 사람이 친절한 이유가 '타고난 천성' 때문이라거나, '남에게 공감'해서라거나, '남을 돕기를 즐겨서'라고 주장한다면 이는 교묘한 말장난이다. 그러니 질문을 바꿔보자. 진화 관점에서 생각하면 더 근본적인 물음이 나온다. 왜 우리 뇌에는 그토록 값비싼 행동을 추동하는 심리 기제가 가득할까? 남을 걱정하거나, 기부를 했을 때 뿌듯한 만족감을 느끼거나, 도덕적으로 행동하도록 뇌가 설계되지 않은 개인이 더 이타적인 개인을 앞서 나가는 상황을 상상하는 일은 그리 어렵지 않다. 극도로 이성적이고 사익을 추구하는 사람은 협력과 관련한 비용을 떠안지 않을 테니 말이다.

게다가 협력을 증진하는 데는 공감과 도덕성처럼 우리 인간에게 필요해 보이는 복잡한 심리 기제조차 필요 없다. 많은 종이 도덕 감각이나 감정이입 능력이 없어도 사회적 딜레마를 협력으로 해결할 방법을 찾아낸다. 또 어떨 때는 도덕 감각이나 감정이입 같은 정교한 능력이 이익은커녕 해가 될 때도 있다. 앞에서 말한 제시카 맥클루어 사례에서 볼 수 있듯이 우리에게는 '인식 가능한 피해자 효과identifiable victim effect'라는 기이한 심리가 있다. 우리는 한 개인이 역경에 빠졌을 때는 돕고 싶다는 충동을 강하게 느끼지만 수많은 사람이 시련을 겪는 모습에는 아무런 동요도 느끼지 않는다.[8] 이처럼 사람의 감정이입 능력은 한계가 있을 뿐더러 변덕스럽다. 내가 '가치 있게' 여기는 개인에게만 감정을 이입할 뿐, 그야말로 도움이 절실한 상황에는 못 본 체 눈을 감아버리기 일쑤다.[9] 그러니 왜 도움 행동이 존재하느냐는 물음에 대한 광범위한 설명으로 도덕 감각이나 감정이입적 염려를 말하기는 확실히 어렵다.

개체가 기꺼이 비용을 치르면서까지 다른 개체를 돕는 이유를 더 근본적인 수준에서 이해하려면 왜 자연선택이 값비싼 도움 행동에 투자하려는 성향을 선호하는지 그 이유를 생각해봐야 한다. 다만 이 문제를 생각하기에 앞서 오해에 빠지지 않도록 조심해야 할 점이 있다. 이따금 나는 명백한 친절 행위가 도움을 베푸는 사람의 장기 이익과 어떻게 맞물리는지를 보여줘 결국 '이타주의에서 이타주의를 없애버린다'라는 비난을 받는다. 자선단체 기부자가 자신의 사심 없는 행동 이면에 이익이 깔려있다는 주장을 들으면 발끈할 수도 있다. 자신의 너그러움이 계산된 행동이고 알고도 모르는 척 제 잇속을 챙긴다는 뜻이기 때문이다. 이런 주장은 흔히들 어려움에 몰린 사람을 도우려는 순수한 이타적 동기라고 느끼는 것과 어긋난다.

이런 실망도 이해하지만 이는 모두 오해에서 비롯한 실망이다. 왜라는 질문에는 여러 답이 있을 수 있다. 그 가운데 진화생물학자들이 특히 관심을 보이는 답은 두 가지다. 우리는 두 답을 근접 설명proximate explanation과 궁극 설명ultimate explanation이라 부른다.[10] 왜 사람은 남을 돕느냐는 물음에 대한 근접 수준의 답은 이런 행동을 일으키는 직접적 원인과 관련한다. 이런 설명은 맥락("나는 이 친구를 거리낌 없이 도울 거예요. 내 친구니까요."), 성격("조는 늘 남을 먼저 생각해요. 정말 착한 사람이거든요."), 감정이입적 염려("그 여성은 건물 밖 인도에서 떨고 있는 남자가 몹시 안쓰러워 역 카페에서 차를 한 잔 사줬다.")에 호소하기도 한다. 근접 설명은 우리가 쉽게 떠올리지 못하는 원인, 예컨대 호르몬의 영향(아버지가 자식을 돌볼 때 테스토스테론이 끼치는 영향을 떠올려보라), 크기가 다른 뇌 구조, 신경 활동의 양상도 포함한다. 최근 한 연구에서 극단적 이타주의자(남에게 신장을 떼준 신장 공여자)의 뇌를 대조군과 비교했더니 뇌 구조와 기능이 여느 사람과 달랐다.[11] 이 타주의자 집단은 감정이입 반응을 일으키는 데 관여한다고 보는 뇌 영역이 더 컸고 더 쉽게 활성화되었다. 흥미롭게도 사이코패스 성향을 보이는 사람들은 이 영역이 더 작고 감정이입 반응이 거의 없었다.

이와 달리 궁극 설명은 다른 답을 추구해 남을 도우려는 성향을 자연선택이 어떻게 장려했을지 알고 싶어 한다. 궁극 설명은 우리가 그렇게 행동할 동기를 왜 느끼는지, 뇌가 왜 그렇게 설계되었는지를 이해하는 데 도움이 된다. 하지만 가끔은 이런 설명을 받아들이기 어려울 때도 있다. 우리 행동이 적응에 어떤 의미가 있는지 모를 때가 많기 때문이다. 개체는 특정 형질이 진화에 유리한 양성 선택을 받을 때 그 형질의 진화적 결과에 대해 조금도 알 필요가 없다.

이를 이해하는 데는 아주 색다른 예가 도움이 될 듯하다. 당신이 운 좋게 어느 암사자가 사냥하는 모습을 목격하고 왜 암사자가 임팔라를 사냥하느냐고 물었다고 가정하자. 근접 설명에 의한 답은 십중팔구 암사자가 배고파서이거나 먹여 살릴 새끼가 있어서일 것이다. 궁극 설명은 임팔라를 사냥하는 암사자가 하루 내내 나무 아래 늘어져 있는 암사자보다 자식을 더 많이 낳는 경향을 보여서라고 답한다. 배고픔은 진화한 심리 기제가 욕구로 발현한 것이다. 이런 근인 기제는 암사자가 자신의 생존과 번식 성공도에 중요한 일, 즉 먹이 사냥을 하게 만든다. 섹스도 좋은 예다. 섹스를 하는 진화적 이유와 심리 자극이 꼭 일치할 필요는 없다. 우리가 성관계를 할 때마다 자식이 생기기를 바라거나 기대하지 않을뿐더러 그런 바람을 아예 품지 않는 사람도 있다. 하지만 그렇다고 해서 섹스가 번식 성공도를 높이기 때문에 존재한다는 사실은 바뀌지 않는다.

이타주의도 마찬가지다. 이타적 행동으로 편익이 쌓일 가능성을 인정한다고 해서 남을 돕는 행위의 동기를 훼손하지는 않는다. 진화가 배고픔(먹으라는 신호)을 느끼거나 섹스를 즐기도록 우리 심리를 빚었듯이 친절, 도덕적 행동, 도움 행동 아래 깔린 동기를 빚어 우리가 우리 유전자에 이로운 무엇을 즐기게 유도했을 것이다.

그렇다면 협력 형질이 어떻게 개체에 장기 이익이 될까? 앞서 살펴봤듯이 값비싼 도움 행동이 피붙이에게 이익이 될 때는 진화가 협력을 선호하기도 한다. 하지만 협력이 널리 퍼진 까닭이 이 때문만은 아니다. 도움을 베푼 개체가 결국은 투자한 데 대한 두둑한 보상을 받기 때문에 진화가 도움 행동을 선호할 때도 있다. 그렇다면 어떻게 이런 일이 일어나는 걸까? 지금부터 함께 살펴보자.

$\therefore\ \therefore\ \therefore$

협력이 널리 퍼지게 돕는 가장 간단한 기제는 도움을 베푼 개체가 도움을 돌려받는 경우다. 1970년대에 진화생물학자 로버트 트리버스Robert Trivers가 처음 제시한 호혜주의principle of reciprocity가 바로 그것이다.[12] 호혜는 협력을 끌어내는 확실한 밑바탕이다. 그래서인지 흔한 속담에도 호혜가 녹아있다. '받은 만큼 돌려준다', '남에게 바라는 대로 남을 대하라', '가는 정이 있으면 오는 정이 있다' 같은 격언은 언어를 가리지 않는다. 이탈리아의 'una mano lava l'altra'는 무척 사랑스럽게도 '한쪽 손이 다른 쪽 손을 씻는다'로 번역된다. 독일 속담에도 같은 표현이 있으며 스페인 속담 'hoy por ti, manana por mi'는 대략 '오늘은 너를 위해, 내일은 나를 위해'라는 뜻이다.

종교 서적에서는 호혜주의를 간단히 '황금률'이라 일컫는다. 세계 곳곳에서 호혜주의를 행동의 길잡이인 보편 원칙으로 쓰는 듯하다. 호혜주의를 적용하면 죄수의 딜레마에 갇힌 참가자들이 게임을 한 번이 아닌 여러 번 되풀이할 때 어떻게 행동할지가 조금 다르게 보인다. 거듭 상호작용을 주고받는다면, 그리고 상대가 받은 만큼 돌려주고 당신이 협력할 때만 협력하겠다고 마음먹었다면 상대에게 협력하는 쪽이 이익이다.

자연계에서는 호혜주의가 그리 흔치 않다. 하지만 사람처럼 사회적 교환이 필요한 몇몇 종이 나름대로 호혜주의를 발견했다. 대규모 군락 생활을 하는 흡혈박쥐Desmodontinae는 날마다 피를 먹어야 살 수 있다. 그런데 종종 피를 구하지 못한 상황도 발생한다. 바로 이때 피를 충분히 섭취한 흡혈박쥐가 피를 게워내 그날 밤 피를 얻지 못한 운 없는 동료에게 먹인다. 이처럼 하룻밤 피를 기부한 박쥐는 다른 날 밤에 수혜자에게 피를 보답받을 확률이 높다.

다른 종들은 피가 아니라 서비스를 교환한다. 산호초에 사는 화려한 독가시치과Siganidae는 먹이를 구할 때 동료와 팀을 이뤄 포식자가 오는지 차례로 살핀다. 알락딱새를 대상으로 진행한 실험에서는 알락딱새가 호혜주의를 아주 깔끔하게 실천한다는 것을 확인할 수 있었다. 알락딱새는 전에 자신을 도왔던 이웃만 도왔다.[13] 암수 한 쌍끼리 새끼를 치는 알락딱새는 자기 둥지를 기웃거리는 포식자뿐 아니라 이웃 둥지를 넘보는 포식자도 자주 공격한다. 이웃을 돕느라 쓰는 시간과 에너지는 물론이고 포식자를 공격했다가 자칫 잡아먹힐 수도 있으니 그야말로 값비싼 행동이다. 연구진은 이런 조력 행동을 살펴보고자 알락딱새 한 쌍의 둥지에 포식자인 올빼미 인형을 놓은 뒤 이웃 알락딱새를 가두어 포식자를 몰아내러 오지 못하게 막았다. 며칠 뒤, 이번에는 올빼미 인형을 배신자인 이웃 알락딱새의 둥지에 놔뒀다. 실험 대상인 알락딱새는 '못된' 이웃을 도우러 오지 않았다.

아마 흡혈박쥐와 알락딱새는 사회적 동료와 앞으로 계속 상호작용하리라 꽤 강하게 확신했을 것이다. 이처럼 상호작용이 반복되어 신뢰할 수 있을 때는 호혜주의를 선호할 수 있다. 하지만 다른 종에서는 그렇지 않다. 햄릿피시Hypoplectrus라는 물고기를 예로 들어보자.[14] 햄릿피시의 동료 간 상호작용은 번식이라는 큰 판에서 딱 한 번 일어난다. 이 물고기는 일시적 암수한몸simultaneous hermaphrodites이어서 한 개체가 난자와 정자를 동시에 만드는 흔치 않은 성생활을 한다. 새끼를 만들 기관을 모두 갖고 있어도 혼자서는 수정하지 못하기 때문에 새끼를 낳으려면 난자와 정자를 교환하겠다는 동료를 찾아야 한다. 그런데 다른 햄릿피시를 만날 때 죄수의 딜레마와 아주 비슷한 상황을 마주한다. 양쪽 모두 동료의 난자를 얻고 싶어 하면서도 자신의 난자는 쉽게 내주려 하지 않는다. 정자보다 난자를 만드는 비용이 더 크기 때문이다. 그런 상황에서 섣불리 난자를 모두 제공하는 것은 동료가 난자를 수정한 뒤 자신의 난자는 제공하지 않고 달아날 위험을 자초하는 꼴이다.

햄릿피시는 이 딜레마를 두 가지 중요한 전략으로 해결한다. 첫 번째 전략은 난자를 작은 묶음 여러 개로 나누는 것이다. 모든 난자를 한꺼번에 내뿜지 않고 몇 개만 내놓은 뒤 동료가 수정하게 한다. 그다음, 상대가 난자를 내뿜기를 기다렸다가 자신도 정자를 내뿜기를 반복한다. 달걀을 한 바구니에 담아서는 안 된다는 투자 전략이 알고 보니 진화 논리에서 나온 말이었을 줄이야! 이런 신중한 전략이 일회성이었을 상호작용을 반복된 교환으로 변화시킨다.

햄릿피시가 쓰는 두 번째 전략은 이런 과정을 초저녁에 시작하는 것이다. 햄릿피시는 너무 어두워지기 전에 정자-난자 교환 과정을 모두 끝내야 한다. 그러니 땅거미가 내릴 즈음 정자와 난자를 교환할 동료를 찾아 교환을 시작했을 때는 작은 난자 꾸러미 하나만 냉큼 챙긴 뒤 뒤통수치고 다른 물고기를 찾아 달아나기보다, 상대가 선선히 난자 덩어리를 내뿜을 때 자신도 똑같이 행동하는 것이 최선이다. 시간제한이 없다면 배신 전략이 이익일 수도 있다. 하지만 현실에서는 배신 전략을 쓰며 여기저기 기웃거리다가는 어둠이 내리기 전에 난자와 정자를 주고받을 다른 햄릿피시를 찾지 못한 채 그날의 교환이 끝날 위험이 있다.

이렇게 투자를 더 작은 꾸러미로 나누는 전략(그래서 새로운 동료를 찾아 나서기보다 기존 동료와 교환하는 쪽이 더 이익인 전략)은 자연계에 꽤 흔하다. 많은 동물이 서로 털을 골라주면서 손이 닿지 않는 곳에 있는 진드기와 여러 기생충을 없앤다. 하지만 이런 방식의 상호작용에서 한 개체가 동료에게 한참 동안 떠들썩하게 호의를 먼저 내보인 뒤 동료가 보답하기를 바라며 기다리는 모습은 보기 어렵다. 이렇게 먼저 무모한 행보를 보이면 착취에 노출되기 마련이다. 그러므로 털 고르기를 하는 종들도 햄릿피시처럼 자신의 서비스를 더 작은 투자 단위로 나눠 행동한다. 즉, 한 개체가 동료의 털을 몇 번 골라준 뒤 동료가 보답하는 행위를 되풀이한다. 설사 전체 상호작용이 끝나기까지 시간이 오래 걸리더라도 상호작용 안에서 교환할 수 있는 투자 단위를 더 적게 유지하는 것이다.

죄수의 딜레마 모형에서 가장 중요한 가정은 개체가 얻는 이익의 비용을 동료가 떠안는다는 것이다. 그러므로 배신하는 동료에게 똑같이 앙갚음하고 빠져나갈 수 있을 때는 동료를 착취해야 비용을 떠안지 않는다. 이론은 그럴싸하다. 하지만 내가 제시한 몇 안 되는 사례를 빼면 우리가 자연계에서 보는 현상 대다수와는 아무 관련이 없어 보인다. 반복되는 상호작용의 정수를 보여주는 예는 우정이다. 탄탄한 관계에서는 개인이 주고받음에 더 유연하게 접근하는 듯하다. 친구 사이에는 거래를 할 때마다 동전 하나까지 따져서 나누거나, 지난주에 내가 맥주를 샀으니 오늘은 네가 사라고 조르기보다, 아무런 조건 없이 도움이나 편익을 제공할 때가 더 많다. 또 동료가 배신하더라도 나중에 상호작용할 때 돕지 않는 식으로 앙갚음하지 않는 경우도 흔하다.

그렇다면 설사 보답이 늘 돌아오지는 않더라도 자신과 피 한 방울 섞이지 않은 사람을 돕는 것이 왜 이익일까? 이해를 돕기 위해 다소 극단적인 예를 들어보겠다. 지금 나와 동료가 함께 탄 배에 물이 새고 있다. 두 사람이 힘을 모아 물을 퍼내지 않으면 배는 빠르게 가라앉을 것이다. 이런 상황에서는 나의 이익과 동료의 이익은 매우 일치한다. 두 사람은 힘껏 물을 퍼내는 것이 최선이라는 데 동의하고 의무를 게을리하고 싶은 유혹에 흔들리지 않는다. 하지만 더 중요한 것이 있다. 동료의 안녕과 생존이 동료가 배에서 물을 계속 퍼내는 능력에 영향을 미친다는 점이다. 이제는 동료의 안위에도 나의 이익이 달려있다. 그러므로 내 주머니에 초콜릿 바가 하나 있다면, 그리고 그 초콜릿 바가 동료가 계속 공동 목표를 향해 움직이게 할 영양분이 될 수 있다면 함께 나눠 먹는 쪽이 현명하다. 초콜릿 바를 나눌 때 우리는 동료가 호의에 보답하기를 기대하지 않는다. 그보다는 동료가 제 이익인 물 퍼내기를 계속하기를 기대한다. 동료가 계속 움직여야 나에게도 이익이기 때문이다.

동료가 나의 이익이나 공동 이익에 아무런 도움이 되지 않더라도 동료의 존재 유무에 나의 생존이 좌우되기도 한다. 물이 새는 배 사례로 다시 돌아가보자. 만약 물을 퍼내는 노력이 실패해 물가까지 헤엄쳐야 하는데 상어가 어슬렁거린다면, 혼자보다는 다른 사람과 같이 헤엄칠 때 상어에게 잡아먹힐 위험이 반으로 줄어든다.

누가 봐도 어이없는 예이긴 하지만 이 예는 사회적 행동의 진화에서 무척 중요한 주제인 상호의존을 효과적으로 보여준다. 상호의존이란 개체의 이익이 동료의 건강에 달려있는 때, 설사 도움을 보답받지 못하더라도 동료에게 투자할 수 있다는 개념이다. 예컨대 집단이 커지면 먹잇감이 될 위험을 희석하거나 집단 간 충돌에서 이길 확률을 높여 정말로 개체의 생존과 번식 성공도에 여러모로 영향을 미치는 경우가 그러하다. 따라서 집단을 이루는 종은 언제나 어느 정도는 서로 의존한다. 호혜주의가 작동하지 않을 것 같은 환경에서도 개체가 활발히 협력하는 이유는 상호의존 덕분이다.[15]

과거에는 자연계의 많은 협력 사례를 죄수의 딜레마 게임이라는 맥락 안에서 일어나는 호혜적 상호작용으로 해석했다. 하지만 관점을 바꿔 상호의존 사례로 해석하면 더 깊이 이해할 수 있다. 앞에서 다뤘듯이 흡혈박쥐는 운 없는 동료가 배를 채우도록 피를 게워낸다. 받은 만큼 돌려준다는 냉정한 논리에 따라서가 아니라 자신이 끝끝내 먹이를 구하지 못한 어느 밤에는 반드시 동료의 도움을 받아야 하기 때문이다.

인간의 진화 과정에서도 필요에 기반한 도움과 교환 체계는 특이한 일이 아닌 일상이었다. 지금도 많은 수렵·채집 사회와 여러 비산업 사회에서 이러한 체계를 흔히 볼 수 있다. 이 체계는 호혜적 공유 체계를 대체하는 것이 아니라 함께 공존한다. 케냐의 목축 부족인 마사이족Maasai은 호의를 교환할 때 호혜주의와 상호의존 두 방식을 모두 활용한다.[16] 에실레esile(빚) 체계는 호혜주의에 기반해 협력을 설명할 때 예상하는 전략과 비슷하다. 개인끼리 서로 돕지만 이런 도움은 나중에 갚아야 할 공식채무다. 이와 달리 전체 부족민 가운데 훨씬 작은 부분 집단으로 형성되는 오소투아osotua(탯줄) 관계에서는 곤경에 처한 사람에게 보답을 전혀 기대하지 않고 거리낌 없이 자원을 나눠준다. 비산업 사회에 사는 사람들 사이에는 그러한 상호의존 관계가 흔히 나타난다. 언제 먹거리가 생길지 모르고 언제 재앙이 들이닥칠지 모를 환경에서는 어려울 때 기댈 친구가 있느냐가 생사를 가를 수 있다.

상호의존은 왜 우리가 중요한 관계에서는 호혜주의를 피하려고 하는지도 설명할 수 있다. 어렸을 때 나는 어른들이 식당에서 밥을 먹은 뒤 서로 돈을 내겠다고 다투는 모습이 의아했다. 어른이 되고 보니 반대 상황이 훨씬 낯설게 느껴진다. 친구에게 지난번에 내가 저녁을 샀으니 이번에는 네가 돈을 내라고 조르는 모습을 상상해보라. 모든 관계가 호혜주의에만 기반하면 자기가 돈을 낼 차례가 아닌데도 자기 차례라고 우기는 익살극을 피해야 하고, 돈을 내야 할 차례인 사람을 거리낌 없이 콕 집어 가리키는 것을 거북해하지 말아야 한다.

이 수수께끼를 풀 해결책은 독단적으로 호혜주의를 고집할 때 보내는 신호에 있는 듯하다. 사회적 상호작용에서 동료에게 동전 한 푼까지 따지지 않는 것은 '우리는 서로 의존한다'라는 무언의 메시지다. 서로 의존한다는 것은 동료의 안녕에 내 이해관계도 걸려있다는 뜻이므로 서로 의존하는 동료끼리는 상호작용할 때마다 수지타산을 따지지 않아도 된다. 지난주에 내가 커피를 샀으니 오늘은 네가 커피를 사라고 조르는 친구를 쩨쩨하게 느끼는 까닭은 친구가 내 안녕에 달려있는 자신의 이해관계보다 커피 한 잔 값을 더 높이 친다는, 나를 중요한 친구로 여기지 않는다는 말로 들리기 때문이다.

　최근에 친구들과 술잔을 기울이거나 저녁을 먹을 때 청구서를 보낼 수 있는 앱이 등장했다. 이 기술은 각자 낼 몫을 일일이 나누는 번거로움은 덜어주지만 청구서를 보낼 때의 겸연쩍음을 발생시킨다. 이 장에서 제시한 논리를 근거로 살펴보면 이런 거북함을 느끼는 밑바탕에는 이런 물음이 깔려있다. 그렇게 냉정한 주고받기 방식 때문에 우리가 뜻하지 않게 사회적 관계의 구조를 훼손하고 있는 것은 아닐까?

배신자 길들이기

머지않아 누구나 중요한 연회에 참여한다.[1]

로버트 루이스 스티븐슨 Robert Louis Stevenson

공격을 앞둔 사람들이 모여 앉아 배불리 먹으며 임무를 준비한다. 적을 습격해 죽이고 귀한 소를 빼앗을 계획이다. 대부분 승리를 예상하며 흥분해 들뜬 가운데, 몇몇 사내는 불안과 두려움을 느낀다. 오늘날 전투는 창이 아니라 총으로 싸우니 심하게 다치거나 목숨을 잃을 위험이 크다.

투르카나족이 사는 케냐 북부는 거의 1년 내내 가뭄이 이어져 배고픔이 일상인 황량한 곳이다. 유목 생활을 겸하는 목축 부족인 투르카나족은 생존을 가축에 의지하는데, 아주 드물게는 자기네 소 떼를 늘리려고 이웃 집단을 습격해 소를 훔친다. 이런 습격은 100명 중 한 명이 목숨을 잃을 만큼 위험하다. 습격에 참여하는 것도 협력의 한 방식이다. 싸움에 참여하지 않은 사람과도 적을 위협해 얻은 이익과 소를 나누기 때문이다. 아니나 다를까 두려움에 질려 동료들을 저버리고 안전한 본거지로 달아나는 남성들이 발생했다.

이런 비겁한 행동은 대체로 눈총을 받는다. 인류학자 세라 매슈Sarah Mathew는 비난과 처벌이라는 사회 규범이 어떻게 사람을 억눌러 도망치지 않고 싸우게 하는지 이해하기 위해 투르카나족을 광범위하게 연구했다. 많은 투르카나족, 특히 미혼 여성들이 이탈자들을 크게 헐뜯었다. 이탈자들은 못난 전사라는 호된 비난도 모자라 믿을 수 없고 바람직하지 않은 결혼 상대로 낙인찍힌다. 사회적 비난이 끝이 아니다. 동료를 저버린 사람들은 배신 행위에 대한 대가로 혹독한 처벌을 받기도 한다. 습격이 끝나면 투르카나족은 이탈자들의 처벌 방식을 결정하고자 회의를 연다. 결정이 끝나면 이탈자의 또래들이 가혹한 형벌을 집행한다. 투르카나족 사회에서는 이탈자를 관목에 묶어놓고 매질을 한 다음, 암소 한 마리를 내놓게 한다. 이런 체벌의 목적은 겁쟁이를 단단히 가르쳐 다음 싸움에서는 달아나기 전에 신중히 생각하게 만드는 것이다. 어느 투르카나족 남성의 말이다. "겁쟁이를 바로잡을 길은 매질뿐이다. …… 말로는 충분하지 않다."[2]

∴ ∴ ∴

　바로 앞장에서 살펴본 호혜주의는 습격에 합류하는 것처럼 대가가 큰 대규모 집단행동에서는 효과를 발휘할 가능성이 적다. 습격이 참여자들에게 목숨을 내건 큰 도박이어서는 아니다. 이해관계자가 둘 이상 얽힌 상호작용에서는 정교한 도구가 필요하지만 호혜주의는 마치 거친 돌망치처럼 작동하기 때문이다. 이해하기 쉽게 동료 두 명과 함께 과제를 해야 하는 상황을 가정해보자. 올곧은 성격의 동료 한 명은 어떻게든 과제를 잘 끝내려고 열심히 참여한다. 하지만 다른 동료는 이른바 무임승차자여서 힘든 일을 남에게 미루려 한다. 당신이 호혜주의자라면 무임승차자의 태업에 앙갚음하고자 게으름을 피울 것이다. 하지만 그 방식은 열심히 일하는 다른 동료를 궁지로 모는 역효과를 발생시킨다. 이해관계자가 둘인 상호작용에서는 호혜주의가 협력을 뒷받침하지만, 집단에서는 호혜주의가 협력을 완전히 무너뜨릴 수도 있다.

　이 효과를 증명하고자 나는 직장에서 동료들이 눈치채지 못하게 실험을 하나 진행했다. 실험 장소는 학과 교직원 휴게실, 더 구체적으로는 싱크대였다. 공동 부엌을 써본 사람이라면 누구나 잘 알 것이다. 이런 곳의 싱크대에 더러운 식기가 쌓이지 않는 상황은 기적과도 같다. 그러므로 깨끗한 싱크대는 공공재다. 누구나 이익을 얻지만 유지하기 어려운 것 말이다. 누구나 자기가 어지르고 사용한 것은 직접 치워야 한다는 걸 알지만 동시에 설거지하지 않은 그릇을 싱크대에 남겨두고 빠져나가고 싶은 유혹을 느낀다. 다른 사람이 게으름을 피운 증거를 마주하면 가장 양심적인 사용자마저 얌체 짓을 하고 싶어질 가능성이 크다.

나는 몇 주 동안 동료들이 출근하기 전에 학과 교직원 휴게실에 도착해 싱크대의 청결 상태를 조정했다. 어떤 날은 설거짓거리를 싹싹 닦아 싱크대를 깨끗이 정리해놓고, 어떤 날은 더러운 식기를 몇 개 남겨놓았다. 그리고 하루 종일 싱크대에 식기가 몇 개나 쌓이는지 살펴봤다. 예상한 대로 동료들은 매우 강력한 원리 검증 결과를 보여줬다. 싱크대가 '깨끗한' 날에는 계속 깨끗한 상태를 유지했지만 씻지 않은 찻주전자가 하나만 놓여 있어도 얌체 짓이 줄줄이 이어지는 악순환이 반복됐다. 무임승차자가 있다는 증거를 목격한 즉시 동료들은 똑같이 대응해도 괜찮다고 느껴 접시나 컵, 수저를 씻지 않은 채 싱크대에 그냥 놔뒀다. 이런 양상이 실험실과 현실에서 모두 널리 반복되는 것으로 보건대, 호혜주의는 큰 집단에서 협력을 뒷받침하지 못하는 뚜렷한 한계가 있다.[3]

이런 현장 기반 접근법이 흥미롭기는 하지만 사람들이 개인과 집단의 이익 충돌을 어떻게 해결하는지를 더 깊이 이해하려면 더 엄격하게 통제된 상황에서 연구를 진행해야 한다. 이때 싱크대 시나리오를 '공공재 게임'이라는 실험에 적용할 수 있다. 공공재 게임도 사회적 딜레마를 다루므로 죄수의 딜레마 게임과 많이 닮았다. 하지만 참가자가 둘이 아니라 여럿이라는 점에서 큰 차이가 있다.

공공재 게임에서 실험자는 모든 참가자에게 일정 금액을 나눠주고 받은 돈의 일부 또는 전부를 공동 계좌에 넣으면 두 배 많은 금액이 쌓인다고 알린다. 얼마를 공동 계좌에 투자하고, 얼마를 자기 주머니에 넣을지는 참가자가 선택한다. 참가자들 모두 다른 참가자가 공동 계좌에 얼마를 투자했는지는 알 수 없다. 모든 참가자의 선택이 끝난 뒤, 실험자는 공동 계좌에 쌓인 돈을 누가 얼마나 투자했는지와 상관없이 두 배로 곱해 모든 참가자에게 골고루 나눠준다.

공공재 게임에서도 죄수의 딜레마 게임을 한 번만 했을 때처럼 '배신' 전략이 유리하다. 돈을 가장 많이 챙기고 싶다면 공동 계좌에 한 푼도 넣지 않고 남들이 투자한 돈에 무임승차해야 한다. 이 게임에서 가장 흔히 나오는 결과는 공유 부엌의 싱크대가 마주하는 운명과 비슷하다. 처음에는 많은 사람이 협력하지만 갈수록 집단 안에 무임승차자가 늘어나 끝내는 협력을 무너뜨린다.

그러므로 호혜주의는 비혈연 관계에서 협력을 끌어내기에 꽤 한계가 있어 보인다. 집단에서는 효과가 없을뿐더러, 다음 장에서 보듯이 서로 반복해 상호작용할 가망이 없거나 배신행위로 얻을 보상이 매우 큰 상황에서는 제대로 작동하지 않는다. 실제로 사회적 딜레마를 해결할 만한 도구가 호혜주의뿐이었다면 오늘날 우리는 핵심 구성원이 가족과 중요한 친구 정도로 그치는,

훨씬 좁은 범위에서만 협력했을 것이다.

　우리 인간이 협력의 범위를 넓힐 줄 아는 까닭은 다른 데 있다. 우리는 자연이 던진 게임에 새로운 규칙을, 새로운 제도를 고안할 줄 안다. 제도는 화룡점정과 같다. 사회적 딜레마에 제도를 얹으면 상호작용이 일어나는 모습과 본질이 바뀐다. 제도는 규칙을 바꾸므로, 배신이 가장 이로운 상황을 개인이 협력해야 성공하는 상황으로 바꿀 수 있다.

　사회적 딜레마에서 행위의 동기를 바꾸는 아주 중요한 제도 가운데 하나가 처벌이다. 사회적 딜레마에 처벌 위협을 더하면 협력하거나 배신할 동기를 바꿀 수 있다. 큰 집단에서는 처벌이 호혜주의보다 성과가 더 좋다. 처벌 대상을 특정할 수 있어 협력하는 사람에게 해를 끼치지 않으면서도 무임승차자를 벌할 수 있기 때문이다.

　2000년대 초, 경제학자 에른스트 페르Ernst Fehr와 시몬 게흐터Simon Gächter는 스위스 대학생 집단을 대상으로 실험실 연구를 진행했다. 두 학자는 사람이 추상적 상황에서 처벌을 이용해 스스로를 통제할 수 있는지를 살펴보고자[4] 학생들에게 두 가지 공공재 게임을 진행하게 했다. 표준 게임은 앞서 설명한 방식과 똑같았다. 참가자들은 공공재에 투자해 협력할지, 자기 주머니에 돈을 챙겨 무임승차할지를 선택할 수 있다. 처벌 게임에서는 한 가지가 달랐다. 결정을 마친 학생들은 자기도 돈을 잃는 조건으로 그 돈의 세 배만큼을 다른 사람에게 '벌금'으로 매길 수 있었다.

결과는 놀라웠다. 표준 게임에서는 애초에 공동 계좌에 넣는 돈이 적었고 협력자들이 무임승차자한테 착취당한다는 현실을 깨닫자마자 투자를 줄이는 것으로 맞대응했다. 게임 횟수가 늘수록 공공재에 투자하는 액수가 꾸준히 줄었다. 하지만 처벌 게임에서는 처음부터 투자액이 표준 게임보다 많았고 게임 내내 높은 금액을 유지했다. 이렇듯 협력을 유지하기란 무척 어려운 일이다. 협력은 제대로 된 유인책이 없으면 취약해지고 제 잇속을 좇는 개인의 행동에 쉽게 무너진다.

위와 같은 연구에서 나온 일반 결론은 처벌이 협력을 촉진한다는 것이다. 배신보다 협력이 더 이익이 되도록 딜레마를 바꿔 놓기 때문이다. 넓은 의미에서는 이 결론이 맞다. 하지만 일상에서 실제로 처벌이 협력을 얼마나 촉진할지를 생각해보면 유념해야 할 중요한 주의사항이 있다. 이런 말을 들어본 적 있는가? '칼은 칼집에 있을 때 더 무섭다.' 경제 게임에서든 제도화된 형벌 제도에서든 이 속담은 처벌에 특히 잘 맞아떨어지는 듯하다. 처벌 위협이 협력을 촉진하는 중요한 요소로 보이긴 하지만, 실행된 처벌은 협력을 뒷받침한 만큼이나 쉽게 무너뜨리기도 한다.[5]

'눈에는 눈' 접근법이 일으킨 사소한 불화가 그칠 줄 모르는 반목으로 이어지면 모든 관련자에게 해로운 결과를 낳을 수 있다. 처벌 게임에서 참가자에게 서로 처벌할 권한을 주면 협력보다 앙갚음을 유발하기 일쑤다. 이런 상황에서는 처벌하는 사람과 처벌받는 사람 모두 대가를 치르므로 모든 참가자의 주머니가 가벼워지고 더 가난해진다. 실험실에서야 복수의 대가가 수익 감소로 그치지만 현실에서는 목숨을 앗아가기도 한다. 이를 매우 극단적으로 보여주는 사례가 있다. 중국의 어느 시골 마을에서 두 이웃이 담을 넘어 날아간 나뭇잎과 쓰레기를 놓고 사소한 말다툼을 벌였다. 그 일이 일어난 지 거의 20년 뒤 뉴욕에서 두 이웃 중 한쪽이 앙숙의 아들에게 총을 맞아 죽고 만다. 갈등을 줄이지 못하면 처벌은 협력을 강제할 때 쓰는 위험하고 폭발하기 쉬운 도구에 불과하다.

역사가 발전하는 동안 사회는 처벌을 사용할 수 있는 상황을 제한하는 규범과 장치가 필요하다는 쪽으로 의견을 모았다. 이에 따라 누가 누구를 무슨 이유로 얼마나 많이 처벌할 수 있는지를 제한했다. 처벌에 제약을 두면, 그리고 법원과 교도소 같이 처벌을 당국에 위탁하면 반목이 생기지 않게 막을 수 있다. 하지만 현대의 처벌 제도는 범법자를 제대로 교화하지 못하기 일쑤여서 넓은 의미에서는 협력도 촉진하지 못한다.* 범죄자를 교화하는 처벌 제도는 손상된 관계를 회복하고, 피해자에게 보상하고, 범죄자가 공동체에 재진입할 수 있는 경로를 제공하는 것을 목표로 삼는다. 이런 목표는 교화보다 응징에 방점을 찍는 듯한 서구

---

* 형벌 제도가 범법자를 교화해서가 아니라 다른 사람이 비슷한 범죄를 저지르지 못하게 억제해 협력을 촉진할 수도 있다. 여기서 깊이 다루지는 않지만 이런 '일반 억제general deterrence'를 다룬 문헌이 많다. 그래도 한마디 보태자면 예나 지금이나 처벌 수위를 높인다고 해서 범죄율이 낮아지지는 않는다.

의 형벌 제도와 자주 충돌한다. 응징이 심리적으로는 만족스러울지 몰라도 사회가 얻는 편익은 설사 있다 한들 보잘것없다.

∴ ∴ ∴

이런 주의사항에 유념해 안전한 결론을 내리자면 처벌 위협이 사기꾼을 꼭 교화하지는 못해도 협력을 장려하는 데는 도움이 된다. 그런데 조금만 주의를 기울여보면 이 결론은 한 수수께끼를 다른 수수께끼로 바꿔놓았을 뿐이다. 처벌의 비용이 크기 때문이다.[6] 앞서 말한 실험 환경에서는 처벌을 내리는 사람이 자기 돈으로 다른 구성원을 제재한다. 현실에서는 공적 기관이 처벌을 집행한다. 하지만 이런 기관은 세금으로 운영되는 공공재다. 자기 손으로 사기꾼을 벌하는 개인은 에너지와 시간, 상대가 앙갚음할지 모를 위험 같은 다른 비용도 치른다. 정리하자면 처벌이 집단 내 협력을 늘릴 수도 있다. 하지만 그 편익은 무임승차자를 단속하는 데 투자를 했든 안 했든 모든 구성원이 함께 나눈다.

처벌은 남을 해롭게 하는 행위다. 하지만 처벌하는 사람이 직접 비용을 치르면서까지 집단 수준의 편익으로 보이는 것을 제공하니, 이는 친사회적 행위일 수도 있다. 그러므로 남을 처벌하겠다는 결심은 투자 게임을 토대로 생성된 또 다른 공공재 게임이다. 이런 까닭에 처벌을 '2차 공공재'라 부르고, 처벌에 나서지 않는 사람에게 '2차 무임승차자'라는 꼬리표가 붙는다.

처벌을 협력의 한 형식, 그러니까 2차 공공재로 보면 '사람은 처벌받지 않으려고 협력한다'라는 주장의 순환 논법이 드러난다. 처벌은 대개 협력을 장려한다. 이는 인류 역사에서 우리가 어떻게 가까운 일가친척 너머로 협력의 범위를 넓혔는지를 설명하는 중요한 이유다. 하지만 우리가 왜 협력하느냐는 물음의 답으로 '처벌'을 말한다면 또 다른 난관을 마주하게 된다. 협력에서 문제가 되는 동기가 처벌 기제에도 존재하기 때문이다. 우리는 이를 어떻게 설명해야 할까?

비용이 드는데도 불구하고 사람들이 왜 처벌에 나서느냐는 물음에 대한 답을 하나 제시하자면, 우리가 명백히 처벌을 즐기기 때문이다. 친사회적 선행이나 다른 보람찬 활동을 할 때 뇌에서 활성화하는 보상 영역은 남을 벌할 기회를 잡을 때에도 밝게 빛난다.[7] 아이들조차 못된 친구가 마땅한 벌을 받는 모습을 지켜볼 때 짜릿함을 느낀다. 꼭두각시 인형극을 이용한 연구에서 아이들은 못된 인형이 다른 인형한테 맞는 모습을 계속 보려고 진짜 돈을 지불했다.[8] 실제로 우리 인간은 사회적 사기꾼을 벌하고자 하는 성향이 무척 강하다. 오죽하면 자신이 직접 연관되지 않은 상황에서조차 피해자를 대신해 사기꾼을 벌줘야겠다는 의욕을 느끼는 '제3자 처벌third-party punishment' 현상을 보인다.

사회적 사기꾼을 혼내주면 기분이 좋을 수 있다. 하지만 우리 뇌가 비용이 들고 위험할 수도 있는 이러한 행위를 즐기도록 설계된 까닭은 무엇일까? 대체로 진화는 위험하거나 비용이 큰 행동을 달갑지 않게 인식해 피하도록 우리 심리를 설계했다. 고통은 뇌가 우리에게 몸 어딘가에 부상을 입었으니 더는 다치지 않게 조심하고 이미 일어난 피해를 복구하라고 알리는 신호다. 배고픔 역시 밥 먹을 시간을 알리는 신호다. 반대로, 장기적 관점에서 볼 때 이익을 불러오는 행동은 대체로 즐겁거나 재미있다. 이런 느낌은 당장은 비용이 들더라도 나중에는 이익이 되는 행동에 참여하고 싶은 마음이 들게 한다. 섹스가 대표적인 예다. 인간은 다른 종에 견줘 섹스를 많이 한다. 섹스를 즐겁게 느끼기 때문이다. 하지만 섹스는 비용이 꽤 많이 드는 행동이다. 먼저 시간을 소비한다. 섹스를 하지 않으면 그 시간에 다른 일을 할 수 있다. 또한 질병에 노출될 위험도 높인다. 게다가 많은 동물이 교미할 때 포식자에게 특히 취약해진다. 하지만 이러한 단기 비용이 들더라도 짝짓기는 직접 번식으로 이어질 확률을 꽤 높인다. 결국 우리 뇌가 분명한 이익이 쌓이는 행동을 즐겁게 느끼도록 설계되었다고 보는 것이 타당하다.

협력과 처벌은 섹스와 비슷하다. 당장은 비용이 들어도 나중에 이익을 불러올 가능성이 있다. 그런 까닭에 우리 뇌가 이런 행동을 즐기도록 설계되었을 수 있다. 처벌에 나서는 사람들은 실제로 그런 투자를 통해 혜택을 본다. 이런 가능성을 구체적으로 보여준 사례로 내가 오스트레일리아 해변의 작은 섬에서 실행한 실험이 있다. 이 분야의 기존 연구와 다르게 내가 실험을 진행한 대상은 사람이 아니었다. 내 실험 대상은 물고기였다.

∴ ∴ ∴

　오스트레일리아에 자리 잡은 세계 최대의 산호초지대인 대보초Great Barrier Reef에는 청줄청소놀래기라는 작은 물고기가 산다. 이 물고기는 우리와 놀랍도록 비슷하다. 나는 2010년부터 지금까지 동료인 레두안 브샤리Redouan Bshary와 함께 이 청소부 물고기의 행동을 연구했다. 우리가 연구를 수행한 곳은 리저드섬연구소로, 퀸즐랜드 북부의 케언스에서 비행기로 한 시간 거리인 코딱지만 한 리저드섬(도마뱀섬)에 있다. 리저드섬은 1770년에 제임스 쿡James Cook 선장이 이곳을 자유롭게 돌아다니는 커다란, 그래서 조금 위험한 왕도마뱀을 보고 붙인 이름이다. 쿡 선장이 이 험난한 지역의 다른 곳에 고난곶Cape Tribulation, 피곤만Weary Bay 같은 이름을 붙인 걸 보면 틀림없이 리저드섬을 좋아했으리라 생각된다. 리저드섬에 가보면 쿡 선장의 마음에 쉽게 공감할 수 있다. 하늘에서 바라봤을 때 초승달처럼 생긴 이 작은 섬을 하얀 해변과 산호초가 에워싸고 있고, 그 주변으로 하늘빛을 그대로 담은 바다가 펼쳐진다. 마치 한 폭의 그림 같다. 나 역시 처음 그곳을 보자마자 이곳이 좋은 현장 연구 장소가 되리라 생각했다.

하지만 안타깝게도 열대섬의 일상은 상상했던 것보다는 매력이 훨씬 떨어졌다. 청줄청소놀래기의 행동을 제대로 이해하기 위해 실험실에서 연구해야 했기 때문이다(청줄청소놀래기는 걱정 마시길! 연구를 끝낸 뒤 물고기들은 다시 산호초로 돌려보냈다). 리저드섬에서 내 일상은 해변에서 피냐 콜라다를 홀짝거리기는커녕, 청줄청소놀래기에게 먹일 먹이를 만들거나 수조가 놓인 실험실에 갇힌 채 모기를 쫓아가며 청줄청소놀래기의 행동을 꼼꼼히 관찰하는 것이었다.

청줄청소놀래기는 산호초 지역의 미용사다. 우리가 청소 기지라고 부른 작은 영역을 차지하고 '고객', 그러니까 산호초에 사는 다른 물고기들에게 청소 서비스를 제공한다. 주로 고객의 피부에서 체외 기생충과 다른 여러 해로운 물질을 없애고, 덤으로 긴장을 풀어주는 가슴지느러미 마사지로 고객의 스트레스를 낮춰준다(사람과 마찬가지로 물고기도 마사지를 받으면 스트레스가 줄어든다!). 이러한 정기 청소는 고객 물고기가 건강을 유지하는 데 중요한 역할을 한다.

청줄청소놀래기는 고객에게 대체로 뛰어난 서비스를 제공한다. 그런데 이따금 고객의 점액과 비늘 같은 생체 조직을 물어뜯는 속임수를 쓰기도 한다. 점액은 체외 기생충보다 영양분이 많고, 자외선을 흡수하는 아미노산이 함유되어 있어 먹는 자외선 차단제 역할을 한다. 구미가 당기게 들리지는 않지만 체외 기생충보다 맛도 훨씬 좋다. 만약 고객이 마취 상태라 물려도 아무 반응을 보이지 않는다면 청줄청소놀래기는 기꺼이 체외 기생충이 아닌 점액과 비늘을 주로 먹을 것이다.[9]

물론 이때는 청줄청소놀래기와 고객의 이익이 충돌한다. 고객은 청줄청소놀래기가 체외 기생충을 없애주기를 바라고, 청줄청소놀래기는 점액과 비늘을 더 먹고 싶어 한다. 이 갈등을 해결해야 청소-먹이 교류의 협력을 유지할 수 있다. 물론 겉보기에는 이 물고기가 우리와 닮은 점이 그다지 없어 보인다. 하지만 산호초에 사는 이 작은 물고기는 커다란 사회 속에 사는 사람과 비슷한 사회 문제를 마주한다. 두 종 모두 낯선 상대와 짧게 마주치곤 하는데 이때 공동의 성과를 고려하면 협력하는 편이 더 낫다. 하지만 동시에 얌체 짓을 하고 싶은 유혹도 끊이지 않는다. 놀랍게도 진화가 찾은 협력을 강조하는 과정의 기제는 두 종에서 모두 비슷했다. 청줄청소놀래기와 인간의 태도가 보이는 유사성은 더 일반적인 요점을 드러낸다. 진화 계통수에서 얼마나 가까이 위치하느냐가 '인간답다'라고 생각하는 특징을 관찰하기에 더 적절하다는 의미는 아니다. 그보다는 생태학적 관점으로 시야를 넓혀 특정 행동을 선호한 물리적·사회적 환경이 어디일지를 찾는 편이 더 낫다. 그래야 인간과 다른 종의 행동을 더 충실하게 비교할 수 있다.

∴ ∴ ∴

알고 보면 처벌은 물밑에서 협력을 유지하는 주요 수단이다. 그 이유를 이해하려면 청줄청소놀래기의 생활 방식을 살펴봐야 한다. 청줄청소놀래기는 수컷 한 마리와 암컷 여러 마리가 무리를 이뤄 산다.* 청소 기지에 고객 물고기가 들를 때 대체로 청줄청소놀래기 한 마리가 혼자 고객의 상태를 점검하는데, 간혹 커다란 물고기가 들를 때는 수컷과 암컷이 짝을 이뤄 함께 점검할 때도 있다.

잠시 당신이 고객 물고기라고 해보자. 청줄청소놀래기 한 마리가 아니라 두 마리에게 서비스를 받을 때 무슨 생각이 들겠는가? 딱히 환호하지는 않을 것이다. 왜 그럴까? 이 상황에서 청줄청소놀래기 두 마리가 마주한 동기를 생각해보라. 알다시피 청줄청소놀래기는 체외 기생충보다 점액을 더 먹고 싶어 한다. 두 청소부 중 하나가 이 유혹에 무릎 꿇으면 고객이 발끈해 떠나버릴 것이다. 점심거리가 사라지면 두 청줄청소놀래기 모두 배고픔에 시달려야 한다. 그러므로 바닷속 죄수의 딜레마 상황이 펼쳐진다. 이제 두 청줄청소놀래기는 상대가 먼저 고객을 물어뜯

---

* 흥미롭게도 청줄청소놀래기는 태어날 때 모두 암컷이다. 하지만 많은 물고기와 마찬가지로 성별을 바꿀 수 있어 특정 크기가 되면 수컷으로 바뀐다. 암컷은 무리 내 수컷이 사라지거나 기존 수컷보다 자신이 더 커지면 수컷으로 바뀐다. 짝짓기 상대가 경쟁자가 될 수 있다는 사실이 청소-먹이 교류에서 수컷과 암컷의 갈등을 더 악화시킨다.

어 이익을 얻기 전에 자기가 먼저 이익을 얻고자 최악을 향한 경주race to the bottom를 벌일지도 모른다.

물론 이런 일이 벌어질 때 진짜 손해를 보는 쪽은 고객 물고기다. 따라서 고객 물고기는 이런 상황을 무척 경계해 자신이 바라는 만점짜리 대우는커녕 두 청줄청소놀래기에게 끔찍한 서비스를 받으리라 예상한다. 하지만 실제로는 반대 상황이 벌어진다. 두 청줄청소놀래기에게 청소 받는 고객이 한 마리에게 청소받는 고객보다 훨씬 나은 서비스를 받는다. 그리고 서비스 질을 높이는 쪽은 거의 암컷이다. 도대체 어찌 된 일일까?

처음에 바닷속 청줄청소놀래기를 관찰해보니 암수 한쌍이 공동으로 청소하는 동안 수컷은 암컷의 행동을 감독하는 듯했다. 고객이 갑자기 몸서리를 치거나(물렸다는 신호다) 청소 기지를 떠나버리면 수컷이 암컷에게 책임을 묻는 듯 행동한 것이다. 고객이 떠나면 수컷이 암컷 뒤를 줄기차게 쫓아다니며 날카로운 이빨로 지느러미를 뭉텅이째 찢어놓곤 했는데 마치 수컷이 암컷을 벌주는 것 같았다. 진짜 피해자는 수컷이 아니라 고객이니 이는 매우 희한한 행동이다. 수컷이 고객을 대신해 암컷을 벌주는 행위는 인간 세계의 제3자 처벌과 매우 비슷하다. 제3자 처벌은 벌하는 사람의 집단에 이익이 되도록 설계된 이타 행동이자, 우리 인간에게서 대규모 초협력 사회를 탄생시킨 주요 요소다. 그렇다면 청줄청소놀래기도 비슷한 행동을 하는 게 아닐까? 무슨 일이 벌어지는지 가늠하려면, 그리고 수컷이 정말로 암컷을 벌하는지 알기 위해서는 이 행동을 실험실에서 더 자세히 살펴봐야 했다.

실험실 수조로 옮겨온 청줄청소놀래기는 임시 거처에 쉽게 적응했고, 아크릴판에서 먹이를 먹는 훈련도 아주 쉽게 익혔다. 실험실에서는 이 아크릴판을 모형 고객으로 삼아 청줄청소놀래기에게 두 가지 다른 먹이를 제공했다. 하나는 으깬 새우(청줄청소놀래기가 사랑해 마지않는 먹이다), 하나는 시판용 생선가루를 갠 떡밥(새우만큼 좋아하지는 않는 먹이다)이었다. 청줄청소놀래기가 더 좋아하는 먹이가 있다는 사실은 많은 도움이 되었다. 진짜 고객과 상호작용할 때 마주하는 것과 비슷한 상황, 즉 좋아하는 먹이와 좋아하지 않는 먹이 사이에서 선택해야 하는 상황을 만들 수 있기 때문이다. 우리는 생선가루 떡밥을 먹으면 계속 모형 고객한테서 먹이를 얻을 수 있지만 으깬 새우를 먹으면 모형 고객이 '달아난다'(아크릴판에 달린 손잡이를 이용해 수조에서 재빨리 판을 빼냈다)라고 훈련했다. 즉 생선가루 떡밥을 먹는 것은 체외 기생충을 먹는 것과 같고, 으깬 새우를 먹는 것은 고객을 속여 점액을 먹는 것과 같았다. 청줄청소놀래기는 선호하지 않는 먹이를 먹는 법을 놀라울 정도로 빠른 속도로, 거의 여섯 번 안팎의 훈련으로 배웠다. 이토록 학습이 빨랐던 이유는 우리가 가르친 규칙에 청줄청소놀래기가 산호초에서 진짜 고객 물고기를 상대할 때 하루 평균 거의 2,000번씩 고민하는 판단의 기본 특성을 포함하였기 때문이다. '좋아하는 먹이를 먹을까, 말까?'

우리가 가정한 처벌 체계를 확인하고자, 2010년에 동료 레두안이 청줄청소놀래기 여덟 마리를 잡아 실험실로 가져왔다. 그해 여름 몇 주 동안 꽤 공을 들인 실험이 이어졌다. 나는 의료용 핀셋으로 아크릴판에 생선가루 떡밥과 으깬 새우를 조금씩 올려놓은 뒤 청줄청소놀래기가 뜯어 먹도록 수조에 넣었다. 암수 두 마리가 공동 고객을 점검하는 상황을 만들고자, 두 마리가 같은 아크릴판에서 먹이를 먹게 하고서 한 마리가 으깬 새우를 먹을 때까지, 즉 속임수를 쓸 때까지 기다렸다. 그리고 그 순간 고객이 청소 기지를 냅다 떠나는 상황을 흉내 내 아크릴판을 제거했다.

처벌 환경에서 수컷과 암컷이 같은 모형 고객한테 먹이를 얻었으므로 청소-먹이 교류 결과가 좋지 않으면 수컷이 암컷을 실컷 혼냈다.[10] 수컷은 암컷의 속임수에 거친 공격으로 앙갚음했고 걸핏하면 암컷을 쫓아 수조를 빙빙 돌았다. 수컷도 자주 속임수를 썼지만 쉽게 처벌을 피했다. 암컷은 수컷보다 작은 데다 서열이 낮아서 얌체 짓을 하는 수컷을 한 번도 처벌하지 못했다. 수컷 청줄청소놀래기는 위선적인 불량배와 비슷하다. 암컷이 자기 말대로 움직이기를 바라면서도 자신은 제멋대로 행동한다. 딱한 암컷은 수컷에게 툭하면 괴롭힘과 위협을 당해 안전한 호스 속으로 자주 몸을 숨겼다. 처벌은 암컷의 행동을 수컷이 바라는 대로 바꾸는 효과가 있는 듯했다. 수컷에게 거칠게 혼나고 나면 암컷은 잇단 실험에서 더 협력하는 태도를 보였고, 새우를 먹고 싶은 유혹을 억누르고 생선가루 떡밥을 더 많이 먹었다.

하지만 수컷의 처벌로 암컷이 태도를 바꾼다는 예측을 제대로 검증하려면 대조군이 필요했다. 암컷과 수컷이 같은 아크릴판에서 먹이를 먹으면서도 수컷이 암컷을 혼내지 못하게 막을 수 있는 상황을 만들어야 했다. 그래서 수조에 딱 맞게 들어가는 투명한 플라스틱 장벽을 만들었다. 이 칸막이 덕분에 두 물고기를 수조 양쪽에 분리해 가두면서도 같은 모형 고객과 상호작용하게 할 수 있었다. 암컷과 수컷이 서로 볼 수 있고 같은 모형 고객에서 함께 먹이를 얻었지만 고객과 접촉이 끝났을 때 수컷이 암컷을 쫓아다니며 거칠게 혼낼 수 없었다. 예상대로 이 실험에서는 암컷이 자유롭게 활개를 쳤고 계속 속임수를 써가며 좋아하는 먹이를 먹었다.

분명히 고객을 대신한 개입이지만 수컷 청줄청소놀래기의 동기는 이타주의와는 거리가 멀다. 수컷에게는 암컷이 어떻게 행동하느냐에 확고한 이해관계가 달려있다. 점심거리가 때 이르게 떠날뿐더러 다른 선택지가 있는 고객이라면 질 떨어지는 서비스를 받았던 청소 기지를 기억하고서 다시는 그곳을 찾지 않을 것이다. 그러므로 수컷 청줄청소놀래기는 자신은 선을 넘을 때조차 암컷은 선을 넘지 못하게 막아 이익을 얻는다. 우리 실험에서는 수컷이 협력하는 암컷과 먹이를 구할 때 공동 고객한테서 먹이를 더 많이 얻었다. 이론상으로는 산호초에서 실제 고객과 교류할 때도 같은 결과가 나올 가능성이 크다.

우리는 이 연구에서 왜 인간이 사회적 딜레마에서 서로 처벌하는지를 이해할 다른 관점을 얻을 수 있었다. 한 가지 공통된 관점은 인간 세계에서는 처벌이 집단의 이익에, 우리가 살아가는 공동체가 더 협력해 더 성공하도록 하는 데 초점을 맞춘다는 것이다. 그런데 이를 대체할 더 간단한 관점이 있다. 처벌이 집단에 이익인지와 상관없이, 처벌하는 사람 자신이 이런 투자로 이익을 얻는다는 것이다. 처벌하는 사람이 이익을 얻을 확실한 방법은 응징자라는 평판을 얻는 것이다. 남을 벌한다는 것은 속임수를 참지 않는다는 증거이므로 사람들이 그런 상대와 마주할 때 협력하거나 굴복할 가능성이 크다. 처벌은 구경꾼에게도 신호를 보낸다. 처벌하는 사람이 스스로 비용을 떠안고서라도 협력에 힘을 실을 각오가 된 공정한 개인이라는 신호를 말이다(로빈 후드를 떠올려보라).

여러 실험에 따르면 벌주는 사람(실험용 돈을 어느 정도 써서라도 사기꾼이나 무임승차자에게 벌금을 매기는 사람)이 협력 게임에서 더 신뢰받고, 용맹한 행위로 남들에게 더 많이 보답받는다.[11] 요약하면 이런 연구들은 처벌에 투자하는 것이 집단의 이익 관점에서만 이해할 수 있는 행동이라는 생각에 의문을 던진다. 또 여러 상황에서 처벌 집행자들이 결국은 자기 이익을 추구하리라는 것을 알 수 있다.

평판으로 설명할 수 있는 것은 우리가 남을 처벌하는 이유만이 아니다. 평판은 우리 인간이 보이는 이해하기 어려운 행동도 설명한다. 바로 앞장에서 만났던 스티븐과 세라를 떠올려보자. TV 쇼 〈골든볼〉의 마지막 장면을 장식한 두 경쟁를 기억하는가? 우리는 지금껏 우리 인간이 중요한 관계를 유지하고 남에게 처벌받을 위협을 피하고자 자주 협력하는 모습을 살펴봤다. 하지만 반복되는 상호작용의 논리도, 처벌 위협도 왜 스티븐이 세라와 상금을 나누는 쪽을 선택했는지는 설명하지 못한다. 〈골든볼〉에서의 선택은 명백한 일회성 상호작용이다. 스티븐과 세라는 상금을 나눌지 훔칠지를 딱 한 번 선택한 뒤 각자 자기 삶을 살아갈 생판 남이다. '훔친다'를 선택할 때 처벌 위협이 따르지도 않고, 미래의 그림자가 이 특이한 관계에 어른거리며 남아있지도 않다.

　그런데 이처럼 반복될 가능성이 거의 없어 보이는 만남에서조차 협력하는 것이 이득인 또 다른 이유가 있다. 바로 평판이다. 이 방송이 불편하면서도 그토록 눈길을 사로잡는 까닭은 우리 대다수가 세라가 그랬던 것과는 비교할 수 없을 정도로 더 많이 평판을 우려하기 때문이다. 세라가 아무도 모르게 그런 결정을 내렸더라면 우리는 그렇게까지 눈살을 찌푸리지 않았을 것이다. 하지만 다른 사람들이 자신의 행동을 보고 판단할 수 있는 공개 장소에서, 그것도 방송에서 누군가를 속이기로 한 세라의 결정은 입이 다물어지지 않을 만큼 놀랍다. 이렇게 대놓고 이기심을 드러낸 세라와 달리 우리 대다수는 대체로 남이 자신을 어떻게 생각하는지에 신경 쓰는 듯 행동함으로써 뛰어난 자질은 돋보이게 하고 결점은 감춰 자신을 드러낸다. 남이 나를 어떻게 생각하는지에 신경 쓰는 것은 자연선택이 우리 심리에서 특별히 갈고닦은 부분이다. 그런데 왜 그랬을까?

소중한 평판

수컷 공작의 꽁지깃, 그걸 볼 때마다 화가 치민다네![1]
찰스 다윈

당신이 나와 다르지 않다면 온라인 쇼핑몰에서 물건을 살지
말지 판단할 때 구매자들의 만족도를 확인할 것이라 확신한다.
평판이 좋은 사람을 선택할 때 마음을 놓을 수 있는 까닭은, 판
매자가 어렵게 쌓은 평판을 얄팍한 속임수 때문에 위태롭게 만
들지는 않을 것이라고 생각하기 때문이다. 평판의 근간은 상대
에 대한 정보다. 우리는 상대가 과거에 한 일을 바탕으로 그 사
람이 앞으로 어떻게 할지를 추론한다. 즉, 우리는 평판을 바탕으
로 남을 평가한다. 또 보는 눈이 있을 때는 더 협력해 자기 이미

지를 관리하려 하고, 보는 눈이 적을 때는 덜 협력한다. 그러므로 평판을 쌓고 관리하는 것은 일종의 투자다. 그중에서도 장기간에 걸쳐 이익을 배당받는 형식의 투자다. 온라인 쇼핑몰 판매자가 쌓은 평판은 실제 수익으로 보상받는다. 같은 제품이라도 구매 만족도가 높은 판매자는 평판이 그저 그런 판매자보다 더 높은 가격을 매길 수 있다.

사람들은 대체로 평판의 가치를 잘 아는 듯 행동한다. 수많은 실험에 따르면 사람들은 자신의 행동이 남들 눈에 띄지 않을 때보다 남들에게 알려질 것 같을 때 더 너그럽게 행동한다. 노련한 정책 입안자들은 이런 통찰을 이용해 큰 비용을 들이지 않고 시민들을 자극해 사회적으로 바람직한 행동을 끌어낸다. 2013년에 어느 미국 연구진이 캘리포니아의 한 전기회사와 협력해 평판 보상이 참여를 독려하는지 살펴봤다.[2] 이 전기회사는 전기 수요가 높을 때 지나친 전기 사용을 제한하는 장치를 설치하도록 권장했는데, 그전까지는 전기 절감 활동에 참여하는 가구에 현금 25달러를 장려금으로 제공하는 방식을 택했다. 회사는 이 방식이야말로 전기 절감에 참여를 독려할 가장 간편하고 효과적인 방법이라고 굳게 믿었다.

하지만 연구진의 생각은 달랐다. 그들은 자신의 아이디어를 확인해보기 위해 아파트 단지 내 가장 눈에 잘 띄는 곳에 신청서를 붙여두었다. 이 신청서를 통해 거주자는 자신이 전기 절감 활동에 참여했다고 이웃에 알리는 동시에 누가 참여했는지를 살펴볼 수 있었다. 결과는 놀라웠다. 거주자가 자신의 선행을 남에게 알릴 수 있게 한 이 간단한 묘책이 현금 장려책보다 무려 일곱 배 넘는 효과를 끌어냈다.

이러한 심리를 반대로 이용할 수도 있다. 타인이 자신의 행동으로 자신을 판단할 가능성을 없애면 반대 효과가 나타나 사회적으로 바람직한 행동이 줄어들 수 있다. 좋은 의도로 펼친 정책이 때로 역효과를 내는 까닭도 그래서일 것이다. 한 예로 스위스에서는 투표율을 높이기 위해 우편 투표를 도입했는데 효과가 그다지 크지 않았다.[3] 투표소에 가지 않아도 되는 상황에서는 민주주의에 참여한다는 평판 이익을 쌓을 수 없어서였을 것이라 추측한다.

이미지를 의식하는 종은 우리만이 아니다. 청줄청소놀래기는 여기서도 우리와 놀랍도록 비슷하다. 그들은 남에게 잘 보이려 애쓴다. 알다시피 청줄청소놀래기와 고객 물고기는 이해가 충돌한다. 고객은 청줄청소놀래기가 기생충을 없애주길 바라고 청줄청소놀래기는 고객의 점액과 비늘을 먹고 싶어 한다. 인간과 달리 청줄청소놀래기와 고객 물고기는 한자리에 앉아 대화를 나눌 수 없고, 형편없는 서비스에 평가를 남기지도 못한다. 그런데도 양쪽이 우리와 놀랍도록 비슷한 방식으로 긴장을 해소한다.

고객이 청줄청소놀래기에게 계속 정직한 청소 서비스를 받는 방법은 지느러미로 의사를 표시하는 것이다. 행동반경에 있는 청소 기지 여러 곳을 다니는 몇몇 고객은 기준 이하의 서비스를 참을 이유가 없다. 이런 '까다로운' 고객은 프리마돈나처럼 행동한다. 자신에게 당장 관심을 기울이라고 요구하며 청소 서비스를 받기 위한 줄 서기를 거부한다. 청소 기지에서 마음에 들지 않은 상황을 보면(이를테면 청줄청소놀래기와 현재 고객이 다투는 모습을 보면) 다른 곳에서 더 나은 서비스를 받으려고 바로 자리를 뜬다.[4]

프리마돈나는 더 나은 서비스를 요구한다. 그리고 그런 서비스를 얻어낸다. 일반 고객이 기생충 제거 서비스를 받으려면 줄을 서야 하지만 이 까다로운 고객은 곧장 대기 줄 맨 앞으로 안내받는다. 훨씬 놀라운 사실도 있다. 진화행동생태학을 연구하는 애나 핀토Ana Pinto가 박사 과정 때 진행한 연구에 따르면 청줄청소놀래기는 까다로운 고객이 가까이에서 지켜볼 때 현재 고객에게 더 주의를 기울인다.[5] 이는 청줄청소놀래기가 어설프나마 평판에 신경 쓴다는 생생한 증거다. 이런 반응은 자연계에서 무척 보기 드문 일이다. 사람도 여덟 살 안팎이 될 때까지 평판 관리에 익숙하지 않아 애를 먹는다.[6] 다른 대형 유인원 가운데도 남이 자신을 어떻게 생각하는지 알거나 신경 쓰는 종이 있다는 증거는 거의 찾아볼 수 없다.[7]

청줄청소놀래기가 다른 종과 달리 평판에 신경 쓴다고 해서 침팬지나 인간 아이보다 더 영리한 면이 있다는 뜻은 아니다. 청줄청소놀래기가 인간이 아동기를 거치며 발달시켜 사용하는 인지 전략을 사용해 평판을 관리할 것 같지는 않다. 우리 인간이 평판을 관리하려면 다른 사람의 관점에서 볼 줄 알아야 하고, 다양한 상황에서 남이 생각하는 내 신용과 인상이 어떻게 바뀔지를 추론해야 한다. 게다가 실제로 일어나지 않은 상황에서도 다른 사람의 생각을 읽어낼 줄 안다. 그래서 자신이 탈세하거나 노벨상을 받는다면 사람들이 어떻게 생각할지 상상할 수 있다. 또 남에게 들키지 않고 어떤 행동을 했을 때 무슨 일이 벌어질지도 안다. 우리는 힘들이지 않고 이런 몽상을 해내지만 이러한 추론은 뇌에 부담이 큰 계산이다. 따라서 인간 말고는 다른 어떤 종도 하지 못한다. 청줄청소놀래기도 이런 식으로 평판 관리를 하지 않는다. 정확히 말하면 훨씬 더 단순한 연관 학습에 기반한 기술을 사용할 가능성이 크다. 고객이 좋은 서비스를 받지 못하거나 다른 고객이 물리는 모습을 보면 기다리던 고객이 자리를 뜬다는 사실을 오랜 시간에 걸쳐 배우는 것이다. 그러므로 속임수를 쓰는 청줄청소놀래기는 고객이 자리를 뜰지는 예측할 수는 있어도 왜 고객이 떠나는지는 이해하지 못한다.

평판 관리에는 교육의 발생, 그리고 교육을 뒷받침하는 인지 능력에서 발견한 특징과 무척 비슷한 점이 있다. 교육에서는 학생이 무엇을 알고 모르는지를 파악하는 강한 인지 능력이 필요하다. 하지만 언제나 반드시 그런 것은 아니다. 개미, 알락노래꼬리치레, 미어캣은 교사 역할을 하지만 적어도 우리가 알기로는 학생이 무엇을 알고 있는지 인지하지는 못한다. 평판 관리도 비슷하다. 인간은 남이 생각하는 자신의 신용과 인상을 추론할 줄 아는 능력에 의지해 평판 관리를 하는 듯하지만 반드시 그런 것은 아니다(청줄청소놀래기는 그런 능력에 의지하지 않는다). 평판 관리는 인간과 다른 종이 다른 인지 경로를 거쳐 같은 행동에 다다른 또 다른 사례로 보인다.

다른 사람의 평판을 추적하고 감시할 장치가 없다면 모든 인간 사회의 특징인 복잡한 상호 거래 체계도 출현하지 않았을 것이다. 죄수의 딜레마에서 협력이 그렇듯, 시장에서 일어나는 거래도 위험을 무릅써야 하는 행동이라 상대가 배신자가 아닌 협력자여야만 성공한다. 거래가 가치 있으려면 개인들이 서로 신뢰해야 한다. 대부분의 거래에서는 양손으로 자원을 주고받는 동시 교환이 일어나지 않는다. 거래는 비동기 교환인 경향이 있기 때문에 누구든 먼저 패를 보이는 사람이 착취당하기 쉽다.

예컨대 우리는 식당에서 웨이터가 음식을 내올 때마다 값을 치르지 않는다. 식당은 손님이 마지막에 밥값을 치르리라 믿고 먼저 음식을 내준다. 패스트푸드 음식점에서는 반대다. 손님이 음식을 받으리라 믿고서 돈부터 낸다. 모든 거래에서 자원을 완벽하게 동시에 교환할 방법을 찾아내더라도 위험 요인을 모두 해결하지는 못한다. 거래자 사이에 정보 비대칭이 일어나 질이 떨어지는 물건으로 상대를 속일 수 있기 때문이다. 이는 현실과 동떨어진 공상이 아니다. 2013년에 영국에서 말고기 파동이 일어났다. 당시 여러 슈퍼마켓이 말고기를 소고기로 속여 팔다가 적발되었다. 이 사건은 판매자가 구매자에게 어디까지 정보를 숨길 수 있는지, 그런 위반이 드러났을 때 신뢰가 얼마나 떨어지는지를 보여준다.[*]

신뢰 부족은 서로 이익이 되는 거래를 방해할 수도 있다. 이를 해결하기 위한 한 가지 해법은 상위 당국의 법 집행을 활용하는 것이다. 사회적 계약을 위반한 사람을 붙잡아 벌주는 다양한 기관(경찰, 법원 등)이 존재하는 현대 산업 사회에서는 흔한 방식이다. 이런 기관도 나름대로 중요하고 거론할 가치가 있지만 거래 당사자 사이에 신뢰가 출현한 까닭을 알려줄 유일한 설명은 아니니 잠시 뒤로 미뤄놓자. 무엇보다도 이런 고차원 공공재를 만들어낸 자체가 협력의 한 형식이다(어쨌든 경찰은 납세자가 낸 세금으로 월급을 받는다). 이런 기관이 협력의 기반이 되는 중요한 기둥 노릇을 한다고 생각하면, 우리가 애초에 이런 기관의 공급 문제를 어떻게 해결했느냐는 물음이 떠오른다. 게다가 사회적 딜레마를 해결하는 데 언제나 정부 당국이 필요하지도 않다.

[*] 이 사건에 연루된 테스코는 말고기 파동에 따른 주가 하락으로 3억 파운드에 이르는 손실을 본 것으로 추정된다.

청줄청소놀래기는 정부 당국 없이도 문제를 헤쳐나가고, 인간도 여러 시장에서 스스로 문제를 해결한다.

예컨대 온라인에서 마약, 무기 같은 불법 상품을 사고파는 다크웹Dark Web이 어떻게 신용을 관리하는지 살펴보자. 온라인 마약 거래에 관련된 사람은 거래 상대가 사기를 치더라도 경찰에 호소할 길이 거의 없다. 설사 그럴 수 있더라도 경찰이 돕는 데는 한계가 있다. 이런 암시장에서는 모든 거래를 익명으로 진행하고, 거래자는 자신의 신원이나 장소를 드러낼 만한 자료를 암호화 소프트웨어로 모조리 지운다. 누구인지 모를 범죄자끼리 상호작용하고 법을 뒷받침할 당국이 없는 시장이니 신뢰가(그리고 거래가) 거의 존재하지 않으리라 예상된다. 하지만 다른 온라인 플랫폼과 마찬가지로 다크웹에서도 별점과 평가를 포함한 평판 체계를 바탕으로 시장이 번성한다. 2017년에 한 분석가가 어느 다크웹의 한 달 치 판매 자료를 긁어모아 추정해보니 그해 예상 매출이 자그마치 약 3억 9,000만 달러에 이르렀다.[8]

교도소의 갱단도 비슷한 기능을 한다. 여기서는 개인이 아닌 집단의 평판을 유지한다. 정치학자 데이비드 스카벡David Skarbek은 갱단이 주로 인종에 따라 무리를 이루기는 해도 인종 간 폭력을 조장하지는 않는다고 주장했다.[9] 실제로 교도소에 갱단 숫자가 치솟자 살인율이 떨어졌다. 독특하게도 교도소 갱단은 거래할 만한 가치가 있는 조직이라는 평판을 유지하는 임무를 맡는 듯하다. 이들은 교도소 안팎에서 마약과 여러 밀수품을 원활히 거래할 수 있도록 여러 갱단 사이에 협력과 신뢰를 조성한다. 갱단에 속한 조직원들은 동료 조직원의 행동을 신중하게 단속한다. 누구든 속이거나 훔치거나 갱단의 평판을 더럽히면 '골칫거리 명단'에 올리고 눈에 띄는 즉시 공격한다. 이런 내부 단속은 갱단 사이에 갈등이 폭발하지 않게 막고 거래에 걸림돌이 생기지 않게 통제한다.

처벌과 마찬가지로 공식 평판 체계도 제도 형태를 띤다. 평판 체계를 통해 보통은 신뢰가 낮은 상황에서 상대에게 협력할 동기가 있다고 서로 안심하는 상황으로 바뀐다. 이런 평판 체계가 없으면 에어비앤비Airbnb, 우버Uber, 리프트Lift 같은 플랫폼이 존재하지 못할 것이다.

그런데 평판 체계는 현대의 발명품이 아니다. 실제로 중세 유럽에서도 다른 사람의 정보를 캐는 제도적 장치를 활용해 낯선 땅에서 원활하게 상거래를 진행했다. 11세기에 해외에 물건을 팔려던 상인들은 딜레마를 겪곤 했다. 직접 물품을 가지고 해외 시장으로 건너갈까, 아니면 외국의 대리인에게 판매를 맡겨 대신 물건을 팔게 할까? 판매 대리인을 이용하는 게 더 효율적인 선택이었지만 신뢰라는 문제가 따랐다. 판매 대리인이 물건만 챙겨 달아나지 않으리라고 확신하려면 무역업자는 어떻게 해야 할까?

그래서 나온 해법이 당시 지중해를 주름잡은 마그레브 상인들처럼 상인 길드, 즉 정말 믿을 만한 사회구성원만 받아들이는 단체를 만드는 것이었다.[10] 길드에 속한 사람과 사업을 진행하는 한, 상인은 상대가 정직하게 사업에 전념한다고 확신할 수 있었다. 길드에 소속된 상인이 지침을 따르지 않았다가는 길드에서의 추방이라는 훨씬 큰 비용을 치러야 했기 때문이다.

런던 명물인 블랙캡 택시의 기사를 직관적으로 신뢰하는 까닭도 마찬가지다. 블랙캡 기사가 되려면 런던 A지역에서 B지역으로 가는 다양한 경로와 명소를 평균 2년을 들여 달달 외운 뒤, 사악하기로 유명한 시험인 '지식The Knowledge'을 통과해 '고명한택시기사협회Worshipful Company of Hackney Carriage Drivers'의 회원이 되어야 한다. 이 배타적 단체의 회원 자격이 서약 장치와 같은 역할을 하기 때문에 블랙캡 택시의 기사는 제명될 위험을 부담하면서까지 승객을 속여 먼 길로 돌아가지 않는다.

중국에서 개발한 교묘한 사회신용체계社会信用体系도 목적은 같다. 모든 사람과 조직에 평판 점수를 매겨 대상자의 아이를 어떤 학교에 배정할지, 대상자에게 여행 자격이 있는지, 있다면 어디까지 여행할 수 있는지, 데이트 사이트에서 누구와 어울릴지를 판단하는 자료로 쓸 수 있다. 이 평판 체계의 성공을 가늠할 기준은 '믿을 만한 사람은 어디든 돌아다닐 수 있게, 믿지 못할 사람은 한 발짝도 떼기 어렵게' 만드는 것이다.

∴ ∴ ∴

평판 체계에서는 개인이 협력을 통해 차곡차곡 좋은 평판을 쌓아 신임받을 자격이 있음을 스스로 증명한다. 하지만 이런 신호 보내기 체계는 정직하지 못한 모방꾼에게 뒤통수를 맞기도 한다. 산호초에서 청줄청소놀래기는 자신과 똑같이 생긴 검치베도라치Aspidontus taeniatus(검 같은 이빨이라니, 생김새보다 훨씬 무섭게 들린다)와 다툰다. 부끄럽지만 고백하건대 청줄청소놀래기 연구자로 잔뼈가 굵은 나도 이 흉내쟁이 한 마리에게 며칠 동안 속은 적이 있다. 새로 잡은 청줄청소놀래기가 임시 생활 방식에 익숙해지도록 실험실 생활에 길들이고 있을 때였다. 어느 밤, 내가 레두안에게 다른 청줄청소놀래기들은 수조 곳곳을 돌아다니는데 한 마리만은 이상하게도 거의 종일 호스를 은신처 삼아 숨어 지낸다고 알렸다. 이야기 끝에 레두안이 내가 잡은 이상한 청줄청소놀래기를 살펴보더니 웃음을 터뜨렸다. 가만히 숨어있던 그 물고기는 검치베도라치였다! 그제야 그 녀석이 희한하게 행동한 이유를 알게 되었다. 검치베도라치종은 대부분 매복해 상대를 공격하는 습성이 있고 산호초의 좁은 은신처에 몸을 숨기고 기다리다가, 방심한 채 지나가는 먹잇감이 보이면 빠르게 튀어나와 날카로운 이빨로 살점을 물어뜯는다. 검치베도라치는 고객 물고기들이 신뢰하는 청줄청소놀래기와 비슷하게 생겼다는 사실을 이용해 비좁은 장소에 숨었다가 먹잇감을 덮친다.

때로는 청줄청소놀래기도 정직하지 않게 행동해 고객이 자신을 믿도록 속인다.[11] 앞서 봤듯이 청줄청소놀래기는 고객의 점액을 통해 더 많은 영양분은 물론, 먹는 자외선 차단제까지 덤으로 얻는다. 하지만 고객이라고 다 같은 고객이 아니다. 어떤 고객의 점액은 다른 고객의 것보다 영양분이 더 풍부하다. 청줄청소놀래기가 먹이로 스트레스를 많이 받을 때면, 아주 값진 고영양 고객을 속여 자기한테 청소를 받게 만든다. 이를 위해 가까이 있는 다른 고객에게 기분 좋은 지느러미 마사지를 선사한다. "봐요, 나는 고객에게 아주 근사한 서비스를 제공해요. 나를 믿어도 좋다고요."라는 신호를 보내는 셈이다. 하지만 이는 거짓 광고다. 군침 도는 점액이 나오는 고객이 다가오면 청줄청소놀래기는 이 값진 *끈끈한 액체를 냅다 한 덩어리 훑어낸다.*

신호를 이용하여 의사소통할 때 이익을 얻을 수 있으면 거짓이 일어날 빈틈도 언제나 존재한다. 앞서 본 〈골든볼〉에서 세라가 얼마나 쉽게 스티븐을 설득해 믿음을 얻고 끝내 손해를 입혔는지 기억해보라. 그러고 보니 '말은 쉽다'라는 격언에 깊은 생물학적 진실이 담겨있었다. 거짓으로 꾸며내기 쉬운 신호는 신뢰하지 못할 때가 많다. 값비싼 신호는 속일 수 없거나 속인들 얻을 이익이 없으므로 본질적으로 더 믿을 만하다. 인도의 부유한 사업가 다타 푸게Datta Phuge*를 떠올려보라. 푸게는 순금으로

---

* 푸게는 2016년에 금전 문제로 다투다 살해되었다.

만 지은 25만 달러짜리 셔츠를 입어 유명해졌다. 옷의 기능만 따지면 금으로 만든 셔츠는 최악이다. 갓난아이보다 더 무거운 데다 빨 수도 없다. 그리고 셔츠를 입을 때마다 셔츠를 보호할 경호원들을 불러야 했다. 하지만 부의 신호로서 순금 셔츠의 효과는 매우 컸다. 어마어마한 부자 말고 그런 셔츠를 사 입을 생각을 하는 사람이 또 누가 있겠는가?

∴ ∴ ∴

화려한 과시는 그러지 않았다면 드러나지 않았을 자질을 알리는 값비싼 신호일 때가 많다. 자연계에서 눈 뜨고 못 봐줄 정도로 자랑이 심한 종을 따질 때 가장 먼저 떠오르는 것이 공작수컷이다. 숫공작의 꽁지깃은 펼쳤을 때 너비가 1.5미터에 무게가 300그램이나 된다. 그런데 이 꽁지깃은 암컷에게 감탄을 불러일으켜 자신이 바람직한 짝짓기 상대라는 확신을 주는 것 말고는 아무 짝에도 쓸모없어 보인다. 하지만 크기가 전부가 아니다. 알다시피 중요한 것은 무엇이 있느냐가 아니라 그것으로 무엇을 하느냐. 물론 숫공작의 꽁지깃이 크다고 모든 암컷이 몰려오지는 않는다. 그렇게 쉽다면 얼마나 좋을까! 암컷에게 간절하게 구애하고 싶은 수컷이라면 힘차게 자신을 뽐내야 한다. 마음을 놓은 암컷이 경외심에 넋을 잃도록 꽁지깃을 몇 분 동안 정확한 속도로 흔들고, 정확한 각도로 햇빛에 비춰 서 꽁지깃의 영롱한 무늬가 반짝반짝 빛나게 해야 한다.

아찔하게 화려한 과시에는 정직이 깃들어 있다. 그토록 과감한 수단은 정말로 자질이 뛰어난 개체가 써야만 빛을 발한다. 자질이 떨어지는 수컷은 굳이 이런 수단을 쓸 까닭이 없다. 다윈이 보기에는 숫공작의 꽁지깃이 쓸모없는 요란한 과시일 뿐 아무리 따져도 자연선택에 따른 진화론과 맞물릴 길이 없어 화가 치밀었겠지만 암공작은 이 과시에서 수컷이 괜찮은 짝짓기 상대인지를 따질 아주 중요한 정보를 얻는다. 암컷에게는 누구와 짝짓기할지를 신중히 따져서 얻을 이익이 있다. 가장 현란한 수컷을 고르면 살아남아 번식할 자질이 뛰어난 새끼를 낳을 것이기 때문이다.

값비싼 신호가 언제나 꼬리에서 나오는 것은 아니다. 포식자에게 쫓기는 가젤은 제자리에서 통통 튀어 달리는데 이 행동은 가젤의 달리기 솜씨, 그러니까 포식자를 피할 능력을 알리는 정직한 신호 역할을 한다. 먹이를 달라고 목청껏 울어 젖히는 어린 새도 비슷한 역학에 영향받는다. 이런 격렬한 과시에 투자하는 직·간접 비용이 부모 새에게 배고픈 정도를 속일 동기에 이론적 한계를 긋기 때문이다. 직접 비용, 즉 과시에 들어간 열량이 입 안 가득 받아먹은 먹이로 얻는 열량보다 크면 과시하는 의미가 없다.

간접 비용도 마찬가지다. 새끼 한 마리가 먹이를 한 입 더 받아먹으면 형제자매는 그만큼 못 먹는다. 따라서 배불리 먹은 새끼는 자기에게 먹이를 달라고 목청껏(그리고 정직하지 않게) 울어 젖히기보다 형제자매가 먹이를 받기를 '선호'할 것이다. 예상했겠지만 부정직한 신호 보내기는 새끼들이 형제자매와 근연도가 떨어질 때, 그래서 형제자매의 생존에 그다지 신경 쓰지 않을 때 증가한다.

오스트레일리아에 사는 바우어새Ptilonorhynchidae 수컷은 암컷의 마음을 사로잡고자 과시용 둥지를 짓는다. 이웃한 수컷이 자신보다 멋진 둥지를 지으면 그 둥지를 모조리 허물어 경쟁자를 없애기까지 한다. 수컷은 둥지를 꼼꼼하게 청소하고 산딸기, 껍데기, 깨진 유리 조각처럼 암컷이 좋아할 만한 물건으로 꾸민다. 이런 장식품은 암컷의 눈길을 확실하게 끌도록 눈에 잘 띄는 곳에 놓아둔다. 실용적이지 않은 순금 셔츠와 마찬가지로 바우어새의 모형 둥지도 실제 둥지로 쓰려고 지은 것이 아니다. 암컷도 수컷도 그곳에 살지 않는다. 이 호화로운 둥지는 값비싼 신호다. 수컷이 암컷의 눈을 사로잡아 번식 성공도를 높이기 위해 사용하는 수단일 뿐이다.

우리가 평판을 다지고자 보내는 신호 대다수도 이런 원리를 그대로 따른다. 내가 인간을 대상으로 수행한 연구의 목적도 대부분 우리가 평판에 왜 집착하는지, 얼마나 집착하는지, 또 이런 집착이 사회적 상호작용에서 착하게 행동하려는 우리 성향에 어떤 영향을 미칠지를 이해하기 위해서였다. 다시 한 번 강조하지만 이 말이 우리가 협력 행동으로 얻을 만한 평판 이익을 늘, 또는 꾸준히 계산한다는 의미인 것은 아니다. 예컨대 엄마가 아이에게 젖을 물리려 할 때 아이의 생존 이익을 따지지 않는 것을 생각해보라. 인간이 마치 평판에 신경 쓰는 듯 행동한다는 전제를 받아들인다고 해서 인간의 모든 선행이 평판을 쌓으려는 계산에서 나온다고 주장하는 것은 아니라는 말이다.

사회적 행동이 평판에 미치는 영향을 연구하면 인류가 시간과 노력을 쏟는 당혹스러운 몇몇 상황을 더 쉽게 설명할 수 있다. 평판에 대한 우려는 왜 수렵·채집인이 채집만 고수하지 않고 굳이 사냥에 나서는지를 이해하는 데 도움이 된다. 큰 먹잇감을 사냥하는 것은 매우 위험한 식량 확보 전략이다. 탄자니아의 하드자족 사냥꾼이 사냥에 성공할 확률은 3퍼센트도 되지 않는다. 게다가 이들은 사냥한 짐승을 전부는커녕 큰 몫도 제대로 챙기지 못한다. 고기를 같이 생활하는 여러 가족과 나누기 때문에 아무 관계도 없는 부족원에게까지 꽤 많은 양이 돌아간다. 오스트레일리아 토러스해협제도에 사는 메리엄족 남성들은 섬들을 둘러싼 얕은 산호초 해역에서 거북이를 잡는다.[12] 오랜 시간이 걸리고 위험한 이 값비싼 임무의 목적은 공동체의 잔치나 행사에 이 소중한 포획물을 내놓는 것뿐이다. 사냥에 나서느냐 마느냐를 결정할 인자가 열량 극대화뿐이라면 이들은 굳이 사냥에 나서지 않을 것이다. 헛수고하기 일쑤인 사냥에 그렇게 많은 시간을 쓰느니, 덜 위험한 전략을 구사해 더 쉽게 구할 수 있는 먹거리를 채집하거나 가공하는 쪽이 낫기 때문이다.

사냥한 고기를 나누는 설득력 있는 이유 중 하나는 큰 먹잇감의 경우 한 가족이 먹기에는 양이 너무 많아 끝내는 썩어버리는 상황이 발생하기 때문이다. 그러니 고기를 몽땅 갖고 있기보다는 남는 고기를 꾸준히 교류하는 다른 사람과 나누는 쪽이 좋은 전략일 수 있다. 다만 이때는 흡혈박쥐가 그랬듯 이 이웃이 나중에 고기가 생기면 호의에 보답하리라 가정할 수 있어야 한다. 그렇기에 내가 도울 수 있을 때 이웃을 돕는 것이다. 하지만 이렇게 위험을 줄이는 방식이 모든 이유를 설명하지는 못한다. 그런 방식에서는 노련한 사냥꾼이 결국 초보 사냥꾼에게 기부자가 되곤 한다. 사냥의 혜택을 오로지 이 방식대로만 배분한다면 시간이 흐를수록 누구는 고기를 내놓고 누구는 그 혜택만을 누리는 큰 불균형을 야기하기 마련이다. 게다가 위험을 줄이려는 목적이 고기를 나누는 경향 일부를 설명할지라도, 왜 애초에 우리가 커다란 먹잇감을 사냥하는지는 설명하지 못한다.

또 다른 가능성은 사냥꾼이 사냥을 통해 자신의 능력을 드러낸다는 것이다. 가장 확실한 자랑거리는 아마도 사냥 실력, 그리고 그런 실력과 관련한 자질(상체 힘, 인지 능력, 예리한 시력)일 테다. 2018년에 한 연구에서 이런 견해를 뒷받침하는 자료가 나왔다. 이 연구에 따르면 하드자족에서 일류 사냥꾼으로 평가받는 남성들은 사냥 관련 기술을 시험하는 여러 과제, 이를테면 화살로 목표물 맞히기, 사냥 환경에서 여러 새와 포유류의 울음소리를 정확히 구분하기 같은 과제를 더 훌륭히 수행했다.[13]

그럼에도 연구진은 자신의 능력과 솜씨를 뽐내려고 사냥한다는 주장을 의심해야 할 이유가 여전히 남아있다고 결론지었다. 주된 이유는 세 가지였다. 첫째, 사냥 성공률을 종잡을 수 없어 사냥 성공률과 밑바탕이 되는 능력을 연결하기가 어렵다. 둘째, 많은 사냥꾼이 집단에서 떨어져 있을 경우, 사냥에 성공한 먹잇감 중 많은 양을 자신이 먹고 어두워진 뒤에는 고기를 나누지 않으려고 몰래 빼돌리려 한다. 이때는 본거지로 가져오는 고기가 곧 사냥의 결과물은 아니다. 따라서 사냥꾼의 사냥 실력을 드러내지도 않는다. 마지막으로, 사람들이 집단에서 누가 가장 뛰어난 사냥꾼이고 누가 가장 형편없는 사냥꾼인지는 어느 정도 가려내는 듯한데, 중간에 속하는 사냥꾼의 우열을 가리는 눈은 아주 보잘것없었다. 이글이글 타오르는 햇볕 아래에서 묵묵히 여섯 시간을 걸어봤자 최고 사냥꾼만 혜택을 본다면 중하위에 속하는 사냥꾼이 굳이 사냥에 나서는 이유는 설명되지 않는다.

사냥한 고기를 본거지로 가져왔을 때, 사냥꾼은 사냥 실력보다 더 중요한 자질을 알릴 수 있다. 바로 협력 성향이다. 기꺼이 고기를 나누겠다는 신호를 보낸 개인은 존경과 위신을 모두 얻는다. 그러므로 나눔은 지위 편익을 낳는다. 지위는 진화에서 의미 있는 통화일 가능성이 크다. 세계 곳곳의 여러 사회를 확인한 자료를 살펴보면 지위는 남성이 결혼할지, 아이를 몇 명이나 낳을지, 태어난 아이 중 몇 명이 살아남을지를 꽤 믿을 만하게 예측할 수 있는 요인이다. 인심 좋은 사냥꾼은 사회관계망이 더 넓어지고 그에 따라 더 많이 지지받는 편익도 누릴 것이다. 지위 편익은 사냥 실력과 상관없이 사냥꾼 누구나 얻을 수 있다. 자주 관찰되는 양상으로 볼 때, 평판이 가장 좋은 사람은 가장 뛰어난 사냥꾼이 아니라 가장 인심 좋은 사냥꾼이다.

남성뿐 아니라 여성도 이 편익을 중요하게 여기는 듯하다. 오스트레일리아 서부에 사는 마르투족Martu은 여성들이 왕도마뱀(최근에는 야생고양이도 잡는다) 같은 살아있는 먹잇감을 잡는 합동 원정 사냥에 나선다.[14] 이 사냥꾼들이 돌아오면 부족민들이 저녁에 화톳불 주위에 모여 사냥한 짐승을 함께 나눠 먹는다. 이들은 구운 고기를 불길에서 꺼낼 때마다 그 짐승을 잡은 사냥꾼에게 건넨다. 하지만 이 사냥꾼은 고기를 혼자 챙기지 않는다. 교환 의식을 시작해 누가 먹잇감을 잡았느냐에 상관없이 모든 고기를 어느 정도 골고루 나눌 때까지 고기 나누기를 이어간다. 이 재분배의 공통된, 그리고 의도된 결과는 가장 많이 사냥한 사람이 화톳불 주변에 모인 누구보다도 조금 적게 받는 것이다. 여기에서도 사람들이 같이 어울리기를 바라는 사람은 가장 뛰어난 사냥꾼이 아니라 가장 인심 좋은 사냥꾼이다. 이런 사냥꾼들은 자신의 후한 인심에 힘입어 사회적 자본에 투자함으로써 어려울 때 활용할 수 있는 안전망을 확보한다. 파라과이의 아체족Ache도 사냥한 동물을 포함한 식량을 남들과 더 많이 나눈 사람일수록 아프거나 식량을 구하지 못할 때 더 많이 도움을 받았다.[15]

사람들이 자신의 전문 기술을 알리는 신호뿐 아니라 너그러움을 알리는 신호에도 주목하는 데는 그럴 만한 이유가 있다. 도울 능력이 있는 사람도 좋은 사회적 동반자지만 도우려는 의지가 있는 사람도 그렇기는 마찬가지다. 내가 동료 팻 바클리Pat Barclay와 수행한 연구 결과는 평판이 막강한 재산이나 능력이 아니라 너그러움을 바탕으로 형성된다는 견해를 어느 정도 뒷받침한다.[16]

우리 연구는 마르투족 사례에서 설명한 상황을 시작점으로 삼았다. 사람들이 뛰어난 사냥꾼이긴 하나 웬만해서는 사냥감을 나누지 않는 사람과 교류할까? 아니면 사냥 실력은 떨어지더라도 무엇이든 잡으면 이웃과 나누는 사람과 교류할까? 우리는 이 상황을 실험실 게임으로 바꿔, 도울 능력이 있는 상대보다 도울 의지가 있는 사람을 정말로 더 높이 산다는 것을 증명했다. 실험 참가자들은 두 사람 중 한 명을 교류 상대로 골라야 했다. 한 명은 가난해도 공정해 상금으로 얼마를 받든 절반을 나눠줄 사람, 또 한 명은 부자여도 구두쇠라 큰 상금을 받아도 거의 나눠주지 않을 사람이었다. 실험 참가자들은 부유한 구두쇠를 선택했을 때 돈을 더 많이 받을 확률이 높은 상황에서조차 마음씨 좋은 사람과 교류하기를 선호했다.

이 결과는 위에서 언급한 현장 연구의 결과를 뒷받침한다.

달리 말해 사람들은 자원을 나눌 수 있는 능력보다 나누려는 의지에 더 무게를 둔다. 자원을 나눌 수 있는 능력이 몹시 들쑥날쑥한 세상에서는 이런 사람을 선호하는 것이 당연하다. 수렵·채집 사회에서는 난다 긴다하는 사냥꾼조차 실패율이 높고, 재산은 있다가도 없고 없다가도 있기 마련이다. 무엇을 갖고 있느냐보다 중요한 것은 나눌 수 있을 때 정말로 나누느냐다.

나는 협력 신호가 이성의 눈길을 사로잡는 데 쓰일 가능성에도 큰 흥미를 느꼈다. 앞서 봤듯이 남성은 협력 성향이 있다는 신호를 보내 지위 편익을 얻는다. 그런데 여성은 정말 이런 성향에 관심이 있을까? 현재까지 나온 자료에 따르면 '그렇다'. 성별에 따라 선호하는 짝이 다를 가능성에 관심을 보인 과학자들이 1980년대 후반부터 이와 관련한 놀랍도록 방대한 데이터를 축적했다. 스피드 데이트 참가자, '애인 구함' 광고를 낸 사람, 우편 주문 신부를 대상으로 설문조사를 진행한 것이다.[17] 모든 설문의 목적은 남성과 여성이 이성을 고를 때 선호하는 특성이 다른지를 확인하는 것이었다. 이런 노력으로 나온 연구 결과는 시간과 장소를 뛰어넘어 놀라울 만큼 일치한다. 남성과 여성은 이성에게서 대체로 다른 자질을 강조한다. 물론 다정함과 충실함처럼 남녀 모두 바람직하게 여기는 특성도 있지만 남성은 대체로 생식 능력(젊음과 관련한다)과 매력을 알리는 특성에 추가로 무게를 두었다. 이와 달리 여성은 지위나 자원을 알리는 특성에 더 무게를 둬, 자신보다 나이가 조금 많은 부자나 돈을 많이 벌 가망이 큰 사람을 선호했다. 역시 남성과 여성은 다른 별에서 왔다.

나와 경제학 교수 세라 스미스Sarah Smith는 이렇게 근거가 탄탄한 통찰을 발판 삼아 자선단체에 기부할 때의 신호 보내기로 얻는 편익을 연구했다.[18] 기부 행위는 '당혹스러운 친사회적 행동'이라는 표현에 딱 들어맞는다. 말 그대로 기부에는 비용이 들어간다. 그것도 수혜자에게 돌려받을 기대를 아예 하지 않는 비용 말이다. 호혜주의가 작동하지는 않지만 기부는 사냥과 마찬가지로 어느 정도는 친사회적 성향이 선호되는 영역이다. 남을 돕는 행위가 기부자에게 평판 편익을 주기 때문이다. 우리는 이 논리를 한 단계 더 끌어올려 사람들이 이런 평판 편익을 얻고자 경쟁하는지, 그러니까 인심 쓰기 시합에 뛰어들어 다른 사람의 기부액을 앞서려 하는지를 확인하고 싶었다.

맞수와 경쟁할 때 신호가 어떤 역할을 하는지 이해하려면 수컷 공작을 떠올리면 된다. 수컷 공작의 화려한 꽁지깃과 요란한 배꼽춤은 암컷의 눈길을 사로잡는다. 그런데 이런 의문이 든다. 꽁지깃이 왜 저렇게까지 터무니없이 클까? 여전히 비용이 만만찮겠지만 지금처럼 우스꽝스러워 보이지 않게 꽁지깃이 반으로 줄면 제 기능을 하지 못하는 걸까? 왜 "내 신호를 봐!"라고 말하듯 간단하게 암컷에게 꽁지깃을 보여주는 것으로 끝내지 않고,

굳이 온갖 거드름을 피우며 공들여 꽁지깃을 흔들었다가 다시 감춰야만 할까?

이에 대한 답은 공급과 수요라는 경제적 압력에 있다. 이론 상 수컷 공작 한 마리는 여러 암컷에게서 새끼를 낳을 수 있다. 그러므로 개체군에서 꽤 적은 수컷만 불균등한 번식을 누리고 다른 수컷들은 암컷을 한 마리도 꼬시지 못한다. 숫공작의 번식 성공도는 암컷의 선택에 달렸고 짐작하듯이 암컷은 수컷이 꽁지깃을 얼마나 화려하게 과시하느냐를 눈여겨본다. 암컷이 가장 큰 꽁지깃을 가장 현란하게 과시하는 수컷을 고르는 성향을 보이면 선택은 그렇게 커다란 깃을 달고서 흔드는 비용이 터무니 없이 커질 때까지 이러한 형질을 증폭하는 유전자를 선호한다. 이런 경쟁 체제에서는 과장된 신호가 보유자의 번식 성공도에 영향을 미치므로 그만큼 빈도가 늘어날 수 있다.

보아하니 사람에게도 비슷한 선택 압력이 작용하는 듯하다. 섹시한 꽁지깃을 이야기하든 기부 활동을 이야기하든 그 밑에 깔린 논리는 비슷하다. 여성이 자원이 있다는 신호나 자원을 기꺼이 나누겠다는 신호를 보내는 남성을 선호한다면, 그래서 너 그럽다는 평판이 있는 남성의 번식 성공도가 높아진다면, 짝짓기 시장에서 일어나는 경쟁 역시 입찰 전쟁을 일으켜 숫공작의 과시처럼 시간이 갈수록 남성들의 너그러운 행동이 증가할 것이다.

이 가정을 확인하고자 우리는 사람들이 자선기금을 마련하려고(대부분 친구, 가족, 지인에게 기부를 하라며 조른다) 어떤 일에 도전할 때 사용하는 온라인 모금 플랫폼을 활용했다. 이런 플랫폼에서는 모금 행사마다 웹페이지를 만들어 어떤 도전(마라톤이나 트라이애슬론과 같은)에 나설지, 어떤 단체를 지원할지, 얼마를 모금할지를 알린다. 여기서 중요한 대목은 모금 웹페이지에 현재 모금 총액과 더불어 기부자별 기부액을 게시하는 것이다. 기부자는 이런 정보를 이용해 얼마를 기부할지를 결정한다. 지금까지 누가 얼마를 기부했는지를 확인할 수 있으니 모금 플랫폼은 조력 행동에서 경쟁이 일어난다는 증거를 찾기에 제격이었다.

우리는 남성 예비 기부자가 모금 웹페이지에서 큰돈을 기부한 다른 남성의 기록을 보면 이에 맞서 인심 쓰기 경쟁에 뛰어들 것으로 예상했다. 그런데 신호 보내기가 이보다는 조금 더 미묘할 수도 있겠다 추측했다. 모금 웹페이지에서 후한 기부자를 지켜보는 가장 확실한 관중은 모금 주최자다. 따라서 우리는 모금 주최자가 여성인지 남성인지에 따라 민감하게 반응해, 매우 매력적인 여성 주최자일 때 남성 기부자들이 더 많이 기부할 것으로 예측했다.

이를 확인하고자 2014년 런던 마라톤 대회에 참가한 사람들이 만든 모금 웹페이지 2,561곳의 데이터를 이용했다. 먼저 웹페이지마다 올라온 모금 주최자의 사진을 보고 매력도 점수를 매긴 다음, 웹페이지에 들어온 기부액을 확인했다. 가장 먼저 확인할 사항은 새로 기부하는 사람이 앞서 기부한 사람들의 기부액에 조금이라도 신경을 쓰느냐였다. 답은 '그렇다'였다. 이전까지 평균 기부액이 약 20파운드였더라도 누군가가 50파운드를 기부한 뒤에는 평균 기부액이 약 10파운드 정도 더 많아졌다. 새로 방문한 기부자들이 기준점을 새로 잡았기 때문이다. 눈에 띄게 적은 기부액은 반대 효과를 일으켜 그 뒤로 기부액이 줄었다.

여기까지는 우리의 예상대로였다. 그렇다면 인심 쓰기 경쟁은 어떠했을까? 우리는 남성들이 이 기부 경쟁에 뛰어들 테고, 주최자가 매력적인 여성일 때 그 효과가 가장 두드러지리라고 봤다. 이를 확인하기 위해 누군가가 큰돈(기준은 50파운드 이상, 또는 평균 기부액의 두 배로 잡았다)을 기부했을 때 모금 웹페이지에 어떤 일이 일어났는지를 살펴봤다.

우리는 남성들이 이런 과시 신호에 반응하긴 하지만 이는 큰돈을 기부한 사람이 다른 남성이고 모금 주최자가 매력적인 여성일 때만 해당하리라 예상했다. 그리고 우리의 예상과 정확히 일치하는 결과가 나왔다. '뽐내기' 상황에서 남성들의 기부액은 거의 네 배로 뛰었다.*

---

* 동일한 상황에서 여성은 어떠했을까? 여성들도 기부 경쟁에 참가한다는 증거를 찾아봤지만 그런 증거는 나오지 않았다. 그렇다고 여성들이 지위와 평판을 중요하게 여기지 않는다는 뜻은 아니다(마르투족 사냥꾼을 떠올려보라). 여성들은 그런 목적을 달성하고자 다른 전략을 사용한다.

거듭 말하지만 이 결과를 남성들이 이해타산을 따져 의도적으로 이런 결정을 내린다거나 모든 자선 기부는 오로지 신호 보내기 편익 때문에 일어난다는 뜻으로 받아들여서는 안 된다. 그보다는 이 결과가 평판을 우려하는 마음이 우리 호모 사피엔스에서 어떻게 베푸는 성향을 형성했는지, 왜 그러했는지를 알려준다고 봐야 한다.

지금까지 사람들이 평판을 유지하거나 강화하고자 행동한다는 여러 증거를 살펴보았다. 정말로 그러할까 고개를 갸웃거릴 사람이 있을지도 모르겠다. 단언컨대 사람은 타인이 자신을 어떻게 생각하는지에 신경 쓴다. 천하의 얼간이처럼 보이고 싶은 사람은 아무도 없다. 하지만 우리가 음식을 나누고 자선단체에 기부하는 등의 선행을 하는 이유가 오로지 평판을 우려해서는 아니다. 사람들은 다른 사람이 알아챌 가망이 전혀 없어도 좋은 일을 할 때가 숱하고, 베푸는 행동을 남에게 숨길 때도 있다. 내가 앞서 언급한 모금 웹페이지 중 익명 기부를 선택할 수 있는 곳에서는 기부자 약 12퍼센트가 기부한 사실을 숨기는 쪽을 선택했다.[19] 비용이 많이 드는 친사회적 행동을 하고서도 눈앞에 있는 평판 이익은 거부하다니, 지금까지 우리가 배운 바에 따르면 이런 선택은 희한한 자책골이나 다름없다. 얼핏 직관에 어긋나 보인다. 하지만 나는 사람들이 자신의 선행을 남에게 자주 감춘다는 사실도 평판 우려라는 관점에서 이해할 수 있다고 생각한다. 그 이유를 다음 장에서 살펴보자.

13 ───

아슬아슬한 줄타기

> 아무리 봐도 우리는 유전적으로 제 잇속만 차리게 진화했다는
> 사실을 부인하도록 진화했다.[1]
>
> 리처드 D. 알렉산더Richard D. Alexander

2014년에 옥스퍼드 온라인 사전에 'humblebrag'라는 단어가 등재되었다. 이 단어의 정의는 다음과 같다. '겉으로는 겸손하게 자기를 낮추지만 실제로는 자랑스러워하는 무엇이 주목받는 것이 목적인 발언.' 현실에서 이런 은근한 잘난 척은 불만을 가장하거나("아휴, 살이 너무 빠져서 입을 옷이 없어!", "정말 걱정이야. 여섯 군데 지원했는데 다 붙어버렸어!") 겸손 속에 자랑을 감출 때가 많다("내 책이 베스트셀러가 되다니 믿기지 않아!"). 또 다른 은근한 잘난 척은 우리가 얼마나 대단한 사람인지를 빙빙 에둘러 말하

는 것이다. 이 트윗을 보라.

> 방금 어떤 사람을 도와주었다. 진심으로 한 행동이었고, 내가 한 일은 그 사람에게 장기적으로 큰 의미가 있는 일이다. #아주 가치있는일

이 말에 헛웃음이 나오는가? 당신만 그런 것이 아니다. 낯 두꺼운 자기 과시는 대개 찬사보다 불신을 받는다. 여덟 살밖에 안 되는 아이조차 그런 이기적 주장을 그대로 받아들이지 않는다. 우리는 선행을 대놓고 떠벌리는 사람보다 몰래 실천하는 사람에게 더 높은 도덕 점수를 매긴다.[2] 성인을 대상으로 한 실험에서도 자신의 선행을 페이스북 같은 웹사이트에 널리 알리는 사람은 그리 너그러운 사람으로 인식하지 않았다. 오스카 와일드Oscar Wilde의 말 그대로다. "세상에서 가장 기분 좋은 일은 익명으로 선행을 하고 누군가가 그것을 알게 하는 것이다."

비과학적이기는 해도 이 모든 현상을 이해하기 쉽게 설명하는 말이 있다. 인간은 타고난 '개소리 탐지기'다. 우리는 남의 행동을 곧이곧대로 받아들이지 않는다. 그러기는커녕 속내를 들여다보고 그 행동에 깔린 생각과 감정, 신념, 욕망을 읽어내려 한다. 우리가 평판을 관리할 수 있는 까닭은 다른 사람의 관점에서 세상을 보고, 다른 사람이 내 행동을 목격하거나 남에게 들었을 때 나를 어떻게 평가할지를 알아채는 독특한 잠재력이 있기 때

문이다. 우리는 바로 이런 인지 기술을 이용해 다른 사람의 행동 뒤에 숨겨진 동기를 이해하려 한다.

이러한 시도가 아주 복잡한 사회인지 능력에 의존한다는 증거를 내놓은 연구가 있다.[3] 대상은 어린아이들이다. 갓 태어난 아이는 다른 사람의 심리 상태를 추론하지 못하고 자기 행동에 부끄러움이나 쑥스러움을 느끼지 않는다. 다른 사람의 관점에서 생각할 줄 아는 능력은 발달 과정에서 생긴다. 다섯 살 무렵까지 아이들은 남이 자신을 어떻게 생각하는지 알지 못하며 신경도 쓰지 않기 때문에 평판을 쌓고 관리할 생각을 아예 하지 않는다. 아이들이 자기 행동이 남에게 어떻게 보이는지를 완전히 이해하고 다른 사람의 친사회적 행동을 자신의 이익을 추구하는 관점에서 해석하기 시작하는 시점은 여덟 살 무렵이다. 인간과 달리 침팬지는 전략적으로 평판을 관리하려 들지 않으며 남의 상냥한 행동 뒤에 숨은 동기를 추측할 생각도 전혀 하지 않는다.

앞에서 살펴봤듯이 사람과 청줄청소놀래기는 평판을 다른 방식으로 관리한다. 청줄청소놀래기에게 인간의 인지 능력과 조금이라도 닮은 무엇이 있을 가능성은 극히 적다. 어쩌면 청줄청소놀래기에게는 그런 능력이 필요하지 않을지도 모른다. 이 물고기와 고객의 상호작용을 통제하는 규칙은 시행착오를 통해 배울 수 있다. 게다가 하루에도 수천 번씩 고객과 교류하니 청줄청소놀래기에게는 배울 기회가 넘친다. 그러므로 청줄청소놀래기는 고객의 마음을 읽지 않아도 속임수가 도움이 되지 않는다는 사실을 알 수 있다. 별다른 노력 없이 고객의 점액을 먹었다가는 훌쩍 떠나는 고객이 생긴다는 것을 배울 수 있다. 이런 인지 차이는 우리처럼 남의 마음을 읽을 수 있는 종과 청줄청소놀래기처럼 그렇지 못한 종의 평판 체계가 다른 까닭을 이해하는 실마리를 던져준다.

예컨대 우리는 도움을 베푼 사람에게 편익이 쌓인다는 사실을 알고 있다. 그러므로 이런 선행이 평판 편익이나 위신 편익을 추구하지는 않았는지 추론하고, 그런 의도가 보일 때는 평판 편익을 허용하지 않는다. 협력자들은 도덕적 우위를 차지할 수 있으므로 행위 뒤에 있는 동기에 의심할 여지가 없을 때조차 반감을 사기도 한다. 채식주의자가 육식주의자한테서 받는 끈질긴 조롱, 폄하, 조롱 섞인 살해 위협*을 떠올려보라. 관련 농담**처럼 채식주의자들은 취향을 거리낌 없이 밝히기는 하지만 평판을 우려해 채식을 선택했을 가능성은 거의 없다. 고기 소비를 줄이는 식생활이 도덕적으로 가치 있는 까닭은 동물의 고통을 줄

* 2018년 영국 슈퍼마켓 업체 웨이트로즈가 발간하는 잡지 〈푸드Food〉의 편집자였던 윌리엄 싯웰William Sitwell이 2018년에 사내 메일에서 '채식주의자를 한 명 한 명 죽이는' 특집을 쓰고 싶다는 농담을 던졌다가 사임했다.
** Q: 어떤 사람이 채식주의자인지를 어떻게 알지? A: 걱정 마. 걔들이 먼저 말할 거야.

이는 것이기도 하지만 식탁에서 고기를 없애는 것이 개인이 생활에서 탄소 배출을 줄일 수 있는 가장 큰 변화라고 보기 때문이다. 그런데 왜 사람들은 진정으로 찬사를 보내야 할 채식주의자들을 헐뜯을까?

채식주의자들이 알면 힘이 날지 모르겠지만 '선행가 깎아내리기do-gooder derogation'는 사람들이 무엇을 먹고 먹지 않는지와 상관없는 매우 추상적인 실험실 환경에서도 유발된다.[4] 돈을 공동 계좌에 기부해 협력하거나 제 주머니에 챙겨 배신할 수 있는 공공재 게임에서 참가자들은 공동 계좌에 돈을 가장 많이 기부하는 사람을 싫어하고, 할 수만 있다면 집단에서 쫓아내고 싶다는 반응을 자주 보였다. 왜 그런 적의를 느끼냐는 물음에 사람들은 이렇게 답했다.

"그 사람만 그렇게 행동한다. 그래서 우리를 죄다 나쁜 사람으로 만든다."

"집단에 이런 사람이 또 있다면 괜찮겠지만 단 한 명도 없다. 그러니 그 사람이 나쁜 것이다."

심지어 어떤 사람들은 비용을 치르면서까지 가장 잘 협력하는 사람을 벌주려 기회를 엿봤다. 처음에는 이런 '반사회적 처벌'을 예외로 무시했다. 하지만 세계 곳곳에서 진행한 실험에서도 정도만 다를 뿐 이런 현상이 꾸준히 관찰되었다.[5] 처벌에 나선 사람들은 이러한 처벌을 도구 삼아 게임에서 다른 사람들보다 자기 지위를 높이려는 듯 보였다.[6] 그러니 우리가 어떻게 행동하든 공공재 게임이 지위 게임인 것은 마찬가지다.

∴ ∴ ∴

이를 고려하면 왜 익명 기부 같은 일이 벌어지는지 납득이 된다. 남들보다 훨씬 많은 금액을 기부하면 달갑지 않은 관심을 끌 수 있다. 2014년에 온라인 모금 웹페이지의 기부 자료를 이용해 연구해보니, 익명으로 기부하는 성향이 모든 기부자에게서 골고루 나타나지는 않았다.[7] 예상했겠지만 사람들은 이미 기부한 사람들에 견줘 아주 적게 기부하거나 무척 많이 기부할 때 더 자주 익명 전략을 썼다.

소셜미디어에 자신의 기부 사실을 공유하면 그 소셜미디어에서는 봇물 터지듯 기부가 이어진다고 한다. 하지만 거드름쟁이로 인식되고 싶지 않다는 욕구가 기부 사실을 알리지 못하게 억누를 수도 있다. 2010년에 모금 플랫폼 저스트기빙JustGiving이 실시한 조사에 따르면 페이스북에 공유된 모금 웹페이지에 '좋아요'가 하나씩 늘어날 때마다 기부금도 약 5파운드씩 늘었다고 한다. 이러한 통계 결과에 고무된 저스트기빙은 기부를 마친 사람들에게 자신의 페이스북에 모금 웹페이지를 공유하라고 슬쩍 부추기는 문구를 띄웠다. 하지만 기부자들은 자신의 선행을 공유하기가 민망하다는 듯 공개 장소에서 자신을 칭찬하기를 꺼렸다.

저스트기빙은 소셜미디어에 자신의 기부 사실을 공유하도록 부추길 방법을 찾고자 기부를 마친 뒤 보게 될 문구를 조정했다. 효과가 가장 떨어지는 문구는 공개적으로 기부를 자랑하라고 요청하는 것이었다. '당신은 놀랍도록 멋진 사람입니다. 기부한 사실을 널리 알리세요!', '친구들도 기부에 관심 있지 않을까요?' 같은 문구도 효과가 없기는 마찬가지였다.

그렇다면 어떤 문구가 가장 효과가 좋았을까? '친구의 모금 웹페이지를 공유해 더 많은 기금을 모으게 도와주세요!'였다. 이 문구가 먹힌 까닭은 사람들에게 자신의 선행을 알릴 명분을 주면서도 그럴 만한 이유가 있어서, 그러니까 뽐내려는 뜻이 아니라 친구를 돕고자 그렇게 한다고 느끼게 했기 때문이다. 문구를 살짝 바꿨을 뿐인데 페이스북에 모금 웹페이지를 공유하는 추세가 28퍼센트가량 늘었고, 이에 따라 늘어난 기부액이 한 해에만 300만 파운드로 추정되었다. 나쁘지 않은 투자 수익이었다.

그러므로 선행은 위신 편익과 지위 편익을 안겨줄 도깨비방망이가 아니다. 사람들은 걸핏하면 선행의 동기를 추론해 지나치게 너그러운 행동을 이타 행동은커녕 경쟁 행위로 받아들이기까지 한다. 이런 '오염된 이타주의tainted altruism' 효과 때문에 최선과 동떨어진 결과가 나올 수도 있다.[8]

선행으로 영리를 추구하는 사람이나 회사에는 특히 그렇다. 모금 회사인 펄로타 팀웍스Pallotta Teamworks를 예로 들어보자. 이 회사는 '사람들에게 최소치가 아니라 최대치를 요구한다'를 목적으로 삼는 곳이었다. 댄 펄로타Dan Pallotta가 1982년에 설립한 이 회사는 자선기금을 모으는 혁신적인 접근법을 개척했다. 모금액을 모금 주최자의 재량에 맡긴 것이 아니라 '유방암 퇴치 3일 걷기'처럼 며칠 안에 끝나는 행사를 마련하고 그 과정에서 1만 달러 이상을 모으라고 요구한 것이다. 그 뒤로 9년 동안 펄로타 팀웍스와 손잡은 자선단체들이 이 접근법을 활용해 모은 기금은 자그마치 3억 500만 달러였다.

하지만 여기에는 중요한 홍보 문제가 있었다. 사람들의 인식과 달리 펄로타 팀웍스는 자선단체가 아닌 영리회사였다. 2002년에 댄 펄로타의 연봉이 거의 40만 달러에 이르고, 이 회사의 수익이 얼마인지가 서서히 드러나자 대중들은 자선단체들에게 팔로타 팀웍스와의 관계를 끊으라고 거세게 항의했다. 결국 팔로타 팀웍스는 자선사업을 접었다. 그 이후, 얄궂게도 관련 자선단체들의 수입이 크게 줄어 어려움을 겪었다. 저스트기빙도 자선단체들이 좋은 목적을 위해 엄청난 기금을 모으게 도왔음에도 영리회사라는 이유만으로 대중한테서 비슷한 분노를 샀다.

펄로타 팀웍스나 저스트기빙 같은 회사를 변호하려는 뜻에서 하는 말이 아니다. 두 회사를 예로 든 까닭은 변덕스러운 우리 심리가 어떻게 도덕적 위선을 유발하는지를 뚜렷이 보여주기 때문이다. 우리는 흔히 좋은 일을 하는 사람을 좋아한다고 말하면서도, 그런 사람을 비웃거나 집단에서 배제하려 든다. 자선기금을 모으거나 환경을 보호하는 활동을 좋게 생각한다고 말하면서도, 이런 목적을 이루고자 하는 회사가 그 과정에서 이윤을 얻으면 욕을 퍼붓는다. 이윤을 추구하면서도 좋은 일을 할 수 있다는 사실을 쉽게 받아들이지 못해 우리는 좋은 목적을 이루고자 자신들이 생성한 이익에서 일부를 가져가는 결과나 사람, 회사보다 아무런 이익도 거두지 못하는 쪽을 선택한다. 우리가 이런 상황에 본능적으로 보이는 반응이 때로는 누가 봐도 나쁜 결과로 이어진다는 사실을 안다면, 친사회적 기업에 투자해 이익을 얻는 도덕적으로 우월한 개인과 단체를 무턱대고 욕하기에 앞서 우리가 선행에 바람직하게 반응하는지를 잠시 따져볼 수 있을 것이다.

선행을 광고했다가 완전히 역효과가 날 수 있는 또 다른 사례가 있다. 내가 즐겨 인용하는 것인데, 인류학자 리처드 B. 리Richard B. Lee가 쓴 짧은 글 〈칼라하리사막에서 즐기는 크리스마스 잔치Eating Christmas in the Kalahari〉다. 리는 칼라하리사막에서 부시먼 종족인 주호안시족(!쿵족)Ju/'hoansi의 전통 사냥법과 채집법을 연구했다. 그런데 그 과정에서 주호안시족에게 쩨쩨하다는 평판을 얻었다. 주호안시족의 생존 방식과 관련한 자료를 충실히 수집하고자 식량이나 다른 물품을 나누지 않았기 때문이다. 이런 평판을 개선하고 싶었던 리는 크리스마스 잔치에 고기를 내놓으려고 근방에서 가장 큰 황소 한 마리를 샀다. 물자가 희귀한 환경이니 주호안시족이 이 선물에 틀림없이 크게 환호하리라 기대했다. 그러나 주호안시족은 존경과 감사는커녕 거만하게 손사래를 치며 황소가 앙상하니 뼈만 남아 누구 코에 붙이겠느냐고 콧방귀를 뀌었다. 크리스마스 선물로 황소 한 마리가 전부라면 보나 마나 사람들은 허기와 아쉬움을 안은 채 돌아갈 것이라는 불만도 터트렸다. 어떤 남성은 이 황소로는 고기가 몹시 모자라 틀림없이 부스러기를 놓고 싸움이 일어날 것이라고 경고하기도 했다.

리는 황소 한 마리를 더 구하려고 며칠 동안 기를 쓰고 찾아봤지만 헛수고였다. 리는 크리스마스가 되어서야 자신이 얼마나 큰 무례를 저질렀는지 깨달았다. 한 주호안시족 친구가 왜 그렇게 큰 황소를 선물하고서도 고마움은커녕 비웃음을 샀는지 알려 줬기 때문이다.

친구가 빙긋이 웃으며 말했다.

"이게 우리 방식이야. 우리는 늘 그런 일로 사람을 놀리지. 막 사냥을 마친 부시먼이 있다고 쳐보자고. 그 사람이 돌아와서 잔뜩 으스대며 '수풀에서 커다란 놈을 하나 잡았어!'라고 알리면 안 돼. 그냥 말없이 자리에 앉아야지. 그럼 나나 다른 사람이 다가가 묻겠지. '오늘 어땠어?' 그럼 조용히 답하는 거야. '아이고, 나는 사냥에 아주 젬병인가 봐. 아무것도 못 봤거든. 아주 작은 놈만 한 마리 있더라고.' 그럼 나는 속으로 씩 웃지. 꽤 큰 놈을 잡았다는 뜻이니까."

(중략)

"그래, 젊은이가 큰 짐승을 잡으면 자신이 추장이나 대단한 사람 같다는 생각이 들지. 다른 사람들을 종이나 아랫사람으로 여기고 말야. 우리는 그런 상황을 받아들이지 않아. 그래서 으스대는 사람을 거부하는 거야. 언젠가는 그런 자부심 때문에 누군가를 죽일 테니까. 그래서 고기가 생기면 늘 형편없다고 투덜대. 그게 우리가 사냥꾼을 진정시켜 유순하게 만드는 방식이야."[9]

내 동료 엘리너 파워Eleanor Power는 자신의 연구 지역인 인도 남부의 시골 마을에서 위신을 얻는 것과 자기 과시라고 비난받는 것이 종이 한 장 차이로 갈리는 현상을 연구했다. 마을과 주민을 보호하는 수호신인 마리아만 여신에게 감사를 올리고자 열리는 마을 연례 축제는 이 연구에서 특히 흥미로운 대목이다.

축제에서 여신을 경배하는 방식은 신봉자들 마음에 달려있어 마을 주민들은 저마다 다르게 믿음을 내보인다. 가장 흔한 방식은 우유를 가득 담은 항아리나 뜨거운 숯을 가득 넣은 화로를 들고 경배 행렬에 참여하는 것이다. 그런데 어떤 이들은(대체로 남성이다) 더 까다로운 방식으로 경배를 올린다. 그중에서도 가장 고통스러운 방식은 '파라바이 카바디par-avai kāvadi'다. 파라바이는 '새'라는 뜻으로 이 특별한 행위에 딱 들어맞는 표현이다. 이들은 손에 나뭇잎을 움켜쥐고 등과 다리 피부를 정육점용 갈고리에 꿴 뒤 크레인에 매달린 채 마을을 돌아다닌다. 크레인은 이 사람을 들어 위아래로 천천히 움직인다.

이런 경배 의식을 치른 사람은 페루마이perumai를 얻는다. 대략 번역하자면 '대단함'이라는 뜻이다. 하지만 페루마이를 얻는 것은 마치 줄타기와 같다. 으스대거나 자신을 과시한다는 뜻인 타르페루마이tarperumai는 앞서 말한 페루마이와 어원이 아주 가깝다. 파라바이 카바디를 마친 사람은 축하를 받았을 때 자신의 성과를 인정하지 않고 "경배였을 뿐입니다."라며 사람들이 수긍할 만한 말을 되풀이한다.[10]

이처럼 요란한 과시에 투자했을 때에도 평판 편익을 얻을 수 있다. 하지만 파워의 연구는 미묘한 사회적 신호, 이를테면 신전에서 꾸준히 경배를 올리거나 받는 사람만 알아차릴 가벼운 친절을 베푸는 행동에 투자하는 것도 중요하다고 강조한다.[11] 이러한 방식을 통해 자신을 과시한다거나 거드름을 피운다는 비난을 받지 않고서도 중요한 관계를 쌓고 키울 수 있기 때문이다.

제5부

남다른 유인원

지금까지는 인간을 어지럽게 뻗어나간 계통수에 존재하는 동물 중 하나로만 다뤘다. 우리는 가르칠 줄 안다. 그런데 개미, 미어캣, 알락노래꼬리치레도 가르칠 줄 안다. 우리는 사기꾼을 벌하고 평판에 신경 쓴다. 그런데 청줄청소놀래기도 사기꾼을 벌하고 평판에 신경 쓴다. 우리는 끈끈하게 이어진 가족을 이루고 협력하여 번식한다. 그런데 벌거숭이두더지쥐와 흰개미도 마찬가지다.

우리는 다른 종과 공통점이 어마어마하게 많을지도 모른다. 하지만 마지막 4부에서는 가장 중요한 차이점에 집중해 이야기해보려 한다. 지금껏 계속 암시했듯이 가장 중요한 것은 우리가 무엇을 하느냐가 아니라 어떻게 하느냐다. 진화는 목표 행동에 이르기 위한 여러 갈래의 길을 찾아낸다. 우리가 흔히 다른 동물과 나뉘는 대목이 바로 인지 능력을 이용해 목표에 이른다는 점이다.

4부에서는 우리가 어떻게, 왜 남다른 유인원이 되었는지를 살펴볼 것이다. 먼저 플라이스토세에 급격하게 달라진 기후 속에서 인간이 얼마나 독특하게 진화했는지, 강력하게 협력이 필요한 상황이 어떻게 계급에 맞선 엄청난 군중 봉기를 촉발했는지 들여다보겠다. 이런 변화는 우리 심리에 정말로 독특한 특성이 나타날 길을 닦았다. 폭정에서 더 평등한 생활 방식으로 옮겨 가자 우리는 소유물에 관심을 쏟기 시작했다. 그리고 내 재산과 남의 재산을 비교했다. 달리 말해 '공정'이라는 개념이 발달한 것이다.

우리 호모 사피엔스의 역사에서 이 시기는 커다란 전환점이었다. 연합을 형성해 기존 사회 질서를 뒤집자 다른 압력이 생겨났다. 그러자 권력과 지위의 원천이 근육이 아닌, 사회관계망으로 바뀌었다. 달리 말해 우리 인간 사회에서는 육체가 강인하느냐보다 어떤 집단과 함께하느냐가 다른 어떤 대형 유인원 사회에서보다 크게 성공을 좌우한다. 이렇게 사회에 의존하는 성향이 우리 심리를 빚었다. 이 사실을 몰랐다면 아주 이상해 보였을 여러 신념이 그렇게 생겨났고 정신병 같은 질환에 취약해졌다.

14 ──

침팬지용 페이스북

나는 인간과 하등 동물의 모든 차이 가운데 도덕 감각, 곧 양심
이 단연코 가장 중요하다고 주장하는 저자들의 판단에 완전히
동의한다.[1]
찰스 다윈

행복을 돈으로 살 수 있느냐는 질문을 받는다면 어떻게 답하
겠는가? 지금까지 나온 자료는 사뭇 다른 두 견해를 뒷받침하는
듯 보인다. 광범위한 설문조사에 따르면 대체로 사회 부유층일
수록 빈곤층보다 더 행복하다고 답한다. 이 결과는 마치 행복을
돈으로 살 수 있다고 보여주는 것 같다. 그런데 지난 50년 동안
많은 서구 국가의 1인당 소득이 치솟았음에도 국민의 평균 행복
수준은 거의 바뀌지 않았다. 이는 행복을 돈으로 살 수 없다는
암시가 아닐까? 이 명백한 모순을 이스털린 역설Easterlin Paradox이

라 부른다(이스털린은 이 희한한 양상을 처음 설명한 경제학 교수의 이름이다).

이 역설이 발생하는 이유는 이렇다. 인간이 행복을 얻는 본질은 돈이 아니라, 내가 주변 사람보다 더 많이 가졌다는 사실을 아는 데 있다. 한발 더 나아가 내가 주변 사람보다 덜 가졌다는 생각이 삶의 만족도를 떨어뜨리는 매우 큰 원인이다. 캐나다에서 진행한 한 연구에 따르면 주변에 복권 당첨자가 있을 때 사람들이 빚을 더 많이 지고 파산을 신청할 위험이 커졌다.[2] 운 좋은 이웃에 뒤처지지 않으려 무리한 탓이었다. 비슷한 이유로 미국 소득 상위 1퍼센트(연 소득 50만 달러 이상)에 속하는 사람 대다수가 자신을 중산층이라 일컫는다.[3] 아마 자신을 훨씬 더 부유한 사람들과 비교하기 때문일 것이다.

그러므로 침팬지용 페이스북은 절대 성공할 리 없다. 침팬지가 컴퓨터나 스마트폰을 쓸 줄 몰라서가 아니다. 페이스북이 끝없이 많은 사람의 마음을 사로잡는 이유는 사회적 비교social comparison에 집착하는 우리 본능을 채워주기 때문이다. 우리는 남에게 가장 멋진 모습을 보여주고 싶어 한다. 하지만 이제 꽤 확실하게 밝혀졌듯이, 완벽해 보이는 타인의 삶을 비추는 초상을 무턱대고 받아들이면 행복과 정신 건강을 해친다.[4] 그런 초상에 견줘 자기 삶이 뒤처져 보일 때는 특히 더 그렇다.

실제로 우리는 자신과 비슷한 사회구성원보다 못 사는 것을 몹시 불쾌하게 여긴 나머지, 그저 그 사람이 더 갖지 못하게 막겠다고 자기 자원을 기꺼이 희생하기도 한다. 인간이 공정을 얼마나 선호하는지를 측정할 때는 흔히 최후통첩 게임이라는 방법을 쓴다.[5] 두 명이 참가하는 이 게임은 한 사람(제안자)에게 돈을 주고 상대(응답자)와 몇 대 몇으로 나눌지를 제안하게 한다. 여기서 함정은 응답자에게 거부권이 있다는 것이다. 응답자가 제안을 거부하면 두 사람 모두 한 푼도 받지 못한다. 게임에 참여하는 모든 참가자가 고전 경제학의 행동 모형대로 움직인다면, 즉 자기 이익을 최대로 늘리려 한다면 응답자는 최소한의 금액을 제시해도 받아들일 것이고, 제안자 또한 이를 예상해 최소한의 금액만 제안할 것이다.

하지만 당연하게도 현실에서 이런 일은 좀체 일어나지 않는다(경제학을 공부하는 학생들은 예외다).[6]* 우리 대다수는 합리적으로 이익을 늘리기는커녕 사회적 비교와 공정에 죽자 살자 목을 맨다. 따라서 불공정하다고 인식했다면 응답자는 제안을 거부해 두 참가자 모두 빈손으로 돌아간다.[7]** 경제적으로는 불합리하더

* 여러 연구에 따르면 경제학과 학생들은 어느 대학생보다 '경제적으로 합리적인' 행위자에 더 가깝게 행동해 최후통첩 게임에서 더 적은 몫을 제안하고 또 받아들인다. 이미 이런 성향이 있는 사람이 경제학을 배우는지, 아니면 경제학 교육으로 학생들의 행동 방식이 바뀌는지는 확실하지 않다.
** 서구 사회에서는 응답자가 자기 몫이 20퍼센트 이하일 때 대체로 제안을 거부했다. 따라서 제안자는 이를 예상해 대개 약 40~50퍼센트를 제안했다. 사람들이 '공정하다'라고 받아들이는 수준, 이에 따라 제안자가 제시하는 배분율, 응답자가 제안을 거부하는 한계점은 문화에 따라 편차가 꽤 크다.

라도 상대가 나보다 더 많이 갖게 하느니 내가 아무것도 얻지 못하는 쪽이 훨씬 더 만족스럽기 때문이다.

공정을 선호하는 성향은 인간의 발달 단계에서 꽤 일찌감치 나타나는 듯하다. 연구자들은 어린이에게서 이런 성향을 측정하기 위해 아이들의 시선을 쉽게 빼앗고 꼭 갖고 싶다는 마음을 불러일으킬 통화를 자주 이용한다. 바로 사탕이다. 세계 곳곳의 어린이를 대상으로 수행한 한 실험에서 양쪽에 사탕 쟁반이 하나씩 놓인 장치에 두 어린이를 마주 앉혔다.[8] 한 아이(결정권자) 앞에는 사탕 쟁반을 어느 쪽으로 기울일지 선택할 수 있는 초록 손잡이와 빨간 손잡이가 있었다. 초록 손잡이를 당기면 두 쟁반이 바깥쪽으로 기울어 두 아이 앞에 놓인 접시에 사탕이 떨어진다. 하지만 빨간 손잡이를 당기면 쟁반이 모두 안쪽으로 기울어 두 아이 모두 가져갈 수 없는 가운데 접시에 사탕이 떨어진다. 연구진은 이 장치를 이용해 아이들이 불공정한 배분을 맞닥뜨렸을 때 어떻게 반응하는지를 확인했다. 결정권자인 아이의 쟁반에는 사탕 하나를, 상대 아이의 쟁반에는 사탕 네 개를 두었을 때, 결정권자인 아이는 하나뿐인 사탕이라도 받겠다고 초록 손잡이를 당길까, 아니면 차라리 아무것도 받지 않겠다고 빨간 손잡이를 당길까?

어른과 마찬가지로 어린아이도 불공평을 거부하는 경향을 보였다. 그래서 상대가 자기보다 사탕을 더 많이 받지 못하도록 자신과 상대 모두 사탕을 빼앗기는 쪽을 택했다. 실험에서 나이가 많을수록 불공평한 상황을 더 많이 거부했다. 심지어 가장 어린 참가자인 네 살배기 아이조차 불리한 거래에서는 빨간 손잡이를 당기려 했다. 이런 양상이 여러 나라, 여러 사회에서 관찰되었다는 점에서 남보다 적게 받는 상황을 싫어하는 성향, 비용을 치르고서라도 그런 상황이 벌어지지 못하게 막을 만큼 싫어하는 성향은 발달 과정에서 학습하는 선호라기보다 인간 심리에 단단히 자리 잡은 것일 가능성이 크다.

그런데 이렇게 조바심을 내며 자기 재산을 타인의 재산과 비교하는 경향이 오로지 인간에게만 나타나는 기이한 특성일까? 아니면 저 먼 진화 과정까지 거슬러 올라가 더 깊은 곳에 뿌리내린 것일까? 2003년에 세라 브로스넌Sarah Brosnan과 프란스 드 발Frans de Waal이 발표한 꼬리감는원숭이의 불공평 회피inequity aversion 연구에 따르면 다른 비인간 영장류도 우리 인간과 마찬가지로 공정을 중시하는 경향을 보였다. 그러니 인간과 다른 유인원의 마지막 공통 조상에서도 사회적 비교 같은 성향이 존재했을 듯하다.[9] 하지만 다른 연구자들이 이 실험을 반복했을 때 동일한 결과가 그리 유효하게 재현되지 않았다. 게다가 비인간 영장류에서 나타나는 불공평 회피의 '바람직한' 결과 대다수가 보상이 기대한 수준에 미치지 못할 때 실험 대상이 분노한다는 더 단순한 해석에도 들어맞았다. 공정을 선호하려면 자기가 받는 보상과 남이 받는 보상을 비교해야 한다. 따라서 공정 선호는 엄밀히 말해 사회적 행위다. 그런데 비인간 영장류는 이런 사회적 비교 과정을 밟지 않고 이론상 받을 수 있는 몫에 견줘 실제로 받은 몫을 평가한다.

그러므로 혹시나 남에게 뒤처지지 않았는지 끊임없이 조바심 내는 영장류는 우리가 유일한 듯하다. 우리와 달리 침팬지는 이런 조바심과 갈망을 보이지 않는다. 이유를 이해하려면 우리 인간이 어떻게 진화했는지, 초기 인류가 마주한 선택 압력이 다른 대형 유인원이 마주한 압력과 어떻게 달랐는지를 살펴봐야 한다. 단언하기는 어렵지만 사람과 침팬지의 마지막 공통 조상*은 겉모습과 생활 방식이 사람보다 침팬지에 더 가까웠을 것이다. 그러니 무엇이 우리와 유인원 사촌들을 가르는지 정확히 알고 싶다면 침팬지 사회와 이들의 행동을 더 깊이 파악해볼 필요가 있다.

앞서 얘기했듯 핵가족을 강조하는 서구식 인간 사회는 여러 문화뿐 아니라 호모 사피엔스의 광범위한 진화 역사에 비춰봐도 눈에 띄게 두드러지는 예외다. 인류 역사 대부분 동안 사람은 여러 가족이 함께 큰 집단을 이뤄 살았다. 침팬지도 우리와 마찬가지로 여러 수컷과 여러 암컷이 집단을 이루지만 사람과 달리 그 안에서 가족이 보금자리를 꾸리지는 않는다.

기존에는 "우리 수렵·채집인 조상들은 사실상 죽을 때까지

---

* 여기서 말하는 마지막 공통 조상은 사람과 Hominidae에 속했던 영장류를 가리킨다. 이 선조 뒤로 침팬지속 Pan과 사람속 Homo이 지구에 출현한 덕분에 현생 침팬지와 사람이 생겨났다.

평생 돌아다니는 야영 생활을 했다.”라고 생각할 만큼 선조들이 단출하게 몇십 명으로 구성된, 경계가 뚜렷한 소규모 공동체 속에서 살았다고 보는 견해가 강했다.[10] 하지만 이제는 시대에 뒤처진 견해라는 것이 밝혀졌다. 조상들도 우리와 마찬가지로 많은 가족 구성원과 허물없는 친구들 다수가 멀리 떨어져 사는 광범위한 사회관계망 속에서 살았을 가능성이 크다. 침팬지 수컷이 평생 교류하는 수컷은 평균 스무 마리에 지나지 않지만 최근 추산에 따르면 수렵·채집인은 약 1,000명에 이르는 사회적 우주속에 산다.[11] 그러므로 초기 인류 사회는 협력해 새끼를 키우는 다른 종에서 본 혈연 중심의 대가족, 그리고 침팬지처럼 대부분 친척이 아닌 개체들이 섞여 사는 더 유연한 사회가 독특하게 뒤섞여 있었다. 하지만 우리는 침팬지보다 한 걸음 더 나아가 직속 집단을 넘어서까지 연고지를 넓혔다. 우리는 한 지역에 사는 개인이 다른 곳에 사는 친구나 친척과 인연을 이어갔다.

침팬지 무리에서 살아가기란 만만치 않다. 개체들이 갖가지 사회관계를 관리해야 한다. 그 가운데는 편안한 관계도 있고 갈등 투성이인 관계도 있다. 수컷은 공격적으로 지위를 추구하는데, 무리 안에서 형성한 관계가 이 목적에 도움이 되기도 한다. 우두머리 수컷을 지지하는 심복들은 우두머리가 지배력을 확보하게 돕는다. 호시탐탐 우두머리 자리를 노리는 수컷들이 다른 무자비한 수컷들과 힘을 합치면 우두머리는 자리에서 쫓겨날 위험이 커진다. 왕좌를 노리는 수컷들이 권력이 약해지는 신호는 없는지 눈을 부릅뜨고 지켜보고 있으니, 우두머리는 권력을 단단히 움켜쥐고 놓지 않는다. 병으로 쓰러지거나, 다치거나, 그저 너무 늙기만 해도 우두머리는 야심만만한 열위 수컷 연합의 거친 공격을 받아 권좌에서 쫓겨날 위험에 놓인다. 그러므로 사람과 침팬지의 마지막 공통 조상은 무리 내 다른 개체들을 지배할 우위를 주장하고 연합을 수단 삼아 이 목적을 이루려는 특성을 공유했을 것이다. 지금도 호모 사피엔스의 심리 도구에 이 특성이 들어있다. (연합 본성과 이 본성이 정신 건강에 미치는 영향은 이어지는 장들에서 더 깊이 다루겠다.)

복잡한 사회를 세세하게 탐색해야 할 필요 때문에 두뇌가 커지는 쪽으로 진화했을지도 모른다. 우리와 마찬가지로 침팬지도 뇌가 크다. 뇌는 에너지라는 자원을 꽤 많이 소비한다. 에너지 저장고에서 알토란 같은 열량을 20퍼센트나 쏙 빼가고, 1그램당 에너지 소비량도 골격근에 비해 10배나 높다.[12]

이렇게 큰 뇌를 유지하는 비용을 고스란히 보여주는 사례가 체스다. 두 사람이 꼼짝도 하지 않고 체스판만 몇 시간 동안 뚫어져라 바라보는 모습을 상상하면 테니스나 축구만큼 체력을 소모할 일이 거의 없을 것 같다. 하지만 체스 시합을 치르는 그랜드마스터는 호흡과 심장박동이 장거리 육상선수에 맞게 치솟는다. 시합을 한 번 치르는 동안 열량을 6,000칼로리까지 태운다. 1984년에 전년도 체스 세계대회 우승자인 아나톨리 카르포프Anatoly Karpov가 도전자 개리 카스파로프Garry Kasparov와 벌인 최종전이 승부를 가리지 못해 다섯 달 동안 이어졌을 때, 카르포프가 10킬로그램 가까이 살이 빠진 나머지 국제체스연맹 회장이 논란을 무릅쓰고 시합 중지를 선언했을 정도였다.[13]

그러므로 뇌가 뛰어나다는 것은 열량이 풍부한 음식을 먹어야 한다는 뜻이다. 바로 이 지점에서 사람과 다른 유인원이 나뉜다. 오늘날까지 살아있는 대형 유인원 사촌들은 비교적 수풀이 우거지고 계절을 타지 않아 먹이를 쉽게 구할 수 있는 환경에서 산다. 고릴라는 커다란 샐러드 그릇 속에서 사는 셈이라 주변 나무의 이파리와 줄기 등으로 그럭저럭 살아간다. 침팬지가 주로 먹는 잘 익은 열매는 훨씬 풍성해 한 개체가 혼자서도 꽤 쉽게 찾아낼 수 있다.

그러나 사람은 다르다. 무엇보다 몸에 비해 뇌가 침팬지나 고릴라보다 훨씬 더 크다. 앞서 봤듯이 우리는 이 내장 컴퓨터에 에너지를 공급하기 더 어려운 환경에서 진화했다. 지구에서 살아온 대부분의 시간 동안 우리 인간이 겨우겨우 버텨온 환경은 메마른 데다 예측하기 어려운 곳, 먹거리를 대부분 사냥하거나 여기저기를 뒤져 채집하거나 죽은 고기에서 얻어야 하는 곳이었다. 그래서 먹거리를 찾으려면 침팬지와는 다른 방식으로 힘을 합쳐야 했다.

개인의 생존과 번식 성공도가 다른 사람의 노력에 크게 좌우되자, 인간은 상호작용하는 상대를 관찰하고 평가할 뿐 아니라 되도록 자신을 좋게 표현할 사회인지 형질을 여럿 발달시켰다.

공정하다는 평판은 생존에 꼭 필요한 위험한 협력 활동을 함께 수행할 동료를 끌어모으는 데 도움이 되었을 것이다. 상호의존은 사람이 침팬지보다 훨씬 더 뛰어난 사냥꾼이 된 까닭을 설명하는 데도 도움이 된다. 사냥에 필요한 것이 타고난 근력과 완력뿐이었다면 침팬지가 인류의 코를 납작하게 눌렀을 것이다. 하지만 침팬지에게는 아주 중요한 능력이 부족하다. 우리가 훨씬 뛰어난 능력, 바로 협력 말이다.

침팬지는 붉은콜로부스원숭이Piliocolobus를 사냥해 먹는다. 대체로 수컷 한 마리가 사냥을 시작해 다른 수컷들이 합류할 때가 많다. 혼자보다 떼로 사냥하면 사냥 성공률이 훨씬 더 높다. 이때 침팬지들은 저마다 다른 역할을 맡는다. 어떤 수컷은 원숭이들이 은신처에서 뛰쳐나오게 하고, 어떤 수컷은 탈출 경로를 막고, 또 어떤 수컷은 다른 곳에서 마지막 한 방을 날릴 기회를 노린다.* 협동과 꽤 비슷하게 들리는 역할이지만 최근 한 연구가 더 간단한 해석을 제시했다.[14] 침팬지가 떼를 지어 사냥에 나서는 까닭은 사냥하는 무리가 클수록 개체가 원숭이를 손에 넣을 가능성이 커지기 때문이다. 달리 말해 침팬지들은 공동 목표에 관심이 없다. 침팬지가 사냥에서 저마다 전담 역할을 맡는 듯한

---

* 여기서 주목할 사실은 침팬지의 합동 사냥 사례로 알려진 관찰이 모두 아프리카 서부 코트디부아르의 타이국립공원에 사는 침팬지 개체군에서 나왔다는 것이다. 아프리카 동부 탄자니아에 사는 개체군에서는 다른 결과가 나왔다. 그러므로 서부 지역과 동부 지역의 침팬지 개체군 사이에 사회인지 전략과 행동 전략이 크게 다를 가능성이 있다. 하지만 이는 아직 검증되지 않았다.

모습도 허상일지 모른다. 더 간단히 말하자면 이미 자리를 차지한 다른 침팬지와 비교해 자기가 원숭이를 잡을 확률이 가장 높은 곳에 자리를 잡는다고 해석할 수 있다. 그러니 침팬지에게서는 협력이 '각자도생' 정신에서 비롯한 것이다. 사람은 침팬지에게는 없는 방식으로 협동한다. 다시 말해 침팬지는 '나'를 위해 움직이고, 사람은 '우리'를 위해 움직인다.

어린아이에게 보상을 얻고자 힘을 합칠지 혼자 움직일지 고르게 하면 주로 협력을 선택한다. 이와 달리 침팬지는 혼자 움직이는 쪽을 더 좋아한다.[15] 이런 차이가 나타나는 까닭은 침팬지가 계급 사회에 살고 남과 나누기 싫어하는 특성이 있기 때문이다. 서열이 낮은 침팬지가 힘센 침팬지와 힘을 합쳐 공동으로 귀중한 자원을 확보한들, 아무런 결실도 손에 넣지 못한다. 서열이 높은 침팬지에게는 자원을 훔칠 힘이 있고, 보나 마나 그렇게 할 터이기 때문이다. 붉은콜로부스원숭이를 잡은 침팬지는 먹이를 혼자 독차지하려 하기 일쑤다. 중요한 동맹이나 짝짓기 상대가 될 암컷에게는 먹고 남은 고기를 조금 내줄지 몰라도 바로 옆에서 끈질기게 조르는 침팬지에게는 마지못해 내어주는 정도다. 다른 침팬지가 애걸하거나 괴롭히지 않는데도 스스로 먹이를 나눈 사례는 손에 꼽는다.

이와 달리 인간 사회에서 협동은 능력주의를 기반으로 한다. 수렵·채집 사회에서 사냥꾼은 누가 사냥을 도왔고 얼마나 중요한 역할을 했는지에 따라 고기를 나눈다. 콩고의 에페족[Efe]은 첫

화살을 날린 사냥꾼이 고기를 가장 많이 가져가고, 그다음은 사냥감을 쫓은 개의 주인이 가져가는 식으로 고기를 나눈다. 도미니카의 어부들은 물고기를 팔아 번 돈으로 먼저 배 주인에게 기름값을 준 다음, 나머지 돈을 모든 선원이 똑같이 나눈다. 어린 아이들에게 힘을 합쳐 보상을 얻게 하는 실험에서도 아이들은 보상을 기꺼이 친구들과 나눈다.

이와 달리 침팬지는 성공에 힘을 보탠 다른 침팬지에게 보상하는 데 관심이 없어 보인다. 코트디부아르의 타이국립공원에 사는 침팬지들을 살펴본 최근 연구에서 이런 가능성을 암시했지만[16] 포획한 침팬지로 후속 실험을 해보니 고기를 움켜쥔 침팬지에게서 제 몫을 얻어낸 침팬지는 가장 가까이 앉아 있던 녀석이었다.[17] 그러니 고기를 얻느냐 마느냐는 협력 활동에 참여하느냐보다 제때 알맞은 장소에 있었느냐가 판가름하는 듯하다. 협력한들 얻는 것이 거의 없다면 침팬지가 자주 혼자 먹잇감을 사냥하는 것이 그다지 놀랍지 않다.

협력은 의사소통에 의존한다. 의사소통은 우리가 다른 유인원과 뚜렷이 구별되는 다른 영역이다. 우리가 말을 할 줄 알아서만은 아니다(물론 확실히 도움은 된다). 말을 빼고 몸짓과 표정으로만 의사소통을 하더라도 사람은 침팬지와 무척 다른 방식으로 몸짓과 표정을 사용하고 이해한다. 중요한 차이는 사람은 몸짓을 자신을 돕도록 설계된 신호로 이해하지만 침팬지는 그렇지 않다는 것이다. 아이들에게 숨은 인형을 찾게 하는 실험에서 어른이 뒤집힌 양동이를 손가락으로 가리키거나 의미심장하게 바라보면 아이들은 인형의 위치를 알려주는 신호라는 것을 단번에 알아차린다.[18] 이런 신호를 주고받을 줄 아는 능력이 사냥 같은 협력 활동에 얼마나 보탬이 될지는 보지 않아도 훤하다. 손가락질과 눈짓은 사냥감의 위치를 알리는 신호나, 점찍은 사냥감에게 위치를 들키지 않고 다른 사람에게 자리 잡을 곳을 알리는 신호로 사용할 수 있다. 매우 흥미롭게도 이런 과제를 수행하는 능력은 개가 침팬지보다 훨씬 뛰어나다. 개는 사람이 보내는 다양한 신호를 정보와 협력의 신호로 이해할 줄 안다. 늑대에게는 이런 능력이 없으니 개가 오랫동안 사람과 동반자로 지내는 동안 이런 사회인지 능력을 공진화한 듯하다.

침팬지가 이런 유용한 신호를 사용하기에는 근본적인 걸림돌이 있다. 침팬지는 이런 신호가 도움이나 정보를 주려는 신호라고 단번에 이해하지 못한다. 침팬지를 대상으로 숨은 물건 찾기 실험을 진행할 때 실험자가 물건이 놓인 곳을 손가락으로 가리키면 침팬지는 실험자가 위치를 알려주려 한다는 것을 추론하는 데 애를 먹는다. 그런 탓에 "당신이 내가 무엇을 찾게 도우려 하는군요."라는 결론에 이르는 일이 드물다. 침팬지가 몸짓을 사용하지 않아서가 아니다. 정확히 말하면 침팬지는 사람보다 훨씬 다양한 몸짓을 사용한다(사람은 몸짓이 말로 많이 대체되었기 때문일 것이다). 하지만 침팬지는 이런 신호를 다른 침팬지에게 목표물의 위치나 공통된 관심사를 알리는 용도가 아니라 "그것 좀 나눠줘."나 "꺼져."처럼 자신이 원하는 일을 시키는 용도로 사용한다.

여기에 딱 들어맞는 사례가 손가락질이다. 야생 침팬지는 손가락으로 무엇을 가리키는 일이 별로 없지만 사람이 기른 침팬지는 손가락질을 할 줄 안다. 물론 인간 아기와 달리 손가락으로 무언가 흥미로운 것을 가리키지는 못해 자신이 원하는 것만 가리킨다. 원형적 서술 지시proto-declarative pointing, 즉 아이들이 비행기나 새 같은 흥미로운 대상을 다른 사람이 봐주기를 바랄 때 쓰는 신호는 발달 단계를 가늠할 이정표다. 갓난아이 대다수가 아홉 달 무렵이면 이 신호를 자연스럽게 사용한다. 이런 손가락질을 할 줄 모르는, 그래서 세상에서 발견한 흥미로운 대상을 어른과 공유할 줄 모르는 아이는 나중에 자폐성 장애로 진단받을 위험이 더 크다. 자폐성 장애는 다른 사람의 심리 상태를 고려하는 성향이 약하다. 손가락으로 무엇을 가리켜 누군가에게 보여주려면 적어도 상대방이 어떤 심리 상태이고 자신이 거기에 영향을 미칠 수 있다는 것을 인식해야 한다. 이와 달리 "어이, 그것 좀 줘." 같은 뜻을 전달하는 원형적 명령 지시proto-imperative pointing는 다른 사람의 심리 상태를 이해하거나 거기에 공감하지 않아도 되고, 단순한 시행착오("원하는 물건을 가리키면 손에 넣을 확률이 높아지는군.")를 거쳐 보강할 수 있다.

방향이 전혀 다른 이 모든 연구에서 나온 보편적 결론 중 하나는 다른 유인원들은 주로 '나'라는 관점에서 생각하는데, 사람은 '우리'라는 관점에서 생각한다는 것이다. 사람은 사회적 상호작용에서 남보다 적게 얻는 것을 싫어한다. 해당 자원을 확보하는 데 참여했을 때는 특히 더 그렇다. 이와 달리 침팬지는 사회적 비교에 몰두하지 않는다. 상호작용하는 상대의 의도, 그리고 공정에 민감한 기질이 인간이 협력에서 드러내는 독특한 특성, 예컨대 내가 손해를 보면서까지 다른 사람의 안녕을 진심으로 걱정하고 남을 스스로 도우려 하는 성향에 어느 정도 영향을 미쳤을 것이다.

실제로 남을 도우려는 욕구는 인지 발달 단계에서 굉장히 일찍 나타난다. 한 살 반 정도의 어린아이는 따로 시키지 않고 보상이 없어도 어른이 하려는 일을 알아서 돕는다. 포획한 침팬지를 똑같은 상황에 노출하면 이따금 도울 때도 있지만 인간 아이에 견주면 턱없이 모자라다.[19] 다른 연구에 따르면 침팬지는 동료의 안녕에 거의 신경 쓰지 않는다.[20] 침팬지에게 먹이 보상을 자신과 더불어 가까운 동료도 받게 할지, 아니면 자신만 받을지를 선택하게 했더니 마구잡이로 선택했다. 다른 비인간 영장류와 마찬가지로 침팬지도 같은 무리에 속하는 개체에 그리 마음을 쓰지 않는 듯하다. 침팬지는 오직 자신한테만 집중한다.

∴ ∴ ∴

　협력할 줄 아는 능력은 우리를 치명적인 사냥꾼으로 만들었다. 하지만 이렇게 발전한 사냥 솜씨가 뜻하지 않은 또 다른 결과를 불렀다. 우리는 사회 질서를 뒤집을 힘을 얻었다. 침팬지 우두머리는 힘으로 다스린다. 침팬지들은 제 뜻과 다르더라도 힘의 지배를 받아들여야 한다. 하지만 우리 조상들은 달랐다. 누구나 저 멀리 돌을 던지고 창을 날릴 줄 아는 세상에서는 보잘것없는 적조차 반격할 수 있으니, 억센 근육이 더는 권력을 휘두를 유용한 수단이 아니었다.

15 ——

협력의 두 얼굴

사람은 타고난 정치적 동물이다.[1]

아리스토텔레스Aristotle

1787년 어느 쌀쌀한 일요일, 영국 군함 바운티호가 포츠머스를 떠났다. 남반구를 일주하는 대담한 임무를 맡은 이 배의 목적지는 타히티였다. 선원들은 이곳에서 빵나무 묘목을 모은 뒤, 다시 동쪽으로 배를 몰아 서인도 제도로 가야 했다. 영국 정부는 식민지인 서인도 제도에서도 빵나무가 잘 자랄 것으로 보고 빵나무 열매를 그곳에서 노예로 부리는 사람들을 먹일 값싼 식량으로 쓰려 했다.

바운티호는 큰 갈등 없이 무사히 타히티에 도착했다. 그러나 남은 여정은 마치지 못했다. 열대 섬에서 다섯 달을 보낸 선원들은 규율이 엄격한 바다 생활을 마뜩잖게 여겼다. 함장 윌리엄 블라이William Bligh는 고분고분하지 않은 선원들이 선을 넘지 못하게 다잡으려고 갈수록 가혹한 징벌을 내렸다. 채찍질, 모욕, 배급 중지가 일상이 되자 분위기가 험악해졌다. 결국 타히티를 떠난 지 겨우 3주가 지났을 때 선원들이 반란을 일으켰다. 한때 블라이 함장의 오른팔이었던 플레처 크리스천Fletcher Christian은 선원 몇 명을 이끌고 한밤중에 함장을 사로잡은 뒤, 함장의 심복들과 함께 보트에 내던졌다. 반란자들은 한때 동료이자 친구였던 선원들에게 겨우 며칠 밖에 버티지 못할 식량과 물, 그리고 단검 몇 자루를 던져주고는 바다에 표류시켰다.

바운티호 반란은 가장 유명한 해상 반란 사건이다. 18~19세기 상선에서는 늘 반란이 일어날 위험이 도사리고 있어 항해 내내 한시도 마음을 놓을 수 없었다. 원인은 주로 상선의 운영 방식에 있었다. 대체로 부유한 무역상인 선박 소유주들은 오랫동안 대양을 가로지르는 위험한 여정에 직접 나서기를 꺼렸다. 그렇다고 배와 소중한 화물을 오합지졸 같은 선원들에게 여러 달 동안 맡기는 것도 내키지 않았다. 그렇다면 이들이 선원들이 배와 화물을 소중히 다루게 하기 위해 어떻게 했을까? 선원들이 배와 화물을 제멋대로 쓰거나 수익을 제대로 보고하지 않거나 이익을 빼돌리지 않도록 하는 방법은 무엇이었을까?

이 문제를 해결할 해법은 배마다 수장을 한 명씩 지정하는 것이었다. 블라이 같은 인물 말이다. 선장은 소유주의 수익에 따라 보수를 받고 선원들을 엄격하게 다스릴 권한을 얻었다. 선장에게는 선원이 잘못을 저질렀을 때 다양한 처벌을 집행할 자격이 있었고 많은 선장이 이 권리를 남용했다. 경제학자 피터 리슨Peter Leeson은 (역대 최고의 학술 논문임이 분명한) 〈'악' 소리 나는 무정부: 해적단의 법과 경제학〉에서 권력에 취한 선장이 얼마나 숱하게 '포식자'가 되었는지를 자세히 설명한다.[2] 포식자가 된 선장은 부하들의 삶을 갖가지 방식으로 비참하게 만들었다. 선원들을 다그쳐 계약에 없던 곳까지 항해하게 했고, 배급을 제한했고, 급료를 깎거나 주지 않았고, 바다에 빠뜨리거나 때로는 죽을 만큼 매질을 했다. 그러니 이 시기를 '대반란기'라 부르는 게 그리 놀랍지 않다.

선박 소유주들의 걱정거리는 선원들의 반란만이 아니었다. 이때는 해적의 전성기였다. 상선은 선원이 겨우 스무 명 남짓인데 해적단은 규모가 엄청나 150명이 넘기도 했다. 그러니 공해에서 해적을 맞닥뜨리면 누구라도 두려움이 밀려왔을 것이다. 무뢰한과 불한당으로 구성된 큰 무리*를 통제하기란 훨씬 더 어려웠을 테니 해적선에도 반란이 들끓었겠다는 생각이 들지 모르겠다. 하지만 현실은 정반대였다. 대체로 해적선 생활은 상선에서보다 더 평화롭고 질서가 잡혀있었다.

---

* 해적은 대부분 남성이었지만 유명한 예외도 더러 있다. 역사에서 가장 성공한 해적으로 꼽히는 청나라 해적 정일수鄭一嫂는 여성이었다.

해적은 반란 문제를 소수가 아닌 다수에게 권한을 분산하는 방식으로 해결했다. 달리 말해 해적 민주주의를 발명한 것이다. 해적선은 모든 해적이 공동으로 소유했다. 덕분에 해적이라면 누구나 배를 소중히 여길 동기가 생겼다. 물론 해적선에도 선장은 있었다. 하지만 권한이 훨씬 제한되었다. 선장은 전투에서 결정을 내릴 권한만 있을 뿐, 다른 모든 문제에서는 나머지 선원과 대등했다. 무엇보다도 해적은 민주주의에 기반한 투표로 선장을 뽑았고 선원들의 이익에 도움이 되지 않는다 싶으면 심심찮게 선장을 끌어내렸다.

해적 민주주의에서 중요한 또 다른 요소는 자산 관리자와 선원 관리자의 분리였다. 다른 배를 약탈해 얻은 이익을 어떻게 나눌지는 선장처럼 투표로 뽑은 조타수가 결정했다. 조타수도 선장과 마찬가지로 제 잇속을 챙긴다 싶으면 강등되었다. 또 해적선의 평화를 유지하기 위해 해적 스스로 동의해 작성한 규칙들을 반드시 지켜야 했다. 해적한테는 이 규칙이 곧 헌법이었다.

해적 헌법에는 해적선 생활을 꽤 안락하고 평화롭게 유지할 규칙을 담았다. 이를테면 '저녁 8시에는 불과 초를 꺼야 한다', '선상에서 주먹질을 주고받으면 안 되며 모든 싸움은 육지에서 칼과 권총으로 끝내야 한다'와 같은 지침이 포함되어 있었다. 약탈로 얻은 보물을 어떻게 나누어야 하는지도 규정했다. 싸움 중에 가장 큰 위험을 무릅쓴 사람이나 크게 다친 선원들은 더 많은 몫을 받을 자격을 얻었다. 민주주의, 권력 분할, 체계를 갖춘 정식 규약이라는 세 가지 주춧돌이 해적선의 평화를 지켰다. 상선에서 난무한 폭압과 횡포로는 도저히 이룰 수 없는 일이었다.

∴ ∴ ∴

상선에서 나타난 사회 체계와 해적들이 스스로 만든 사회 체계의 뚜렷한 대비는 인간의 본성에서 흔히 나타나는 특성을 명확히 보여준다. 남보다 우위에 서려는 욕망, 공정한 몫보다 조금 더 많이 챙기려는 욕망, 기회가 왔을 때 권력을 손에 넣고 싶은 욕망까지 모두 인간 본성의 토대다. 그렇지만 해적이 고안한 민주주의 체계와 같은 문화적 발명품이 무자비하기 짝이 없는 개인을 억제할 수 있다. 이런 반란과 봉기는 인간의 사회생활에 얽힌 더 원초적인 면도 드러낸다. 갈등이 펼쳐지는 모습을 지켜보면 사회관계망을 맺은 사람들의 지지가 권력과 지위를 얼마나 좌우하는지가 보인다. 그런 의미에서 친구는 정말로 이로운 존재다.

비록 우리가 그렇게 의식하고 행동하지는 않지만 씁쓸하게도 연합과 우정, 동맹은 목적 달성을 돕는 사회적 도구로 기능한다. 10장에서 살펴봤듯이 친구끼리는 서로 돕는다. 특히 언제 자원이 생기고 사라질지 예측하기 어려울 때는 그런 도움이 매우 중요하다. 앞서 살핀 마사이족의 오소투아를 떠올려보자. 이런 친구 관계에서는 언제라도 자신이 요구하면 비슷한 지원을 받을 수 있다는 것을 인지하고 있으므로 중요한 상대에게 '아무런 조건 없이' 도움을 베푼다.

다른 연구에 따르면 우정에서 비롯한 지원을 받을 때 행복을 더 많이 느끼고, 스트레스가 줄고, 면역 기능이 강해지고, 수명도 늘어난다.[3] 콩고와 중앙아프리카공화국에서 수렵·채집 생활을 하는 아카족Aka을 대상으로 진행한 실험에 따르면, 친구가 많을수록 체질량지수가 높았다.[4] 여성의 체질량지수가 높으면 생식 능력이 높아진다. 또 이 사회에서는 사회관계망이 넓은 남성일수록 아내를 더 얻을 수 있기 때문에 곧장 번식 성공도에 영향을 미쳤다. 역경이 닥쳤을 때는 친구가 특히 중요하다. 미국 남북전쟁 때 남부 연합이 포로를 수용한 앤더슨빌 수용소에서는 거의 포로 절반이 목숨을 잃었다. 이 끔찍한 환경에서 살아남을지를 가장 잘 알려준 요인은 친구의 유무였다.[5]

우정은 역경을 견디게 돕는다. 그뿐 아니라 보호막이 되고 남과 맞설 경쟁력을 키워 사회적 지위를 굳히거나 높이게 돕는다. 암컷 개코원숭이가 핏줄이 아닌 수컷과 우정을 쌓으면 무리 내에서 어린 새끼를 해치는 다른 수컷들에게서 자신과 새끼들을 지킬 동맹을 얻는다.[6] 침팬지 세계에서는 우정이 특히 수컷한테 중요해 보인다.[7] 서열을 올리거나 암컷에 접근할 때 도움이 되기 때문이다. 우두머리 수컷이 얼마나 오래 자리를 지키느냐도 가까운 동맹 세력에게 지원을 받느냐에 자주 좌우된다. 동맹 세력은 우두머리가 경쟁자의 공격을 물리치게 돕는 대가로 번식 기회와 관용을 얻는다.

하지만 모든 우정이 영원하지는 않다. 연합은 갈등을 먹고 자란다. 개체나 집단 사이에 일어나는 이해 충돌이 언제든 바뀔 수 있듯이 사회적 유대의 견고함도 바뀔 수 있다. 바운티호에서 블라이 함장에 맞서 반란을 이끈 플레처 크리스천을 떠올려보자. 크리스천은 한때 블라이의 오른팔이었다. 바운티호에 앞선 항해에서 블라이는 크리스천에게 고위 선원이 누리는 특권을 선사했고, 바운티호의 항해가 시작될 때 논란을 무릅쓰고 크리스천을 더 노련한 선원들보다 높은 자리에 올렸다. 하지만 블라이를 남태평양에 표류시킨 주동자는 바로 블라이가 아끼던 후배이자 동료인 크리스천이었다.

1970년대 초반에 탄자니아에서 침팬지 개체군을 잇달아 관찰한 결과는 친구를 갈아치우는 것이 개체의 흥망성쇠에 어떤 영향을 미치는지를 잘 보여준다.[8] 이 이야기의 핵심인 갈등의 한복판에는 수컷 세 마리가 등장한다. 우두머리 수컷 카손타는 '매우 거칠고 힘이 센' 덕분에 거의 6년 동안 권력을 휘둘렀다. 이 시기에 카손타는 2인자인 소봉고에게 여러 번 공격받았다. 카손타가 끊임없는 도전에 맞서 그토록 오랫동안 우두머리 자리를 지킨 비결은 서열이 낮은 다른 수컷 카메만투가 카손타를 지지했기 때문이다.

카메만투는 여느 수컷과 달리 체구가 작은 탓에 제힘으로 우두머리 자리에 올라 암컷에게 접근할 수 없었다. 하지만 떨어지는 완력을 두뇌로 보충했다. 시간이 갈수록 카메만투는 앙숙인 두 수컷의 갈등을 부추겨 제 잇속을 챙겼다. 한 수컷에 목매지 않고 카손타에게 붙었다 소봉고에게 붙었다 하는 줄타기 전략을 썼다. 그렇게 카메만투는 두 앙숙의 서열을 흔들고 갈등을 부추겼다. 두 수컷이 워낙 앙숙이라 두 녀석 모두 카메만투를 멀리하지 못했다. 잠재적 동맹이 싸움의 승패를 가를 수 있었기 때문이다. 카메만투는 이렇게 분열을 일으키는 전략으로 더 힘센 두 수컷에게 용인받아 비록 들쑥날쑥할지언정 지지를 대가로 암컷과 교미할 권리를 얻었다. 자연계에서는 이 연구가 재현되지 않았지만 후속 연구들을 통해 그런 정치적 계략이 침팬지 사회에서 우두머리의 흥망성쇠를 가르는 중요한 요소라는 것을 확인했다.

충성을 손바닥 뒤집듯 바꿀 수 있는 세상, 친구가 적이 될 수 있는 세상에서는 '사회적' 위협, 즉 타인의 위협을 알리는 신호를 극도로 경계한다. 다른 구성원 사이의 관계를 주시하다가 혹시 앞으로 문제를 일으킬 것 같으면 관계를 가로막아야 하기 때문이다. 야생 침팬지를 살펴본 어느 연구에 따르면 침팬지들은 털 고르기를 하는 다른 침팬지들을 툭하면 방해한다고 한다.[9] 자기가 털 고르기를 받고 싶어서가 아니다. 친밀한 접촉으로 형성되기 시작한 유대를 가로막고 싶어서다. 방해 빈도가 특히 높은 경우는 가까운 동료가 털 고르기를 할 때(친구에게 받는 지지를 독차지하고 싶다는 뜻인 듯하다)와 서열이 낮은 개체끼리 털 고르기를 할 때였다. 앞선 사례에서 봤듯이 서열이 낮은 수컷 두 마리가 연합하면 더 우세한 수컷에게 재앙이 일어날 수 있다.

사람은 사회생활의 이런 세세한 부분에 특히 신경 쓴다. 우리는 반사적으로 타인을 '내집단'과 '외집단'으로 구분한다.[10] 그런데 분류 기준이 완전히 제멋대로다(이전 실험에 따르면 이름표의 색, 피카소를 좋아하느냐 모네를 좋아하느냐 같은 기준으로 분류가 갈렸다). 지나칠 만큼 편을 가르려 드는 우리 심리는 협력에 대단히 뛰어난 본성 때문에 생긴 얄궂은 산물이다. 초기 인류는 서로 힘을 합친 덕분에 자연이 던진 난관을 갈수록 잘 극복했다. 식량과 물 부족, 위험한 포식자의 위협을 모두 협력으로 누그러뜨렸다. 하지만 그 바람에 타인이 주요 위협으로 떠올랐다. 싸움의 상대는 이제 자연이 아니었다. 바로 우리 인간이었다.

이 상황에서 진화는 사회적 능력을 매우 중요하게 여겼을 것이다. 지원을 얻을 사회관계망을 키우고 관리하는 능력, 다른 사람의 친구 관계와 동맹을 주시할 줄 아는 능력, 그리고 무엇보다도 사회적 위협을 알아차려 피할 능력 말이다. 이런 위협 감지 체계가 잘 작동하면 위험에서 벗어날 수 있다. 하지만 실패하면 우리 스스로 우리를 위험에 빠뜨릴 수 있다.

마음속에 웅크린 위험

피해망상 환자에게도 적은 있다.[1]

골다 메이어Golda Meir

　제임스 틸리 매슈스James Tilly Matthews는 오늘날 조현병으로 진단하는 증상이 기록된 초창기 환자다. 영국 왕립 베들레헴 정신병원에 수용된 매슈스는 여러 '공기 베틀 불량배'가 자신을 괴롭힌다고 하소연했다. 매슈스의 말에 따르면 범죄자와 첩자로 구성된 이 무리가 빛을 내뿜는 '공기 베틀'에서 다양한 힘을 얻어 매슈스를 고문한다고 했다. 곧장 고통스러운 죽음으로 몰아넣을 '바닷가재 쪼개기' 고문으로 매슈스의 혈액 순환을 가로막았고, '생각 만들기' 고문으로 매슈스뿐 아니라 당시 정부 거물들에게

생각을 주입해 조종한다는 것이다.[2]

매슈스가 겪은 고통스러운 생각은 정신병*에서 흔히 나타나는 쇠약 증상이다. 실제로 매슈스가 반복해서 보인 망상 증상, 즉 다른 사람이 멀리서 자신의 생각을 조종하거나 해를 끼칠 수 있다는 생각은 정신병에 걸린 환자에게 흔히 나타난다. 물론 꽤 기이한 내용이라는 측면에서 매슈스의 망상은 특이한 증상에 속한다. 하지만 이 망상 아래 깔린 '공포'는 일반 대중에게서도 꽤 흔하게 나타난다. 이런 공포는 경중을 가리지 않고 다양하게 나타나며 이들의 등장이 꼭 정신 질환을 뜻하지도 않는다.[3]

하지만 임상에서 말하는 피해망상은 뜻이 다르다. 일상적인 걱정과 불안은 무언가 나쁜 일이 일어날지 모른다는 생각을 불러일으키지만 피해망상은 다른 특징을 갖는다. 바로 다른 사람이 자기를 해치려 한다는 믿음이다.

피해망상에서 아주 흔히 나타나는 징후는 사회적 평가를 지나치게 염려하거나(이를테면 남들이 자기 흉을 본다고 믿는다), 남을 불신하거나 의심하는 것이다. 하지만 매슈스 같은 극단적 사례에서는 병리 증상이 나타날 수 있다. 피해망상적 사고에 쉽게 빠질지를 측정하는 방법은 설문조사를 통해 '사람들이 나를 따돌리려 한다고 확신한 적이 있다', '나를 해칠 의도가 있는 사람

---

* 정신병과 정신병질(이상 인격)을 헷갈려서는 안 된다. 정신병은 현실을 분간하지 못할 때 생긴다. 정신병에서 가장 흔한 증상 두 가지는 대개 환청으로 나타나는 환각, 그리고 피해망상적 사고나 망상이다.

이 있다'처럼 다른 사람이 자신에게 위해를 가할 의도가 있는지 묻는 질문에 얼마나 동의하는지 살펴보는 것이다. 표본이 충분히 크다면 설문 참여자 절반 이상이 피해망상적 사고를 아예 하지 않거나 어쩌다 하는 데 그친다. 이때 불신이나 의심하는 감정을 꾸준히 느끼는 사람은 약 15퍼센트, 피해망상적 사고에 크게 사로잡히는 사람은 약 3~4퍼센트로 나타난다. 정신병으로 진단받은 사람들은 바로 이 3~4퍼센트와 같은 점수대를 기록한다.

피해망상을 오로지 병리학 관점에서 치료하고 되도록 제거해야 할 정신 질환의 달갑잖은 증상으로만 바라볼 수도 있다. 하지만 나와 런던대학교 임상심리학자 본 벨Vaughan Bell은 지난 몇 년 동안 연구를 진행해 지금까지와는 다른 관점을 제시했다.[4] 우리가 보기에 피해망상은 우리 심리에 나타나는 오류가 아니라 특성이다. 확실히 짚고 가자면 조현병 같은 정신 질환을 동반하는 극심한 피해망상을 진화가 선호했다는 뜻이 아니다. 피해망상이 정상적으로 작동하는 인간 심리에 속하기는 하지만 일부에서는 피해망상적 사고의 빈도와 강도가 지나친 나머지 그 대상을 괴롭히는 그릇된 결과를 낳는다. 하지만 강도가 낮을 때는 피해망상이 사회적 위협을 알아채고 대비하는 데 도움이 되는 중요한 역할을 한다.

피해망상이 어떻게 이따금 해를 끼치면서도 우리를 보호하는지 이해하기 쉽게 다른 보호 기제에 빗대어 설명하겠다. 이를 잘 보여주는 사례는 '열'이다. 심부 체온을 올리는 능력은 면역 반응에서 아주 중요하다. 심부 체온이 높으면 우리 몸은 병원체들을 물리칠 수 있다. 하지만 이따금 열 자체가 통제되지 않아 목숨을 위협하기도 한다. 마찬가지로 통증 역시 불쾌하고 고통스러운 경험이지만 몸 어딘가에 문제가 있다고 알려 더 심한 손상을 피하게 한다. 간혹 다친 곳이 나은 뒤에도 통증이 오랫동안 이어져 만성 통증 질환으로 이어지기도 하는데, 피해망상도 비슷한 관점에서 이해할 수 있다. 대다수 피해망상이 본래 의도한 기제로 작동해 보호 기능을 수행하지만 일부에서는 상황이 몹시 나쁘게 흘러가기도 한다.

그렇다면 남을 불신하거나 의심해서 얻는 이익은 무엇일까? 알다시피 사람은 타인이 심각한 위협이 되는 복잡한 집단 속에서 진화했다. 그런 환경에서는 자연선택이 위협의 생성 여부를 살펴 해로운 타인을 피하거나 무력화하는 쪽으로 대응하는 인지 기제를 선호했을 것이다. 진화는 우리가 이런 기제를 얻는 한 방법으로, 피해망상적으로 생각할 역량이 있는 뇌를 발달시켰다. 설사 피해망상이 이따금 가짜 경고를 보내더라도 자연선택은 피해망상에 빠지기 쉬운 형질을 선호했을 것이다. 나중에 후회하느니 조심하는 쪽이 낫다는 이 원리를 화재 감지기 원리smoke-detector principle라고 부른다. 화재 감지기 원리는 인지 도구가 잘 작동하려면 피해망상적 사고에 빠지는 역량, 더 나아가 그러한 기질이 반드시 있어야 하며 바로 이것이 우리를 해치려 하는 사람들한테서 우리를 보호하는 데 도움이 된다고 암시한다.

진화적 관점에서 보면 피해망상이 어떻게 발현할지도 짐작할 수 있다. 구체적으로 말해 피해망상은 소리 조절 다이얼처럼 사회 환경의 특성에 따라 발현 강도가 바뀐다. 예컨대 사회적 위협을 크게 인지하면 증가하고 낮게 인지하면 줄어드는 식이다. 이를 혈당 부족과 그에 따른 허기로 설명할 수 있다. 우리 몸이 체내 당 수치를 끊임없이 확인하면 우리는 주관적으로 느끼는 허기와 포만감에 따라 내부 환경이 얼마나 변했는지를 파악할 수 있다. 우리가 느끼는 '사회 안전 지수'도 비슷한 방식으로 작동한다. 이 지수를 통해 사회 환경을 추적하고 사회적 지지와 사회적 위협의 신호를 관찰한다.[5] 그리고 이 지수에서 나오는 주관적 안전 평가가 누구나 이따금 겪는 피해망상적 사고와 감정으로 드러나기도 한다.[6]

허기가 금식과 식사에 따라 커지거나 줄어들 듯이 사회 안전 지수도 다른 사람에게서 느끼는 안전과 위협의 변화에 반응한다. 사회적 위협의 신호에 끊임없이 노출되는 사람은 일상에서 피해망상적 사고를 더 많이 경험한다. 피해망상이 주요 특징인 정신병의 위험 요소를 살펴본 대규모 역학 연구들이 이 견해를 뒷받침한다. 정신병에 유전 요소가 있다지만[*] 환경도 정신병에 걸릴지 말지를 가르는 큰 요인이다. 사람을 정신병이나 피해망상으로 내모는 환경 요인을 자세히 들여다보면 사회적 위협에 노출

---

[*] 거의 모든 표현형이 그렇듯 정신병에 걸릴 위험 역시 조금씩 영향을 미치는 많은 유전자와 관련한다.

되느냐가 큰 영향을 미친다. 괴롭힘을 당한 적이 있거나 사회관계망이 좁은(사회적 지지를 적게 받는다는 뜻이다) 사람은 피해망상적 사고를 더 자주 겪는다. 낮은 지위도 정신병을 키우는 위험 요인이고, 소외된 인종이나 종교도 마찬가지다. 런던 동남부의 한 지역에서는 같은 동네에 사는 흑인의 정신병 발병률이 백인보다 세 배나 높았다.[7]

소외된 느낌, 낮은 지위, 좁은 사회관계망은 사회적 안전이 위협받는다는 경보를 울리게 만드는 요인이다. 피해망상적 사고를 사회 안전을 바탕으로 해석하면 소수 인종일지라도 같은 인종이 몰려 사는 곳의 사람들은 정신병에 걸릴 위험이 줄어든다는 모순된 결과(인종 밀집 효과ethnic density effect 라 부른다)를 정확히 예상할 수 있다. 수가 많으면 고립될 때보다 더 안전한 법이다. 런던 동남부 지역 연구에서도 주민 중 흑인이 적어도 4분의 1을 차지하는 곳에서는 정신병과 인종의 관계성이 뚜렷하지 않았다.

이런 역학 연구는 많은 것을 시사한다. 다만 사회적 위협과 피해망상적 사고의 인과 관계, 그러니까 사회적 위협이 사람들을 더 많이 피해망상으로 몰아넣는 원인인지, 아니면 반대로 피해망상에 빠지면 사회적 위협을 더 많이 느끼는지는 여전히 밝혀지지 않았다. 인과 관계를 뒤집으려면 피해망상이 심할수록 사람들과 교류를 중단하는 경향을 보이고, 이로 인해 사회관계망이 줄어들어야 한다. 만약 그렇다면 좁은 사회관계망이 피해망상에 영향을 미치는 원인이라기보다 결과에 해당할 것이다.

이러한 인과 관계를 확인하려면 사회적 위협을 조작하고, 피해망상적 사고에 빠지는 성향을 측정하는 실험을 진행해야 한다. 그래서 나와 벨은 일반 대중을 대상으로 피해망상적 사고를 실시간으로 측정하면서 동시에 조작할 수 있는 실험을 고안했다. 피해망상이 사회적 위협을 살피는 인지 기제의 산물이라면 상황에 따라 결과가 달라야 한다. 다시 말해 실험 환경에서 피해망상의 발현을 높이거나 줄일 수 있어야 한다.

우리는 실험 참가자들을 타인과 실제로 상호작용할 때 생기는 가벼운 스트레스 요인에 노출시켜 이를 측정했다. 실험 환경은 독재자 게임을 활용했다. 이 게임에서는 한 사람(독재자)에게 돈을 주고 상대(수령자)와 돈을 어떻게 나눌지를 선택하게 한다. 이 게임에서 수령자는 아무런 힘이 없어 독재자의 제안을 무조건 받아들여야 한다(그래서 독재자 게임이다). 독재자 게임에서는 대부분 독재자에게 초점을 맞춘다.* 하지만 우리는 수령자에게 더 깊이 주의를 기울였다. 독재자가 돈을 나누는 이유 또는 나누지 않는 이유를 파악하기가 몹시 어려울 때, 사람들이 독재자에게 어떤 의도가 있다고 생각하는지 알고 싶었기 때문이다.

참가자들이 독재자의 의도를 추론하게 하고자, 우리는 다른 실험 참가자들의 행동을 어떤 뜻으로 이해했느냐고 물었다. 독

---

* 합리적 행위자 모델rational actor model에서는 개인이 돈을 독차지하리라 보는데 독재자 게임에서 일어나는 분배가 이 모델의 기반을 무너뜨리는 듯 보이기 때문이다.

재자가 돈을 얼마나 나눠줬는지 확인한 수령자에게는 독재자가 돈을 그만큼 준(또는 주지 않은) 동기를 추론해보라고 요청했다. 중요한 점은 독재자의 진짜 동기가 매우 모호하다는 것이다. 어떤 독재자는 탐욕에 눈이 멀어 순전히 사리사욕을 좇아 돈을 독차지할 것이다. 하지만 수령자는 독재자가 자기에게 아무것도 주지 않으려고 돈을 독차지했다고 생각할 것이다. 그래서 독재자에게 자신을 해치려는 의도가 있었다고 믿는다. 이렇게 상황을 여러모로 해석할 수 있는 것이 매우 중요한 까닭은 다른 사람의 속내를 거의 알 수 없는 현실 경험과 그대로 연결되기 때문이다. 모호함은 다른 사람의 행동을 잘못 해석하거나 다르게 해석할 틈을 만든다. 그러므로 이런 불분명한 구역에서 사람들은 같은 행동을 제각각으로 해석한다.

실험 참가자 대다수는 이기적 독재자가 돈을 몽땅 독차지한 까닭을 탐욕에 눈이 멀어서라고 추론했다. 독재자에게 해를 끼칠 악의가 있다고 생각한 사람은 비교적 적었다. 예상했겠지만 일상에서 피해망상적 사고에 잘 빠지는 사람들은 독재자에게 해를 끼칠 악의가 있다고 답하는 비율이 더 높았고, 피해망상이 심할수록 독재자에게 더 큰 악의가 있다고 봤다. 그리 놀랍지 않은 결과다. 이 실험에서 우리 예측이 맞는지 확인할 진짜 실험은, 실험 환경에 사회적 스트레스 요인을 심어 상대의 의도를 피해망상적으로 파악하는 성향을 조종할 수 있느냐였다.

우리는 참가자들에게 스트레스를 일으키는 요인을 몇 가지 방식으로 확인했다. 이를테면 정치 성향이 보수주의인지 자유주의인지, 자신의 지위가 다른 사회구성원에 견줘 낮다고 보는지 높다고 보는지를 질문했다. 이 정보를 이용하면 참가자가 독재자 게임에서 경험할 사회적 위험을 조종할 수 있다. 실험 참가자들은 미국인이었으므로 우리는 참가자들에게 공화당과 민주당 가운데 어느 쪽을 더 강하게 지지하는지 알려달라고 했다. 참가자들은 상대가 반대 정당을 지지한다는 말을 들으면 정치 성향이 비슷한 사람과 짝이 되었을 때와 달리 살짝 사회적 위협을 느꼈다. 마찬가지로 사회 계층 사다리에서 더 높은 곳에 있는 사람과 상호작용한다는 말을 들을 때도 자신과 같거나 낮은 계층과 짝이 될 때보다 더 위협을 느꼈다.

예상대로 사람들은 이런 사회적 스트레스 요인에 노출될 때마다 피해망상적 사고를 더 많이 했다. 또 상대에게 자신을 해치려는 의도가 있다고 믿는 참가자가 더 늘었다. 그러므로 피해망상은 뇌가 망가졌다고 알리는 확고한 특성이라기보다는 사회적 위협에 맞선 유연하고 이로운 반응이라고 봐야 더 깊이 이해할 수 있다.[8]

현실에서 피해망상이 발현하는 아주 흔한 방식 하나가 힘센 집단이 사악한 목적을 품고 행동한다고 주장하는 음모론을 믿는 것이다. 이를테면 요즘 들어 홍역 환자가 치솟는 주요 원인은 홍역 백신이 자폐증을 일으킨다는 그릇된 믿음에 빠진 사람이 늘었기 때문이다. 세계보건기구가 발표한 바로는 2019년 상반기에 발생한 홍역 환자가 지난 10년 동안 발생한 환자보다 더 많았다. 코로나19 백신을 둘러싸고도 비슷한 음모론이 등장했으니 백신을 통한 집단 면역을 가로막을 중대한 걸림돌이 될 듯하다. 음모론은 대체로 괴상한 이야기로 그친다. 예컨대 '파충류 인간'을 믿는 사람들은 조지 W. 부시George W. Bush 전 대통령이나 엘리자베스 여왕처럼 권력을 거머쥔 여러 유명 인사가 사실은 파충류인데 세계를 지배하고자 감쪽같이 사람으로 변장했다고 주장한다(듣자 하니 파충류 인간을 나타내는 확실한 신호가 초록 또는 파란 눈동자, 유난히 큰 동공, 낮은 혈압이라고 한다. 모두 나한테 해당하는 특징이다).

음모론은 소수만 빠져있는 생각이 아니다. 미국인 절반 이상이 음모론을 적어도 하나는 지지한다.[9] 어떤 음모론을 믿는다는 것은 다른 음모론을 믿을 가능성도 크다는 뜻이다. 흔히들 생각하는 바와 달리 음모론을 믿느냐는 정치 성향이 왼쪽인지 오른쪽인지와는 관련이 없다. 정확히 말하면 음모론을 가장 강하게 믿는 사람은 이데올로기의 양극단에 있는 사람들이다. 게다가 음모론적 사고는 20세기 말에 등장한 소셜미디어나 다른 새로운 전파 방식이 일으킨 새로운 병폐가 아니다. 1890년부터 2010년까지 〈뉴욕타임스〉와 〈시카고트리뷴〉의 편집자가 받은 편지

12만 통을 살펴본 연구에 따르면 음모론을 지지하는 편지의 비중은 대체로 일정했다.[10] 못된 인간이 자신의 사악한 목적을 이루고자 사회 질서를 뒤집을 길을 찾고 있다고 의심하는 성향은 인간의 마음속 깊이 자리 잡은 것이다.

하지만 여기에는 역설이 있다. 인간은 원자를 쪼개고 달에 우주선을 착륙시킬 줄 안다. 그런데 어째서 이토록 많은 사람이 터무니없고 비합리적인 믿음에 빠질까?

이 문제를 다루려면 한 걸음 뒤로 물러서서 믿음의 진정한 목적이 무엇이냐고 물어야 한다. 우리는 믿음이 마치 지도처럼 세상과 관련한 정확한 정보를 제공하는 묘사라고 생각한다. 이 관점에 따르면 믿음의 목적은 우리가 인생을 효과적으로 헤치고 나가, 바라는 목적지에 도달할 적절한 행동을 선택하도록 돕는 것이다. 분명히 이런 방식으로 작동하는 믿음이 더러 있다. 하지만 우리가 믿는 것들의 대다수가 거의, 어쩌면 아예 근거가 없다. 우리는 공유된 상상 속에서만 존재하는 믿음, 확인된 사실이라고 주장할 만한 어떤 근거도 없고 쉽게 입증하기도 어려운 믿음을 선뜻 받아들인다. 잉글랜드와 스코틀랜드 사이에 경계선이 있다고 믿지만 지구에서 인간이 활동한 모든 흔적을 쓸어낸 뒤에도 외계인 관찰자에게 어디가 경계선인지 보여줄 수 있을까? 돈에 외재가치가 있다고 생각하지만 외계인에게 종이 쪼가리에 불과한 10파운드 지폐에 실제 가치가 포함되어 있다고 설득할 수 있을까? 지구 인구 상당수가 전지전능한 초자연적 존재, 우리 행동을 모조리 지켜보다가 우리가 잘못을 저지르면 영원히 고통받을 지옥 불에 던질 준비가 된 존재를 숭배한다. 신을 믿는 것과 공기 베틀 불량배에게 괴롭힘을 당한다고 믿는 것에 무슨 차이가 있을까?

이 물음의 답은 우리가 믿는 '이상한' 것 대부분이 우리가 남과 공유하는 믿음이라는 사실에서 찾을 수 있다. 이 통찰을 이용하면 음모론과 명백한 피해망상을 구분할 수 있다. 망상은 증상을 겪는 개인이 자신이 표적이 되었다고 혼자 믿는 현상이다. 이와 달리 음모론에서는 힘센 자들이 사악한 목적을 품고 활동한다는 생각을 더 많은 개인이 믿지만 자신이 표적이 되었다고 생각하지는 않는다.

진짜 망상에 빠진 믿음을 우리가 기이하게 여기는 까닭은 바로 다른 사람이 그 믿음을 지지하지 않기 때문이다.[11] 이로 미루어 보면 정당한 믿음과 정당하지 않은 믿음으로 분류하는 우리 스스로도, 그 기준은 합리적이고 과학적인 방식이 아니라 사회적 평가 과정을 근거로 삼는다. 그래서 타당하지 않은 믿음일지라도 남들이 꽤 많이 믿으면 '합리적'으로 여기고, 혼자만 믿으면 '비합리적'이거나 미친 소리로 여긴다.

그러므로 어찌 보면 믿음은 제도처럼 작동한다. 믿음은 다수가 받아들일 때는 그대로 따라야 개인에게 이로운, 상호작용의 사회 규칙과 규범이다. 모든 사회구성원이 돈에 가치가 있다고 믿으면 나도 그렇게 믿어야 합리적이다. 하지만 이런 집단 신뢰가 흔들리면 통화의 가치가 무너질 수 있다. 그러므로 어찌 보면 믿음은 이로운 허구로 기능한다. 우리가 세상의 작동 방식에 단체 협약을 맺도록, 그래서 누구나 참여하는 삶이라는 활동에 더 나은 해법을 설계하도록 돕는다.

하지만 믿음이 어떤 집단에 속할 자격을 뜻할 때도 있다.[12] 인간이 기후변화를 일으켰다는 주장이 거짓이라는 믿음은 더 보수적인 세계관과 연결되고, 남녀 사이에 생물학적 차이가 없다는 믿음은 좌파에 기운 태도를 나타낸다. 왜 어떤 집단에서 특정한 믿음이 굳어지는지에 대해서는 의견이 갈린다. 다만 그런 상황이 벌어지면 그 믿음을 지지하는 것이 소속 집단에 헌신한다는 확실한 신호로 작용할 수 있다. 따라서 어떤 믿음이 집단에 속할 수 있는 전제조건이거나 집단에서 지지받을 수단이라면 설사 틀린 믿음일지라도 믿는 쪽이 낫다. 사회가 인정한 믿음을 받아들이면 사회적 편익을 누릴 물꼬가 트인다. 이와 달리 '금지된' 믿음을 옹호하면 폄하, 배척, 추방, 심지어 죽음 같은 대가를 치를 위험이 따른다. 지난 역사에서 수많은 사람이 신앙이나 관행 때문에, 달리 말해 현실을 다르게 보는 믿음을 품었다는 이유로 감옥에 갇히거나 처형되었다. 최근에는 소셜미디어 플랫폼에서도 비슷한 경향을 관찰할 수 있다. 트위터에 다수의 관점과 충돌하는 견해와 의견을 올릴 때는 'cancel(청산)'당할 위험을 각오해야 한다.

믿음이 지각한 진실을 담는 그릇이라기보다 집단에 속할 자격을 드러내는 신호로 기능한다면 왜 우리 뇌가 반대 증거가 떡하니 앞에 있을 때마저 이런 믿음을 옹호하게 돕는 소프트웨어로 가득 찬 듯 보이는지 이해할 수 있다.[13] 이런 옹호는 의식적으로도 무의식적으로도 발생하며, 증거를 인지하고 기억하고 평가하는 다양한 인지 과정에 스며들기도 한다. 한 연구에 따르면 사람들은 정치 성향에 따라 버락 오바마Barack Obama 전 대통령의 피부색을 다르게 인지했다. 공화당 지지자가 민주당 지지자보다 오바마의 피부색을 더 어둡게 봤다. 도널드 트럼프Donald Trump 전 대통령의 지지자들은 버락 오바마의 취임식 축하객 사진을 2017년 트럼프 대통령 취임식 사진으로 오해하는 비중이 힐러리 클린턴Hillary Clinton 지지자보다 더 컸다. 또 민주당 지지자들은 허리케인 카트리나가 미국을 덮쳤을 때 당시 대통령이었던 조지 W. 부시가 휴가 중이었다고 잘못 기억하는 비중이 더 높았다. 중립적으로 표현된 어떤 수학 문제에 대해 동일한 풀이 능력을 보인 사람들에게 똑같은 문제를 총기 규제에 적용해서 보수주의자에게는 총기 규제가 범죄를 예방한다는 결론을 도출하게 하고 진보주의자에게는 총기 규제가 아무런 효과가 없다는 결론을 도출하도록 했을 때 양쪽 모두 갈피를 잡지 못했다.[14]

그러므로 확증 편향, 의도적 합리화, 선택적 기억 같은 '불합리한' 믿음이나 잘못된 논리를 생성하는 변덕스러운 인지 능력은 적응의 근접 기제proximate mechanism로 볼 수 있다. 우리는 이런 기제의 힘을 빌려 객관적으로 옳은 믿음보다 현재 사회 환경에서 가장 이로운 믿음을 받아들이고 옹호한다. 증명할 수 없는 것을 쉽게 믿고 일화로 세계관을 형성하는 성향이 인간의 성공담에서 큰 몫을 차지한다. 하지만 이런 성향은 큰 해를 끼칠 위험이 있다. 개인 차원에서는 이러한 성향이 엉뚱한 길로 들어섰을 때 극심한 피해망상을 일으킬 수 있다. 사회 차원에서는 실존을 위협할 것이다. 믿음의 사회성은 우리가 다른 사람의 관점을 받아들이지 못하게 막고, 진짜 사실과 '대안적' 사실의 본질을 혼동하게 하고, 연대가 필요한 상황에서 불화와 갈등이 싹트게 한다. 최근에 우리는 실질적 사례를 마주했다. 코로나19가 유행하기 시작할 때 몇몇 보수 매체가 이 바이러스의 치명률이 계절성 독감과 다를 바 없다는 잘못된 정보를 뿌린 것이다. 음모론에 기운 이 이야기는 진보주의자보다 보수주의자 사이에 훨씬 더 널리 퍼졌다. 11월에 들어서자 이 그릇된 믿음이 어떤 영향을 미쳤는지가 뚜렷해졌다. 미국에서 하루 평균 휴대전화 1,500만 대의 위치 자료를 사용해 진행한 연구에 따르면 보수 매체를 소비하는 사람들의 물리적 거리 두기 참여율은 매우 낮았다.[15] 그리고 이러한 차이는 보수 성향인 지역의 감염률과 사망률에도 영향을 미쳤다.

∴ ∴ ∴

이번 장에서는 연합이 어떻게 우리 인간의 심리를 형성하고 정신병에 걸릴 위험을 불러왔는지를 살펴봤다. 또 연합이 우리 인간의 지각과 믿음을 형성한다는 것도 알게 되었다.

다음 장에서는 연합이 미친 더 큰 영향을 알아보려 한다. 연합은 우리가 살아가는 사회의 틀 자체를 바꿨다. 사람은 대형 유인원이다. 달리 말해 폭정과 서열에 기반해 사회 질서를 유지한 역사가 긴 종의 후예다. 우리는 연합하는 본성에 힘입어 몹시 보기 드문 일을 해냈고 서로 힘을 합쳐 판세를 뒤집었다. 소수의 손에서 권력을 빼앗아 대중에게 나눠줬다.

인류학자 크리스토퍼 보엠Christopher Boehm은 이렇게 전복된 사회 질서를 '역전된 지배 위계reverse dominance hierarchy'라고 말했다. 장담하건대, 지배 위계 전복은 우리 호모 사피엔스가 우리만의 독특한 길로 들어서게 이바지한 가장 큰 요인이다. 우리는 '거대 연합', 그러니까 집합체의 이익을 중시하는 집단 차원의 동맹을 형성할 줄 아는 능력을 기반으로 사회의 지배 위계를 뒤집었다. 그런 거대 연합이 손발을 맞춰 압제자와 무뢰배의 야욕을 무너뜨린 덕분에 경쟁의 장이 공평해졌고 내부의 힘센 무리가 우격다짐으로 최상층에 올라서지 못하게 막았다.

17 ——

통제권 되찾기

> 뭉치면 살고 흩어지면 죽는다.[1]
> 이솝

오늘날 관점에서 보면 인간 사회를 하나로 특징지으려는 모든 시도가 다 헛수고로 보이지 않을까 싶다. 인간 사회는 별무리처럼 무궁무진하게 다양하다. 겨우 몇십 명으로 구성된 유목민무리도 있고, 수많은 사람으로 구성된 국가도 있다. 공식 지도자가 없는 사회도 있고, 추장이나 독재자, 민주적으로 선출된 정부가 다스리는 사회도 있다. 이런 다채로움이 얼마나 독특한 특성인지 잠시 생각해보자. 인간 사회를 빼면 자연계 어디서든 사회체계가 보편적이다. 내가 남아공 노던케이프주가 아니라 보츠와 나나 나미비아, 짐바브웨로 가서 알락노래꼬리치레를 연구했더라도 거기서 만난 알락노래꼬리치레 역시 남아공에 사는 꼬리치레와 거의 같은 크기로 집단을 이루고 같은 위계질서 속에 살았을 것이다.

이처럼 다양하지만 복잡한 인간 사회는 5000년 전에야 처음 나타난 것으로 보인다. 그렇다고 그전에는 인간 집단이 모두 똑같았다는 말은 아니다. 초기 인류도 오늘날 우리가 보는 미어캣이나 꼬리치레, 침팬지보다 더 다양한 집단을 이루고 살았을 가능성이 크다. 그래도 초기 인간 사회는 꽤 중요한 특징을 공유했을 것이다. 인류 역사 대부분을 일정한 거주지 없이 저밀도 사회에서 살았고, 재배나 구매로 먹거리를 구하기보다 사냥이나 채집에 의존했다. 인간 사회는 여러 중요한 면에서 다른 유인원 사회와 달랐다. 앞서 다뤘듯이 협력에 더 뛰어났고, 집단의 경계가 더 유연했고, 가족을 이뤘다. 하지만 이것이 다는 아니다. 초기 인간 사회는 또 다른 중요한 면에서도 침팬지나 고릴라, 개코원숭이 사회와 달랐다. 인간 사회는 평등주의 사회였다.

인간 사회를 평등주의 사회로 분류한 것에 조금 놀랄지도 모르겠다. 순전히 돈과 재산의 관점에서 평등을 생각하면 그렇다. 하지만 돈도, 돈이 만들어내는 재산도 모두 비교적 최근에 나타난 발명품이다. 초기 인류는 자기 것이라 부를 집도 없고 재산도 그다지 많이 모으지 못했다. 진화 관점에서 사회 평등을 측정할 더 중요한 잣대는 번식 성공도다. 이 잣대로 보면 인류 역사 대부분의 시간 동안 인간 사회가 꽤 공정하게 작동한 덕분에 대다수가 비슷한 수의 자식을 낳은 듯하다. 이 차이는 대형 유인원의 계급 사회와 대조해보면 좀 더 명확히 알 수 있다.

대형 유인원 사회에서는 우두머리 수컷이 서열이 낮은 개체를 배제한 채 암컷을 독차지하고 자원을 장악한다. 고릴라 같은 종에서는 번식이 승자독식이므로 무리에서 태어나는 새끼는 거의 모두 우두머리 수컷의 자식이다. 침팬지 사회에서는 서열이 낮은 수컷도 새끼를 낳지만 그 수가 우두머리 수컷에 비할 바가 아니다. 무리에서 태어나는 새끼 3분의 1이 우두머리의 자식이다. 자리를 위협하는 2인자가 낳은 새끼는 그 절반밖에 되지 않는다. 조상들의 번식 성공도가 얼마나 평등했는지 알려줄 자료는 없으나 현대의 수렵·채집 사회에서 수집한 자료를 이용해 어느 정도 추산하는 것은 가능하다. 현대 수렵·채집 사회에서 남성의 지위와 번식 성공도의 관계를 살펴본 여러 대규모 연구에 따르면 남성의 지위가 중요하긴 하지만 서열이 더 엄격한 유인원 사회에서보다는 훨씬 덜 중요하다.[2] 가까운 현생 유인원과 비교했을 때 인간 남성은 번식에서 훨씬 많은 평등을 누린다.

침팬지 우두머리는 권력을 휘두르고 경쟁자를 신체적으로 위협하거나 괴롭혀 원하는 것을 얻는다. 하지만 현대의 많은 수렵·채집 사회는 말할 것도 없고 고대의 수렵·채집 사회에서도 대형 유인원이 흔히 쓰는 이런 지위 상승 경로는 거의 막혀 있었다. 오늘날 많은 수렵·채집 사회에서 누군가가 거물처럼 굴었다가는 권력과 영광이 아니라 비웃음과 추방을 당하기 쉽다. 이런 사회에서는 남을 해치거나 괴롭히지 않는 한 자신이 좋아하는 것을 거의 다 할 수 있으므로 개인의 자율성이 무엇보다 중요하다. 어느 인류학자가 한 주호안시족 남성에게 왜 우두머리가 없느냐고 물었더니 이렇게 답했다고 한다. "우리도 당연히 우두머리가 있습니다. 모든 사람이 자신의 우두머리죠."[3]

평등주의 사회에서 높은 지위를 얻을 길은 폭력과 위협이 아니라 신망과 존경이다.[4] 힘이 아니라 설득이다. 그래서 대체로 존경받고 너그럽고 집단에 가장 이롭게 행동하는 사람이 높은 지위에 오른다. 또한 높은 지위를 유지하려면 이런 지위를 대수롭지 않게 여기는 듯 보여야 한다. 또 과시하거나 강압적이라고 비난받을 만한 행동을 하지 말아야 한다. 이런 암묵적 지시를 무시했다가는 동료 구성원들의 분노를 사기 쉽다. 주호안시족은 너무 거만하거나 주변 사람을 부려 먹으려 드는 사람을 '대추장'이라고 부른다. 이 말은 경고를 무시하면 더 큰 처벌을 내리겠다고 비웃는 질책을 담고 있다.

수많은 인류학 보고서가 권력을 휘두르거나 여성이나 자원을 독점하려 한 사람이 어떻게 집단에서 추방되거나 목숨을 잃는지를 자세히 설명한다. 다음에 나오는 짧은 구절은 남아메리카 가이아나에 사는 칼리나족Kalina이 무뢰배나 거물을 다룰 때 쓰는 방법을 설명한 글이다. 오늘날 산업화를 거치지 않은 사회에도 이런 방법이 널리 퍼져있으니 초기 인류 역시 대부분 이런 특성을 보였을 것이다.

> 마을 사람들이 이 남자에게 경고해도 태도를 고칠 기미가 전
> 혀 보이지 않을 때는, 이곳에 머물면 삶이 몹시 고달파질 테니
> 그만 떠나라고 권고한다. 남자가 떠나지 않겠다고 고집을 부
> 리면 그의 가족까지 따돌림을 당한다. 이들은 술자리에 초대
> 받지 못하고, 물을 긷거나 목욕하는 곳에도 출입하지 못한다.
> 남자는 아무것도 빌리지 못하고, 사냥과 고기잡이, 추수, 카누
> 만들기를 포함해 남자들끼리 도움을 주고받는 어떤 활동에도
> 끼지 못한다. 남자의 아내 또한 일할 때 아무런 도움을 받지 못
> 한다. 간단히 말해 집단생활의 모든 혜택을 잃는다. 남자가 눈
> 치 없게 굴어 상황이 험악해질 때는 다른 남자들이 이 남자를
> 때리거나 죽이기까지 한다.[5]

중요한 점은 조상들이나 현대의 수렵·채집 사회에서 강압적
지배가 없는 까닭이 위계를 혐오해서가 아니라는 것이다. 짝, 식
량, 자원을 놓고 남과 경쟁하려는 충동은 대다수 동물의 뇌에서,
그리고 모든 대형 유인원의 뇌에서 흔히 나타나는 특성이다. 우
리도 다르지 않다.

내 생각에는 인간 사회의 권력 분배란 줄다리기로 보는 것이

가장 타당하다. 줄의 한쪽 끝에는 정도만 다를 뿐 어느 개인에게 나 있는 욕구, 남보다 위에 서고 싶고 자신의 재능과 재주, 능력, 뜻밖의 상황을 이용해 남보다 조금이라도 더 높이 올라가고 싶은 욕구가 있다. 반대편에서 줄을 당기는 힘은, 간단히 말해 개인에 맞선 모든 사람의 집단 이익이다. 모든 줄다리기가 그렇듯 한쪽이 이길 때가 많다. 어떤 사회나 시대에서는 집단 이익을 옹호하는 쪽이 훨씬 더 힘이 세거나 승리한 듯 보인다. 하지만 '개인의 이익'이 더 거센 힘을 발휘해 폭정을 일삼는 군주, 황제, 독재자처럼 몇 안 되는 상류층 패거리가 자기네보다 머릿수가 훨씬 많은 국민을 억눌러 난폭하게 지배하는 듯 보이는 때도 있다.

　이런 줄다리기는 중요한 원리 두 가지를 명확히 보여준다. 첫째, 사람은 본디 권력을 추구하거나 얻는 데 반대하지 않는다. 실제로 우리 대다수가 지위와 부에 신경 쓴다. 낮은 계층을 억누르는 사회적 지배social dominance로 엄청난 이익을 누릴 때도 있다. 둘째, 사회 안에 권력이 없다고 해서 구성원이 게으르거나, 기회를 놓쳤거나, 아무도 권력을 쥐려 하지 않았다는 뜻이 아니다. 권력 공백은 끊임없는 긴장이 낳은 산물이며 소수에 맞선 다수의 적극적 노력으로 유지되는 결과물이다.

　어디선가 본 듯한 느낌이 드는가? 그렇다면 이런 사회주의 원칙을 본 적이 있기 때문이다. 앞에서 우리는 이기적 유전 인자가 생식세포에 더 많이 나타나려고 속임수를 쓸 때 유전자 의회가 어떻게 힘을 합쳐 이를 막는지, 또 사회성 곤충의 일꾼들이 어떻게 자매들을 감시해 몰래 알을 낳지 못하게 막는지를 살펴봤다. 먼 옛날 폭압을 일삼던 인간 사회가 평등주의 사회로 넘어가던 시기에도 이런 기제가 작동했다.

왜 개인이 자신의 야망을 포기하고 집단의 목표인 평등을 추구하는지를 이해하려면 이런 경쟁에 얽힌 이해관계를 살펴봐야 한다. 어떤 유전자든 어떤 개인이든 번성하기를 꿈꾼다. 승리에 이를 길은 두 가지다. 하나는 위험이 큰 승자독식 경쟁, 모든 사람이 영광을 독차지하고자 만인과 죽자 살자 싸우는 경쟁이다. 이런 경쟁은 3장에서 새치기꾼에 빗댄 이기적 유전자를 떠올리게 한다. 유전자나 개인이 모두 이렇게 행동하면 무한 경쟁이 벌어져 하나 같이 남을 밀치고 맨 앞줄에 서려 들 것이다. 하지만 승자는 마지막 순간 맨 앞에 서는 한 명뿐이다. 이런 경쟁에서 이긴다면 큰 몫을 챙길 수는 있으나 패배의 위험이 너무나 크다. 마지막 순간 줄의 두 번째 자리를 차지하더라도 손에 쥘 수 있는 것은 아무것도 없다.

승리에 이르는 또 다른 길은 저마다 복권을 사기보다 복권계를 형성하는 사람들처럼 팀으로 뭉치는 것이다. 복권계에 속하면 동료와 상금을 나눠야 하지만 복권을 추첨할 때마다 무언가를 얻을 가능성이 커진다. 그러므로 복권계에 합류하는 쪽이 더

현명하다. 이 전략에서는 아무것도 얻지 못할 가능성을 최소화
하고자 승리를 독차지할 희박한 가능성을 희생한다. 진화 과정
에서는 이렇듯 더 현명한 전략이 더 많이 성공한다.

그렇다면 우리에게는 강압적인 지배자를 억누를 충분한 능
력이 있는데 어째서 압제자와 무뢰배가 승리하는지 고개를 갸웃
거릴지도 모르겠다. 지구에 존재한 짧은 시간 동안 아무래도 우
리가 한쪽 끝에서 다른 쪽 끝으로 거칠게 방향을 틀어버린 것 같
다. 평등주의 수렵·채집 사회에서 문명화 초기에 등장한 극도로
폭압적인 체제로 말이다. 우리는 어쩌다 황제와 군주, 사담 후세
인과 아돌프 히틀러가 존재하는 세상을 만들었을까? 왜 초기의
폭압 국가에서 산 사람들은 그런 생활 방식을 거부한 조상들과
달리 타인에게 순순히 무릎 꿇었을까?

어떻게 이런 일이 벌어졌는지 살펴보려면 인간이 처음으로
정착하기 시작한 1만 2000년 전으로 돌아가야 한다. 인간이 곡
식을 기르고 가축을 키우기 시작한 이때를 농업 혁명 시대라고
부른다. 여기저기를 떠도는 유목 생활을 청산하고 한곳에 자리
잡고 사는 생활로 옮겨갈 수 있었던 까닭은 기후변화로 생활 조
건이 여러 면에서 전보다 훨씬 더 안정되었기 때문이다. 기후가
안정되면 곡식을 재배하기가 더 쉽다. 곡식이 자연재해로 쓸려

나가는 일도 적고 거칠게 요동치는 날씨와 씨름하지 않아도 되니, 초기 농부들이 여러 농법을 실험할 기회를 얻어 대량 생산에 가장 알맞은 농법과 종을 알아낼 수 있었다.

모든 집단행동과 마찬가지로 이러한 초기 모험의 성공도 화합이 결정했다. 바로 여기서 지도자가 등장했다. 물론 평등한 수렵·채집 사회에도 지도자가 있었다.[6] 하지만 사냥하는 동안 행동을 조율하거나 구성원 사이에 일어난 분쟁을 조정해야 할 때와 같이 특별한 상황에서만 존재했다. 이런 사회에서는 지도자가 행사하는 어떤 권한도 그 권한이 필요한 상황에 한정된다. 따라서 한 영역을 이끄는 지도자도 다른 영역에서는 대체로 그 권한이 사라진다.

에티오피아 샤부족Chabu은 사냥 나가는 때와 장소를 사냥개 소유자가 결정한다. 이 남성은 사냥하는 동안 직접 작전을 지휘하고, 사냥꾼들이 운 좋게 사냥감을 잡았을 때 고기를 나누는 역할도 맡는다. 그러나 사냥 외에 다른 영역에서는 그런 권한이 사라진다. 이 남성은 오로지 사냥을 하는 동안에만 권한을 얻는 사냥 지도자일 뿐이다. 농경 사회에서는 생활 방식이 이와 달랐을 것이다. 사냥과 달리 농사는 시작과 끝이 정해진 활동이 아니다. 곡식과 가축을 기르는 생활 방식은 지도자가 더 오래 자리를 지키게 한다.

초기에 제도로 자리 잡은 지도자 지위는 포괄적이고 민주적인 성격을 띠었을 것이다. 따라서 합의를 끌어내고 활동을 조율하는 능력이 가장 뛰어난 사람이 지도자로 적합했다. 모르긴 몰라도 초기 지도자들은 이동하는 수렵·채집 집단에서 높은 지위를 누린 사람들과 공통점이 많은 사람, 구성원들이 존경하고 좋아하고 지도자로 용인한 사람이었을 것이다. 초기 문명사회는 이렇게 주로 평등주의로 시작했다. 그런데 어찌 된 일인지 서서히 폭정 체제로 바뀌었다. 이런 체제에서는 지도자가 자기 발아래 놓인 많은 농노를 이용하고 지배하고 통제해, 이런 노동력이 생산하는 여유 생산물에서 단물을 빨아먹는다. 이런 변화는 분명 하룻밤 새 일어나지 않았다. 하층민이 여러 세대를 거칠수록 더 많은 몫을 포기하고 지도자에게 강압적 통제권을 내주는 과정에서 서서히 일어났을 것이다.

이렇게 끔찍해 보이는 합의를 하층민은 왜 받아들였을까? 쉬운 이해를 위해 2014년에 발표된 이론 모형을 살펴보자.[7] 이 모형은 처음 대다수가 평등을 선호한 모집단에 어떻게 가상의 '위계 수용' 형질이 퍼질 수 있는지를 수학으로 설명한다(걱정하지 말기를! 수학 공식으로 한 페이지를 꽉 채울 일은 없다. 그냥 말로 설명해도 주요 결론을 쉽게 이해할 수 있다). 인간의 진화를 이해할 때 우리가 직접 시간을 거슬러 올라가 조상의 다양한 생활 방식에 따른 번식과 생존 결과를 측정할 수는 없기에, 이러한 이론 모형은 특히 도움이 된다. 모형은 디지털 배양 접시와 같은 역할을 한다. 우리가 관심 있는 가상 세계의 시작 조건을 정하면 그 뒤로 어떤 상황이 펼쳐질지를 보여준다. 다만 모형을 평가할 때는 그 결과가 우리가 세상의 작동 방식이라고 추정한 시작 조건에 좌우된다는 사실을 유념해야 한다. 즉, 쓰레기를 넣으면 쓰레기가 나온다는 얘기다.

이 사례는 위계 허용치를 이해하려고 짠 모형이지만 평등한 수렵·채집 사회에서 살다가 위계를 따르는 농경 사회로 생활 방식이 바뀌는 추이를 살피는 모형으로 봐도 좋다. 이 접근법을 이용하면 더 평등한 수렵·채집 사회에서 꽤 오래 산 듯한 인류가 농경 생활과 그에 따른 불평등을 왜, 어떻게 받아들였는지를 물을 수 있다. 이 모형은 번식 성공도를 생태 통화로 사용한다. 이를 통해 위계적 농경 사회에서 살기를 선호하는 사람이 평등한 수렵·채집 사회에서 사는 사람보다 자식이 더 많은지, 번식 성공도를 사용해 명확히 따진다. 따라서 진화가 신경 쓰는 결과인 번식 성공도의 차이를 심리 형질과 연결할 수 있다.

이 모형에는 그다지 이견이 없는 몇 가지 가정(시작 조건)이 전제되어 있다. 첫째, 지도자의 통솔력이 단합된 행동을 촉진해 농경 사회가 수렵·채집 사회보다 생산성이 높다. 둘째, 집단행동으로 얻는 모든 잉여 생산물(이를테면 사냥한 고기나 재배한 곡식)을 농경 사회가 수렵·채집 사회보다 덜 공평하게 나눈다. 이 시점에서는 폭정을 완전히는 적용하지 않고 농경 집단의 지도자가 자원을 조금 더 많이 챙기는 더 설득력 있는 시나리오를 적용한다. 셋째, 농경 집단과 수렵·채집 집단이 공존한다. 그러므로 개인의 번식 성공도를 같은 집단의 구성원뿐 아니라 전체 모집단에 견줘 측정한다. 이 부분이 중요한 까닭은 절대량에서 볼 때 큰 덩어리에서 더 적은 조각을 얻는 쪽(농경 생활)이 작은 덩어리를 똑같이 나누는 쪽(수렵·채집 생활)보다 나을 수 있기 때문이다. 자원은 곧 번식 성공도를 뜻하므로 농경 사회에서 사는 사람이 수렵·채집 사회에서 사는 사람보다 자식이 더 많을 수 있다. 위계가 어느 정도 불평등을 수반하더라도 자연선택은 위계를 용인하는 쪽을 선호했을 것이다.

초기 정주 사회가 왜 불평등을 어느 정도 용인했는지는 이해할 수 있을지라도, 왜 수많은 하층민이 인류 역사에 존재했고 지금도 존재하는 극심한 폭정을 참고 견디는지는 가늠하기 어렵다. 그런 극심한 불평등이 미친 영향은 먼 옛날 수렵·채집 사회의 남성 번식 성공도와 첫 문명사회의 남성 번식 성공도가 얼마나 크게 차이 나는지로 쉽게 확인할 수 있다. 인류가 약 10만 ~20만 년 전 아프리카를 벗어나 이주하기 전 시기에 근거한 추산치에 따르면 생식 활동을 하는 남성 3분의 1이 생식 활동을 하는 여성을 모두 차지했다. 달리 말해 남성 셋 가운데 둘은 자식을 보지 못했다. 홀로세 중반 무렵 농업 혁명이 한창 진행 중일 때는 이 비율이 1대16까지 늘어 아이 없는 남성의 수가 급격히 치솟았다. 번식 성공도가 이렇게 한쪽으로 치우친 원인이 위계질서 때문만은 아니었지만(남성의 경우 전쟁 때문에 여성보다 사망 확률이 더 높았다) 누가 아이를 낳을지를 가르는 데 지위도 중요한 역할을 했다. 이런 초기 문명사회에서는 강력한 권력을 가진 몇몇 황제와 왕이 자식을 수백 명이나 낳는 동안, 어떤 남성들은 자식을 한 명도 얻지 못했다. 많은 남성이 어릴 때 거세되어 권력자의 궁에서 내시로 일해야 했다. 권력자의 막강한 힘을 증명하거나 신에게 제물을 바칠 목적으로 사람을 죽이는 의식도 흔해졌다.[8] 위계가 생겨나자 가장 억압적인 종속 체계인 노예 제도도 생겨났다.

도대체 어떻게 극악한 폭정 속에 사는 삶을 수렵·채집 사회에서 사는 삶보다 더 좋아할 수 있었을까? 답은 '그렇지 않았다'이다. 조상들은 이런 생활 방식을 선택하지 않았다. 그런 삶에 꼼짝없이 갇혔을 뿐이다. 다시 디지털 배양 접시로 돌아가 사회 진화의 다음 과정이 어떻게 펼쳐졌는지 살펴보자.

모형 속 초기 농경 집단은 이웃인 수렵·채집 집단보다 생산성이 더 높았으니 사람들은 늘어난 번식 성공도를 대가로 불평등을 조금 용인했을 것이다. 하지만 인구가 점차 늘어나자 큰 변화가 생겼다. 농경 집단의 번식 성공도가 커지자 인구가 바로 불어났다. 이들의 인구가 늘어날수록 남은 공간을 야금야금 잠식해 수렵·채집 집단을 점점 가장자리로 밀어냈고 끝내는 수렵·채집 집단이 모집단에서 완전히 사라졌다. 이 중요한 시점부터 상황은 돌이킬 수 없다. 이제는 농경 사회에 사는 하층민이 되돌아갈 다른 생활 방식이 없기 때문이다. 이때부터는 농경 생활에 발목 잡힌 하층민이 합의를 받아들일 수밖에 없었고, 전에는 덩어리에서 조금 큰 조각을 챙겼던 지도자들이 더 큰 뭉텅이를 챙길 수 있었다.

추상적이지만 이 모형에서 우리는 불평등이 오랜 시간에 걸쳐 생겨났다고 생각하는 이유를 확인할 수 있다. 역사 기록도 하층민이 떠날 길이 없을 때 위계가 가장 극심하다는 예측을 뒷받침한다. 농부와 노예의 주인이었던 신과 같은 존재인 파라오가 존재한 고대 이집트 왕국이 생겨난 데는 이 왕국이 나일강 강둑을 따라 자리 잡은 것이 큰 몫을 했다. 이곳은 사방이 혹독한 사막으로 둘러싸인 탓에 불만에 찬 하층민이 자리를 박차고 떠날 엄두를 내기 어려웠을 것이다. 마찬가지로 페루에서도 농사를 지은 비옥하고 좁은 계곡에서 초기 국가가 나타난 탓에 시민들이 이곳을 떠나기 어려웠다. 태평양 연안 북서부의 원주민 콰키우틀족Kwakiutl과 치누크족Chinook처럼 농사를 짓지 않는 정주 부족에서도 노예 제도가 흔했으니, 예속민이 쉽게 집단을 떠나 다른 집단에 합류하기 어려울 때는 폭정으로 넘어갈 가능성이 크다는 것을 보여준다.

사막처럼 사람이 살기 힘든 땅으로 둘러싸이면 억압하는 지도층을 떠나는 것이 어렵거나 아예 불가능할 수 있다. 하지만 하층민이 들고일어나 포악한 지도층을 넘어뜨리는 것은 가능했다. 다만 그런 일이 실제로 일어난 경우는 드물었다. 고위 지도층보다 하층민에 속한 사람이 훨씬 많았을 테니 정말 의아한 결과다. 하나로 뭉친 수많은 하층민과 얼마 안 되는 포악한 지도층 사이에 싸움이 벌어진다면 어떤 싸움에서든 수가 많은 쪽에 내기를 거는 편이 현명하기 마련이다. 머릿수가 힘이라는 이 원칙은 어떤 전투에서든 승리를 아주 잘 예측한다. 이 원칙을 정리한 것이 란체스터의 제곱 법칙Lanchester's Square Law이라는 수학 증명이다.[9] 이 법칙은 워낙 곳곳에 적용되다 보니 말문도 트이지 않은 갓난아이조차 직관적으로 알 정도다. 이 법칙에 따르면 어떤 집단의 전투력은 그저 구성원의 수가 아니라 그 수의 제곱에 비례한다. 2대4로 싸우면 전투력은 4대16이 된다는 뜻이다. 몇백 명도 안 되는 정치 엘리트가 수많은 국민을 지배하는 국가에 적용했을 때 두 집단의 힘 차이는 어마어마한 비대칭을 이룬다.

그렇다면 왜 독재자가 지배하는 국가의 국민은 수적 우세를 이용해 난폭한 지도자에 맞서 들고일어나지 않을까? 어째서 새로운 정책을 도입하라고 요구하거나 지도층에 동의하지 않는 수많은 사람이 정부 기관으로 몰려가 '통제권을 되찾지' 않을까? 답은 혁명이 집단행동 문제collective-action problem, 곧 협력의 문제라는 것이다. 구성원이 모두 합심해 행동하면 집합체의 힘은 세진다. 그런데 반란에는 위험이 따른다. 그러므로 누구나 슬쩍 뒤로 물러나 반란의 대가는 다른 사람에게 떠넘기고 자기는 성공이 불러올 이익을 누리고 싶은 유혹을 마주한다.

이를 보여주는 매우 오싹한 예가 있다. 바로 노예선이다. 노예무역 시절 수많은 아프리카 사람을 노예로 삼고자 대서양을 가로지르던 노예선에서조차 반란은 그야말로 가물에 콩 나듯 일어났다.[10] 노예선의 환경은 열악하기 그지없고 항해에서 간신히 살아남은들 끔찍한 생활이 기다리고 있었는데도, 사로잡힌 흑인들이 선원에 맞서 싸운 사례는 놀랍게도 노예선 100척당 겨우 두 번 꼴이었다. 물론 봉기를 일으키기가 무척 어렵기는 했다. 이들은 갑판 아래에 갇혀 지냈고 두 명씩 짝을 이뤄 쇠고랑을 찼다. 대개는 출신 지역도 다르고 쓰는 말도 다른, 완전히 낯선 사람과 짝이 되었다. 의사소통이 가로막힌 것은 우연이 아니었다. 노예선 선장들은 언어 장벽이 반란을 가로막을 큰 요인이라는 것을 알고서 여러 부족을 뒤섞어 배에 태웠다.

하지만 붙잡힌 흑인들이 그토록 드물게 반란을 일으킨 까닭이 쇠고랑과 언어 장벽 때문만은 아니었다. 2014년에 한 연구가 제시한 바에 따르면 가만히 있겠다는 결정 역시, 자유를 얻고자 합동 작전에 참여할 때 치를 비용과 이로 얻을 이익을 바탕으로 나온 신중한 결정이었다는 것이다. 반란 모의에 연루되었다가 치를 대가는 혹독했다. 선장은 다른 노예들이 뒤따라 반란을 일으키지 못하게 막고자 잔혹한 처벌을 내리곤 했다. 또한 반란을 꾸미려면 노예끼리 서로 믿어야 했는데, 이를 막고자 선장은 다른 노예를 감시하고 보고하는 노예에게 자유를 약속해 노예 사이에 불신과 의심을 심었다. 그 바람에 집단행동 문제에서 주동자에게 닥칠 위험이 더 커졌다. 함께 반란을 꾸미는 사람에게 자신을 몰래 고발할 꿍꿍이가 있는지 확신할 수 없을 때는 반란을 준비하기가 훨씬 더 불안했을 테다.

이와 같이 반란에 가담할 동기와 가담하지 않을 동기가 팽팽히 맞서면 직관에 크게 어긋나는 결과가 나온다. 인원이 많을수록 힘이 세지는 것도 맞지만 노예선에서는 노예의 수를 늘리는 것이 반란을 부추기기는커녕 오히려 반란을 가라앉혔다. 실제로 노예선에 노예 100명을 더 태우면 반란 위험이 80퍼센트까지 줄었다. 그 이유를 이해하고 싶다면 위험한 집단행동에 참여할 때 치를 비용과 그 결과로 얻을 이익을 다시 생각해보라. 인원이 많아지면 개인이 반란에 가담한들 성공률을 높이는 기여도가 아주 적을 것이다. 그런데 반란 가담자라는 사실이 들통났을 때 치를 비용은 여전히 그대로다. 그런 확률이라면 다른 사람이 앞장서 가장 위험한 행동에 나서기를 기다렸다가, 성공한 반란이 선사할 자유를 누리기를 바라는 쪽이 더 낫다. 작은 집단에서는 임무의 성패에 개인이 더 중요한 역할을 하므로 반란에 공을 세울 동기가 더 커진다. 또 다른 사람이 얼마나 열심히 참여하는지 관찰하고 구성원을 설득하거나 창피를 줘 반란에 동참하게 하기도 쉽다.

갈수록 더 적은 개인과 조직이 우리 지구를 대규모로 파괴하고 착취해 이익을 얻는 상황에서 노예선 이야기가 지구 인구 대다수에게 시사하는 바는 명확하다. 지구를 둘러싼 이런 사회적 딜레마에 노예선의 노예들이 느꼈던 만큼 큰 이해관계가 걸려

있지는 않지만 집단행동에 참여할 동기는 대체로 같다. 기후변화에 맞서 집단행동에 나서려면 어마어마하게 많은 사람의 헌신이 필요하다. 그러니 달갑지 않은 일이 일어날 위험이 있다. 비행기를 타지 않거나, 아이를 더 낳지 않거나, 채식을 하겠다고 결심해 자신을 희생하더라도 그런 희생이 허사가 될 가능성이 꽤 있다. 이런 상황의 통제권을 되찾을 길을 찾아낸다면 우리 대다수가 이익을 얻을 것이다. 하지만 그러려면 전에는 경험한 적 없는 규모로 집단행동에 나서야 한다.

18 ─────

협력의 희생자

모든 죄악은 협력의 산물이다.[1]

스티븐 크레인Stephen Crane

매일 밤 미국 워싱턴 D.C. 인근의 로널드레이건워싱턴 국립 공항에 비행기가 도착해 승객을 쏟아내면 공항 밖에서 기다리던 우버 기사들은 대기 표시가 뜨지 않도록 한꺼번에 앱을 끈다. 그리고 기다린다. 1분, 1분이 지날수록 수요와 공급에 맞춰 실시간으로 가격이 올라간다. 12달러, 13달러, 15달러. 드디어 주도자가 신호를 보내면 기사들은 일제히 앱을 다시 켜고 목적지까지 추가 요금을 조금 더 내겠다는 승객의 호출에 응답한다.[2]

일부러 공급을 줄여 가격 상승을 일으키다니, 협력 활동이 아니라 경쟁 활동으로 보일 것이다. 하지만 협력과 경쟁은 동전의 양면과도 같다. 이쪽에서 보면 협력처럼 보이는 것이 저쪽에서 보면 경쟁으로 느껴질 때가 숱하다. 앱을 끄는 우버 기사들이 승객을 등치고 있을지는 몰라도, 이렇게 단체로 움직이려면 힘을 합쳐야 한다. 기사 집단에 가장 좋은 결과는 모든 기사가 앱을 꺼 가격 상승을 일으키는 것이지만 택시를 타려는 승객보다 기사가 더 많을 위험도 있다. 그러므로 모든 기사는 승객을 놓치지 않으려고 다른 기사보다 앱을 조금 더 일찍 켜 무임승차할 이기적 동기를 마주한다.

이 이야기는 우리가 지금껏 마주한 모든 상황 뒤에 늘 도사리던 불편한 진실을 직면하게 한다. 우리 생각과 달리 협력의 본질은 생명 단위가 이 세상에서 자신의 위치를 끌어올리는 수단이다. 달리 말해 우리는 경쟁에 더 유리한 길을 제공할 때 협력한다. 그러니 당연하게도 협력 때문에 자주 희생자가 생길 수밖에 없다(사실 희생자 없는 협력을 달성하기란 몹시 어렵다).

이런 관점에서 협력을 보면 부패, 뇌물, 족벌주의 같은 현상을, 이익은 피붙이나 협력자가 챙기고 비용은 다른 사회구성원에게 떠넘기는 협력 방식으로 바꿔서 볼 수 있다.[3] 큰돈이 걸린 계약을 따내고자 어느 회사의 임원에게 뇌물을 먹이거나 어떤 자리에 가족을 먼저 채용하는 행위는 모두 도움과 신뢰를 수반하는 협력 활동이다. 이런 활동이 사악하다는 생각이 드는 것은 이런 소수의 협력이 걸핏하면 사회적 비용을 불러일으키기 때문이다.

여기서 다시 생각해볼 만한 좋은 예가 암이다. 3장에서 살펴봤듯이 암세포들은 서로 협력 관계를 맺고 힘을 합치는 동맹을 발판으로 다른 세포를 무릎 꿇린다. 이런 암세포의 협력은 환자의 목숨을 앗아가는 심각한 결과를 낳는다. 사실 우리가 협력을 이롭게 보느냐 해롭게 보느냐는 모두 우리 관점에 달렸다.

∴ ∴ ∴

가족의 혐의를 벗기고자 법정에서 거짓 증언을 할 수 있는가? 이 질문에 당신은 어떻게 답하겠는가? 자질은 조금 떨어지지만 가까운 친구와 그 자리에 가장 적격인 후보자 중 누구를 고용하겠는가? 이런 물음은 답하기가 쉽지 않을뿐더러 누구나 고개를 끄덕일 만한 답도 없다. 한쪽 잣대로 보면 협력인 행위가 다른 잣대로 보면 협력을 방해하는 행위일 때도 많기 때문이다. 우리가 무엇을 도덕적으로 여기느냐 비도덕적으로 여기느냐는 이렇게 경쟁하는 이해관계의 균형을 어떻게 맞춰야 바람직하다고 느끼느냐에 달렸다. 달리 말해 우리가 '때를 가리지 않고 친구를 돕는' 사람을 신뢰하지 않을 거라는 뜻이다. 하지만 '친구조차 돕지 않는' 사람에게도 비슷하게 혹독한 비난을 퍼부을 수 있다.[4]

우리가 어떤 원 안에 서있다고 생각해보자. 지구에서 살아가는 모든 사람이 이 원 어딘가에 함께 서있다. 가까이 서있는 사람, 그러니까 가족과 가까운 친구는 우리가 가장 큰 도덕적 의무를 느끼는 사람, 가장 큰 관심을 보이는 사람이다. 사실 그다지 놀라운 일은 아니다. 앞에서 이미 봤듯이 협력과 상호의존은 피붙이나 오래된 관계에서 더 강하게 일어난다. 친교 집단의 핵심 구성원이 행복하고 성공하느냐에 큰 이해관계가 걸려있으니, 이들과 친분을 다지려 애쓰는 게 당연하다.

하지만 조금 멀리 떨어져 있더라도 원 안에는 다른 사람들도 존재한다. 우리가 그들을 가족이나 친구처럼 대하지는 않지만 필요한 상황에서는 어느 정도 도움과 신뢰를 보여야 한다고 느낀다. 게다가 이들의 성패가 우리에게도 영향을 미친다. 바로 여기서 우리가 세상을 보는 방식에 가장 큰 차이가 난다. 가까이 있는 사랑하는 사람을 멀리 있는 사람들보다 얼마나 더 우선시하느냐에 따라 서로 몹시 심하게 의견이 갈리기도 한다.

여기서부터는 개요를 명확히 전달하고자 최대한 객관적으로 이야기하겠지만 도덕적으로 편협한 사람과 너그러운 사람을 정치색, 태어났거나 거주하는 국가나 지역으로 구분할 수 있다고 주장한다는 오해는 부디 하지 않았으면 좋겠다.* 예를 들어 남성은 여성보다 대체로 키가 크지만 누군가의 키를 안다고 해서 그 사람의 성별을 추측하는 데 전 재산을 걸지는 않을 것이다. 반대도 마찬가지다. 누군가가 여성인지 남성인지를 안다고 해서 그 사람의 키를 정확히 예측하지는 못한다. 내가 여기서 설명하는 양상도 그런 식으로 해석해주길 바란다. 이 양상들은 광범위한 추세일 뿐, 이를 이용해 특정 개인과 관련한 주장을 펼쳐서는 안 된다. 하지만 이런 광범위한 추세가 우리가 사는 세상의 작동과 구조, 우리가 그 안에서 맺는 관계에 실제로 영향을 미친다.

협력을 더 먼 관계까지 확장하기보다 더 좁은 친교 범위 안에서 유지해야 한다고 느끼는 정도는 정치 성향에 어느 정도 좌우된다. 이는 미국 대통령의 취임사에서 뚜렷한 특징을 발견할 수 있다. 2009년 취임식에서 버락 오바마 대통령은 "미국은 모든 나라, 모든 남성, 모든 여성, 모든 어린이의 친구입니다."라고 선언하고 "가난한 나라 사람들이 주린 배를 채우고 허기진 마음을 달래도록 돕겠다."라고 약속했다. 이와 달리 2017년 취임식에서 도널드 트럼프 대통령은 "해외에 수조 달러를 쏟아부었습니다."라고 한탄하며 "이 순간부터는 미국 우선주의로 가겠습니다."라고 선언했다. 지구가 아니라 미국의 이익을 중심으로 훨씬 작은 원을 그은 것이다.

대규모 행동 실험도 이 양상이 사실임을 뒷받침한다.[5] 자신

---

* 실제로 아프리카에서 가장 인기 있는 미국 대통령은 공화당 출신인 조지 W. 부시다. 부시는 재임 기간에 '에이즈 구호를 위한 대통령 비상 계획PEPFAR'을 실행해 2009년까지 800억 달러를 썼다. 이 덕분에 아프리카의 HIV 보균자와 에이즈 환자 약 1,300만 명이 목숨을 건졌다.

을 정치적으로 보수주의자라고 설명한 사람일수록 가족을 굉장히 사랑한다고 주장하지만 인류 전체를 사랑한다는 주장은 덜 했다(정치적으로 진보주의자인 사람들은 반대 양상을 보인다). 같은 연구에서 보수주의자는 전쟁과 갈등이 없는 세상을 만드는 쪽보다 자기 나라를 적에게서 보호하는 쪽이 더 중요하다고 평가했다. 또 인류 전체보다 가까운 공동체에 더 강한 동질감을 느꼈다. 가상 자원을 가족, 친구, 인류 전체, 동물에 배분하라고 요청했을 때도 보수주의자는 진보주의자보다 더 좁게 자원을 배분했고 동물에게는 아무것도 배분하지 않은 비율도 높았다.

최근에 내가 케임브리지대학교 연구원인 리 드-위트Lee de-Wit 와 연구한 결과에 따르면 코로나19의 영향을 얼마나 걱정하느냐도 정치 성향에 따라 달랐다.[6] 정치 성향에 상관없이 누구나 자신, 가족, 가까운 친구를 걱정했지만 더 폭넓게 다른 사회구성원이 받을 영향까지 걱정하는 쪽은 진보주의자였다. 간단히 말해 이런 실험들을 통해 정치적 보수주의자는 친분이 두터운 사람들을 도덕적으로 더 배려하며 먼 관계보다 가까운 관계에 훨씬 더 많은 공감과 연민, 관심을 쏟는다는 것을 알 수 있다.

협력을 더 가까운 관계로 먼저 확장할지, 모든 사람과 더 평등하게 나눌지를 좌우하는 도덕적 배려의 범위는 국가에 따라 더 폭넓게 변동한다. 문화 차이에 따른 이런 양상을 집단주의와 보편주의의 차이로 설명하기도 한다. 중국, 일본, 한국 같은 집단주의 사회는 주로 가족을 중심으로 도덕적 배려의 범위가 형성된다. 그런 사회에서는 친교 범위가 비교적 좁지만 내부 유대가 굉장히 끈끈하고 서로 무척 의지하며 살아간다. 사람들은 이 핵심 집단에 속하는 사람들을 도와야 한다는 강한 도덕적 의무를 느끼지만 그런 호의를 이 집단 바깥으로 넓힐 필요는 없다. 집단주의 사회의 반대편에 있는 보편주의 사회, 이를테면 서유럽의 여러 나라와 미국에서는 사람들이 더 먼 관계를 포함하는 커다란 사회관계망을 쌓곤 하지만 가까운 가족에게 느끼는 도덕적 의무는 그만큼 더 약하게 느낀다. 보편주의 사회에서도 가족과 친구를 먼저 돕고 더 믿는다. 하지만 이런 핵심 집단이 성공하게 돕겠다는 도덕적 의무는 그리 강하지 않았다. 실제로 보편주의 사회의 도덕 규범은 한쪽에 치우치지 않는 친분을 강조해 누구에게나 같은 규칙을 적용하기를 권한다.[7]

사회마다 협력의 작동 방식이 크게 다른 이유는 이런 도덕적 배려의 범위가 다르기 때문이다. 이를테면 집단주의 사회에서는 부패, 뇌물, 족벌주의가 더 강하게 나타나는데, 모두 도덕적 배려의 경계선 안쪽에 있는 사람들의 욕구를 바깥쪽에 있는 사람들의 욕구보다 중요하게 여긴 결과로 볼 수 있다. 능력을 따져 고용하기보다 가족이나 친구를 경영진에 앉히는 양상은 가족 관계가 끈끈한 문화에서 더 흔히 나타난다. 집단주의 사회에서는 친구에게 도움이 된다면 위증 같은 법률 위반 행위에도 반감이 적다.

집단주의나 가족의 끈끈한 유대는 낯선 이를 덜 신뢰하는 경향으로도 이어진다. 실생활에서 나타나는 행동과 설문조사를 이용해 이런 경향을 측정할 수 있다. 이를 특히 잘 보여주는 사례가 이탈리아다.[8] 이탈리아 남부는 북부보다 가족의 유대가 더 끈끈하다.* 남부에서 태어난 이탈리아 사람은 제도나 기관을 덜 신뢰하는 경향이 있어 가계 자산을 은행이나 주식에 투자하기보다 대부분 현금으로 보관한다. 빚을 낼 때도 은행보다는 가족이나 친구에게 빌리고, 거래도 수표나 신용카드보다 현금을 더 많이 이용한다. 집단주의는 모르는 사람을 돕는 성향도 줄여, 북부 사람보다 남부 사람이 헌혈을 덜 한다. 우표를 붙이고 주소를 적은 편지를 길거리에 놓아두고 얼마나 많은 편지가 수신지에 도착하는지 실험했더니, 북부가 남부보다 수거율이 더 높았다. 여기서 나타나는 보편적 양상은 가까운 사회적 범위에서는 가족의 유대가 협력과 신뢰를 키우지만 이 경계를 넘어서면 줄어들게 한다

---

* 어떤 연구자들은 이런 차이가 교회의 영향력 때문에 생겨났다고 주장한다. 교회는 서기 500년부터 사촌을 포함한 친족 간 결혼을 금지했다. 그러므로 결혼할 나이에 이른 젊은이가 교회에서 허락할 남편감이나 아내감을 찾으려면 다른 곳으로 거처를 옮겨야 했다. 이런 결혼 양상이 대가족의 유대를 물리적으로든 유전적으로든 약하게 만들었다. 오늘날 서구 사회에서 흔한, 당시에는 꽤 특이하고 고립되어 보이는 핵가족은 이 때문에 생겨난 듯하다. 교회는 먼저 북부에서부터 친족 간 결혼을 금지했다. 오늘날 남부와 북부의 문화 차이도 그래서 나타났을 것이다.

는 것이다.

이런 효과는 여러 나라를 아우른 대규모 연구에서도 관찰된다. 2019년에 진행된 국제 실험에서 연구진은 전 세계 350곳의 도시에 돈과 이름, 주소가 들어있는 지갑 1만 7,000개를 떨어뜨리고 시민들이 만난 적도 없고 만날 일도 없는 누군가에게 지갑을 찾아주는지를 조사했다.[9] 이 실험은 모르는 사람을 도우려는 의지가 있는지를 꽤 확실하게 측정할 수 있는 방법이다. 이 실험의 결과는 혈연 간 유대가 끈끈한 국가에서보다 보편주의 국가에서 지갑의 주인을 찾아주는 확률이 더 높았다.*

그렇다고 이런 결과에 도덕적 함의가 있다고 해석해서는 안된다. 혈연끼리 또는 소규모 친교 집단에서 협력하고 신뢰하는 쪽이 혈연 집단 바깥의 사람을 신뢰해 협력하는 쪽보다 반드시 더 나쁘지는 않다. 오히려 그 반대다. 다른 사회구성원이 이렇게 행동한다면 나도 혈연, 가까운 친구와 협력하는 데 집중하는 것이 더 합리적이다.

이런 연구 결과에서 도덕적 함의를 지울 또 다른 방법은 도덕적 배려를 베푸는 사회적 범위의 차이를 발생시킨 토대가 무

---

* 동북아시아에서 해당 실험을 한 곳은 중국뿐이다. ─옮긴이

엇인지, 왜 이런 차이가 생겼는지 묻는 것이다. 이를 위해 인류에게 걱정거리를 가장 많이 안긴 생태 요인인 위협, 영양분, 질병에 대해 살펴보자. 이 세 가지 걱정거리는 정말로 중요하다. 인간의 기본 욕구는 공격이나 재해를 피할 수 있고, 필요한 식량을 얻고, 건강을 유지할 수 있으면 대부분 채워진다. 이것이 '물질적 안전material security'의 본질이다.[10] 물질적 안전은 근본적으로 협력에 좌우된다. 그러므로 협력은 사회 보험의 한 방식이다. 삶의 기본 욕구 가운데 적어도 하나를 충족하지 못할 위험을 줄이는 길이다.

우리가 지구에서 보낸 대부분의 시간 동안 이 보험이 가족과 친구로 구성된 가까운 사회관계망의 형태로 나타났다. 지금도 많은 사람에게는 개별화된 좁은 관계가 삶의 위험을 완화할 주요 수단이다. 산업화를 거치지 않은 사회 여러 곳에서는 사람들이 시시때때로 이웃이나 친구와 음식을 나눈다. 외부의 시장 기반 물물교환에 접근할 방법이 없을 때 뒤따르는 격차를 음식 나누기로 누그러뜨릴 수 있다. 목축 부족인 마사이족의 오소투아 관계를 떠올려보자. 오소투아 관계인 사람끼리는 필요할 때마다 서로 기꺼이 도와 소를 잃을 위험을 분산한다. 서로 크게 의존하는 몇몇 관계에 위험을 분산한 덕분에 인간은 혹독하고 예측하기 어려운 환경에서도 용케 살아남아 번성했다. 그리고 오늘날까지도 그런 관계가 많은 사람에게 주요한 사회 보험으로 남아 있다.

하지만 현대 산업화 사회에 사는 우리는 사정이 다르다. 국가가 이런 상호의존 관계를 크게 대신해 기본 욕구를 충족할 기반 시설과 지원을 제공한다. 국방, 의료 같은 공공 서비스를 제공해 존재를 위협하는 위험과 질병에서 우리를 보호한다. 상거래 규칙과 표준을 세워 시장 경제가 번성하고 여유 자원이 생기게 한다. 국가가 보장하는 통화 덕분에 사람들은 은행이나 금융 기관 등에 돈을 맡겨 남는 자원을 저장할 수 있다. 이렇게 쌓은 부를 이용해 자신만의 공급망을 보호할 수 있고, 다른 사람의 도움에 기대지 않고도 필요할 때 확실하게 자원에 접근할 수 있다.

물질적 안전은 우리가 관계를 맺고 살아가는 사회의 모양과 크기를 근본적으로 바꾼다. 물질적 안전이 부실하면 사회관계망이 좁아진다. 서로 요청해야 할 것이 많으면 몇 안 되는 매우 믿을 만한 관계에 집중한다. 하지만 물질적 안전이 탄탄하면 사람들은 가까운 상호의존 관계에 덜 기대고 덜 투자한다. 또 사회관계망을 더 확장할 수도 있어 이해관계가 그리 크지 않은 새로운 제휴 관계를 구축해 거기에서 기회를 찾아낼 수 있다.

이런 편익은 우리가 관계를 맺고 살아가는 세상에서 국가가 맡을 수 있는 근본 역할을 뚜렷이 드러낸다. 국가가 아주 기본적인 사회적 욕구를 충족해주면 물질적 안전을 얻고자 상호의존도가 매우 높은 좁은 관계에 기댈 필요가 없다. 생존을 좌우하는 위협에서 벗어나면 몇 가지 사회적 위험을 감수할 수 있고, 친교의 경계선을 조금 확장해 가족과 가까운 친구로 구성된 핵심 관계망 바깥의 사람들과 상호작용을 할 수 있다. 국가가 제 역할을 해 기본 욕구를 보호할 안전망과 이익을 얻을 수 있는 교환을 촉진할 법규를 제공하면 개인은 도덕적으로 배려하는 범위를 넓혀 공정하고 보편적인 협력을 지지한다. 현대 민주주의는 제대로 작동하는 국가, 그리고 그런 국가가 구현한 제도를 기반으로 유지된다.

물질적 안전은 나라 안팎으로 엄청난 차이를 보인다. 여기에는 지리 조건도 영향을 미친다.[11] 이를테면 병원체 감염률은 위도에 따라 달라진다. 적도에서 가장 높고 적도에서 멀어질수록 줄어든다. 그러므로 적도 가까이 사는 사람일수록 병원체 매개 질병의 위협을 더 크게 경험하고, 물질적 안전은 그만큼 더 적게 경험한다. 극심한 기상 이변과 식량 부족 같은 자연의 위협도 지리 조건에 따라 달라져 문제를 한층 더 복잡하게 만든다. 게다가 같은 곳에 살아도 개인 사정에 따라 물질적 안전의 정도가 달라진다. 부유한 사람은 은행에 돈을 보관해 식량을 꾸준히 확보할 수 있다. 하지만 이런 식으로 자신의 공급망을 보호할 수단이 있는 사람은 많지 않다.

물질적 안전은 잘 변하지 않으므로 다음 해의 변화를 예측할 수 있다. 미국 남부 주들이 극심한 기상 이변을 겪을 위험은 한

결같이 크다. 올해에 극빈층인 사람은 안타깝게도 내년에도 극빈층일 확률이 매우 높다. 하지만 때때로 물질적 안전에 충격을 던지는 일이 일어나기도 한다. 느닷없이 나타나는 이런 충격은 나라 전체를 휘청이게 하고 우리의 존재 자체를 위협한다. 바로 2020년에 그런 일이 일어났다. 중국 우한에서 출현한 치명적인 코로나바이러스가 국경을 넘어 퍼져나가더니 겨우 몇 주 만에 세계 곳곳에서 거의 50만 명을 감염시켰다.

에볼라나 사스SARS 같은 유행병과 비교해 코로나19의 사망률은 꽤 낮지만* 감염이 가파르게 늘어난 탓에 어마어마하게 많은 병원이 아슬아슬한 고비를 맞았다. 이런 상황은 코로나19 때문에 아픈 사람뿐 아니라 뜻하지 않게 급하게 입원해야 하는 사람들에게도 문제가 되었다. 의료 체계가 한계점에 이르면 치료받아야 할 사람에게 치료를 제공할 능력이 심하게 위태로워진다.

이런 상황이 닥치자 우리가 흔히 물질적 안전을 얻었던 수단이 그리 효과가 없어졌다. 코로나19에 걸려 집 안에 격리될지 모른다는 위기감에 사람들은 격리 생활을 견딜 채소를 마구 사들였다. 또한 사람들이 두려움에 질려 두루마리 휴지를 사들인다는 웃고 넘길 수도 있었을 논평이 진짜 불안을 불러일으키기도 했다. "휴지가 떨어지면 어떻게 하지?"라는 걱정에 사로잡힌 사

---

* 이 글을 쓰는 지금, WHO는 코로나19의 잠정 치사율(코로나19에 감염된 사람 가운데 목숨을 잃은 비율)을 0.6퍼센트로 추산했다. 에볼라(90%), 사스(약 15%), 메르스MERS(약 35%)에 견주면 상당히 낮은 수치다.

람들이 휴지 대량 품절 사태를 일으켰다. 정부 관료들이 "누구에게나 돌아갈 만큼 식품이 넉넉하다."라고 장담했지만 우리는 반대 상황을 생생히 경험했다. 슈퍼마켓 선반이 텅 비고, 식품 배달 업체는 주문이 밀려 어쩔 줄 몰랐고, 물건을 사기 위해 가게에 들어가는 데도 몇 시간 동안 줄을 서야 했다. 게다가 위중한 환자 수가 병원의 중환자실 수용 능력을 넘어설 조짐이 보이자 국가의 의료 대책에 불신이 커졌다. 아플 때 적절한 치료를 받으리라는 보장이 이제 사라진 것이다.

하지만 우리는 이 위기에 뒤이어 협력이 되살아나는 것도 경험했다. 먼저 지역 사회관계망에서부터 협력의 새싹이 돋아났다. 도움이 필요하면 연락하라며 전화번호를 적은 쪽지를 이웃집 우편함에 남겼고 이웃과 음식을 나누기도 했다. 지역 가게가 힘을 합쳐 지역 사회의 취약층에게 생필품을 제공했고, 많은 가게가 이제는 건강 문제로 공공장소에서 남들과 뒤섞이기 어려운 사람들에게 상품을 무료로 배달했다. 우리 동네에 있는 한 서점은 전화로 책을 팔았다. 하필이면 코로나19가 기승을 부린 3월 말이 생일인 막내아들에게 선물하기 위해 전화로 책 두 권을 주문했더니, 서점 주인은 책을 곱게 포장해서 보내줬다. 게다가 내게 머리를 식힐 거리가 필요하다는 것을 알아채고서 자기가 좋아하는 소설을 공짜로 보내줬다.[12] 극심한 시련과 불확실성 앞에서 우리는 나 몰라라 눈을 돌리기보다 서로 손을 내밀어 적으나마 가진 것을 나눴다.[13]

이렇게 서로 협력하는 이야기를 들으면 마음이 따뜻해진다. 하지만 이런 이야기도 지역 간 경계가 뚜렷해 주로 좁은 지역 단위에서 일어난다. 위협이 닥치면 도덕적 배려의 범위가 줄어든다. 이웃에게는 쉽게 도움의 손길을 내밀어도 더 큰 공동체에는 등을 돌려 가게에서 다른 사람들 몫을 남기지 않고 채소를 사재기한다. 위기 상황이 닥치자 우리는 이웃이 아닌 사람들을 줄어든 도덕적 배려의 경계선 밖으로 더 많이 밀어냈다.

국가 단위에서도 비슷한 양상이 나타났다. 미국에서 50개 주가 그저 개별 독립체인 '주'로 머물기보다 집합체인 '합중국'으로 존재하는 것이 중요한 까닭은 어려울 때 서로 도울 수 있기 때문이다. 대형 화재나 토네이도가 덮친 주는 다른 주에 도움을 기대할 수 있다. 이런 재난이 한 번에 모든 주를 덮치는 일은 거의 없으니 이런 방식이 효과를 발휘한다. 그러나 코로나19는 상황을 완전히 바꿔놓았다. 모든 주가 비상사태에 빠졌거나 비상사태에 대비해야 했기에 주끼리 협력하는 일이 줄어들었다. 어떤 주도 산소호흡기나 의료진 보호장구, 검사 장비가 모자랄 것이라고 예상되더라도 다른 주를 지원할 수 없었다.[14]

국제 사회로 시야를 넓혀도 마찬가지 양상을 보인다. 유럽 국가는 코로나19가 덮친 이웃 나라를 돕기 꺼렸고, 당시 미국 대통령이었던 도널드 트럼프는 치료제인 렘데시비르가 코로나19 치료에 효과가 있다는 소문이 돌자 이를 싹쓸이해 비난을 사기도 했다. 백신이 나오면 나라마다 자국민이 맞을 물량을 먼저 확보하려고 발빠르게 움직일 테니, 이때도 비슷한 지역 이기주의를 경험할 것이다.

∴ ∴ ∴

지구적 문제 앞에서는 모든 지구인이 협력해야 한다. 팬데믹은 우리 인류가 마주한 유일한 문제도 아니고 가장 심각한 문제는 더욱 아니다. 그런 문제는 끝이 없어 보일 만큼 많다. 인간이 일으킨 기후변화, 동식물의 서식지 파괴와 멸종, 환경 오염 증가, 자원 과소비, 핵무기 감축 불이행이 모두 우리 인간이 공공의 이익을 달성하고자 협력하는 데 실패한 방식을 기록한 한없이 길고 우울한 목록에 올라있다. 고갈 위험에 들어설 만큼 물고기를 남획한 곳이 세계 어장의 30퍼센트가 넘는다. 참다랑어 같은 종은 우리 세대에 멸종될 위험이 크다. 2019년 여름에 아마존 지역에서 3만 건 넘는 화재가 일어났는데, 대부분 농부와 벌목업자가 곡식과 가축을 기를 땅을 마련하고자 일부러 불을 지른 탓이라고 한다. 야자유 제품을 찾는 수요가 그치지 않은 탓에 2080년까지 오랑우탄 서식지 80퍼센트가 훼손되리라 예상된다. 유인원의 상징이자 우리 사촌인 오랑우탄이 이제 우리 때문에 사라진 수많은 멸종 동물 목록에 이름을 올릴 참이다.

이런 문제를 풀기 어려운 까닭은 인류 전체가 협력해야만 해결할 수 있기 때문이다. 게다가 지구 공공재는 누구나 누릴 수 있다. 이런 공공재를 보호하는 데 도움을 전혀 보태지 않은 사람조차도. 예컨대 런던 한복판의 공기 오염을 간신히 줄이더라도 SUV 운전자가 그 공기를 들이마시지 못하게 막을 길은 없다. 온실가스 배출량이 한계점을 넘지 못하게 막더라도 개인이 비행기를 타지 못하게 막을 길은 없다. 사회적 딜레마에서 개인은 다른 사람의 투자에 무임승차해 편익을 얻을 수 있고 집단행동으로 생긴 편익까지 누릴 수 있다.

서로 협력해 지구 공공재 문제를 해결할 방법을 찾아내느냐가 인류가 이 행성에서 얼마나 오래 살 수 있을지를 아주 크게 좌우하지만 무임승차자 문제가 보여주듯이 이 해법을 찾기란 정말 어렵다. 지구에서 살아가는 모든 사람이 함께 게임을 펼친다면 협력하기보다 이기적으로 행동하는 쪽이 더 유리하다. 협력으로는 남보다 앞서 나갈 방법도 상대적 이점도 얻지 못하기 때문이다. 협력하지 않으면 길게 볼 때 재앙을 부르겠지만 그 시기는 우리가 흔히 생각하는 시간의 범위를 훌쩍 넘어선다. 우리는 이 냉혹한 진화 논리에 내몰린 나머지 앞으로 펼쳐질 우리의 운명을 알면서도 멈춰 서서 휴전을 선언하지 못한 채 벼랑 끝으로 달려가는 듯하다.

눈앞의 사리사욕을 좇을 때 이익이 생기면 지구 전체의 협력을 가로막을 수 있다. 2019년 1월에 도쿄 토요스 수산시장에서 270킬로그램이 넘는 희귀한 참다랑어가 310만 달러에 팔렸다.[15] 포획을 포기하기에는 무척 큰돈이다. 내가 잡지 않으면 다른 사람이 잡아서 판다고 생각하면 특히 더 그렇다. 범위를 좁혀보면 누구나 일상에서 이런 딜레마를 마주한다. "아무도 비행기 여행을 꺼리지 않는데, 내가 왜 그래야 하지?", "새로 나온 이 청바지가 정말 마음에 들어. 그런데 청바지 만들 때 들어가는 환경 비용을 따져봐야 하나?" 이런 곤란한 상황이 '공유지의 비극'을 불러일으킬 수 있다. 우리는 이 문제를 해결해야 한다. 그러려면 무엇을 해야 할까?

지금까지 살펴봤듯이 이런 규모의 문제를 인간의 선한 본성에 호소하는 미적지근한 방법에 기대 해결하려 한다면 순진하고도 위험한 발상이다. 2010년에 영국 보수당이 만든 정치 이념 '큰 사회Big Society'는 공공재를 생산할 권한을 정치인에게서 국민에게 넘기는 것이 목표였다. 이를 달성할 주요 도구는 자원봉사를 장려하는 것이었다. 예상했겠지만 이 목표는 보기 좋게 실패했다. 왜 실패했는지는 이 책에서 어느 정도 설명한 대로다. 앞에서 다루었듯 우리는 무조건 협력하지 않는다. 덮어놓고 도우려는 의지를 진화가 선호한 적은 한 번도 없을 것이다. 우리는 앞뒤를 신중하게 재고 상황에 따라 또 앞으로 편익이 쌓일 가능성에 따라 투자 여부와 정도를 미세하게 조정한다. 협력을 선호할 동기가 없으면 우리는 협력하지 않는다.

협력을 끌어내기가 얼마나 어려운지를 정신이 번쩍 들게 잘 보여주는 예가 코로나19 팬데믹이다. 코로나19의 사망률은 젊고 건강한 사람에게서는 비교적 낮고 기저질환자와 노령층에서는 꽤 높다. 어떤 감염병에서나 그렇듯 완화 전략을 쓸 수 있느냐는 우리가 얼마나 협력하느냐, 일상 활동과 여행 계획을 기꺼이 줄이려 하느냐에 좌우된다. 대다수가 이런 조처를 충실히 따르면 사회 취약층이 짊어질 비용을 줄일 수 있다. 하지만 집단행동 문제가 협력을 가로막는다. "남들이 비용을 치르려 하지 않는데 굳이 내가 그런 비용을 치러야 할까?", "두루마리 화장지와 파스타를 지금 사두지 않으면 안 될 것 같은데 왜 사지 않고 참아야 하지?", "다들 마스크를 쓰지 않고 격리 조처를 지키라는 지침을 무시하는데 왜 나만 이런 지침을 따라야 하지?"

팬데믹 초기에 영국 사람들은 정부 관료의 조언과 간청을 듣지 않았다. 그래서 몇 주 뒤 요청이 아니라 명령을 받을 수밖에 없었다. 정부는 엄격한 조처를 취했고 따르지 않는 사람에게는 벌금을 매기겠다고 으름장을 놓았다. 필요한 조처였고 더 일찍 시행했다면 좋았을 조처였다. 사람들의 선의에 기대는 방식은 몹시 순진한 대처다. 게다가 팬데믹 상황에서는 목숨을 대가로 치른다.

코로나19에 세계가 어떻게 대응하는지를 지켜봤으니 우리가 훨씬 더 큰 문제를 해결할 수 있을지 낙관하기 어렵다. 바로 인간이 일으킨 기후변화 이야기다. 팬데믹은 여러 특성으로 볼 때 해결하기가 더 쉽다. 첫째, 위협이 당장 눈앞에 있다. 둘째, 사람들이 되도록 유행병에 걸리지 않기를 바라므로 자신을 보호할 강력한 행동에 나설 의지가 있다. 셋째, 되도록 빨리 유행병을 뿌리 뽑을 경제적 동기도 강력하다. 코로나19의 경우, 유행이 늦게 시작된 나라들은 다른 곳에서 바이러스가 어떻게 퍼지는지를 지켜본 덕분에 이 문제를 해결하려는 여러 정책의 성패를 보고 배울 기회가 있었다(물론 어떤 나라들은 이런 기회를 현명하게 활용하지 못했다).

기후변화 같은 문제는 예측이 엇나가기도 하고 지역에 따라 영향받는 정도가 다르다. 비용은 지금 치르는데 이익은 어쩌면 우리가 살아있지도 않을 한참 나중에야 생긴다. 코로나19 상황에서처럼 국가마다 따로따로 접근하기보다 전 세계가 조율된 노력을 기울여야 한다. 이런 문제를 과연 우리가 해결할 수 있느냐는 물음에 코로나19가 시사하는 바를 생각하면 마음이 무겁다. 하지만 조심스럽게 낙관할 여지는 있다.

사실 우리가 지구 공공재 문제를 해결할 가장 좋은 길은 '지구적으로 생각하되 지역적으로 행동하라Think global, act local'[16]일 것이다. 고인이 된 노벨상 수상자 엘리너 오스트롬Elinor Ostrom이 만든 이 문구는 복잡한 대규모 문제를 해결하는 데 하향식 통치와 조율이 중요하다고 인정하면서도 상향식 접근법이나 다원주의식 접근법의 잠재력을 강조한다. 유엔기후변화협약 당사국총회가 2015년 12월에 채택한 파리기후변화협정을 예로 들어보자. 2017년에 도널드 트럼프 전 대통령이 이 협정에서 탈퇴하겠다고 발표했다. 이 어리석은 움직임에 맞서 미국 내 주지사부터 기업 총수, 시장, 대학교 학장까지 3,800명 넘는 지도자들이 파리

협약이 밝힌 목표를 준수하겠다고 다짐하는 서약서 '우리는 탈퇴하지 않았다We Are Still In'[17]에 서명했다. 최근 수치에 따르면 이 서약서에 서명한 사람들은 미국 인구와 경제의 절반을 대표한다. 상향식 접근법은 협력이 성공하려면 필요하다고 알려진 토대에 기반한다. 이 접근법을 이용하면 상호작용하는 당사자들이 서로 소통해 관계를 발전시키고 신뢰를 조성할 수 있다. 그리고 이를 기반으로 문제에 따라 다른 해법을 개발할 수 있다. 무엇보다 법을 집행하고 불이행을 처벌하는 문제에서 지역 기관들이 이해관계자들의 합의를 끌어내고 정당성을 쌓을 수 있다.

지구적으로 생각하되 지역적으로 행동하는 것이 얼마나 중요한지를 잘 보여주는 예가 바로 어획 할당량 설계다. 어획 할당제는 어부들이 수산 자원을 계속 유지할 수 있는 방식으로 채취하는 데 협력하도록 장려한다. 전문가들이 앞으로 지속적으로 채취할 수 있는 어획량을 계산하고, 어부들은 이 어획량을 똑같이 나눈다. 어획 할당제가 효과를 발휘하려면 어획량을 나누는 방식이 정당성을 인정받아야 한다.[18] 할당량을 고르지 않게 배분하거나 EU 공동어업정책처럼 이해관계자의 요구를 반영하지 않은 채 설계하면 성공할 가능성이 훨씬 낮다. 무임승차를 방지하고 할당제를 준수하게 할 방법은 주로 감시와 제재다. 이때도 열쇠는 '정당성'이다. 상호 강제가 효과는 있지만 그러려면 이해관계자들이 서로 동의해야 한다.

코로나19 팬데믹은 지구적으로 생각하되 지역적으로 행동하는 또 다른 생생한 사례를 제공한다. 경악스럽게도 팬데믹 초기에 영국 정부는 물리적 거리 두기처럼 바이러스 전파를 늦출 여러 조처를 명령할 엄격한 정책이나 법규를 제정하지 않고 머뭇거렸다. 영국에 첫 확진자가 나타난 뒤로 고통스러운 몇 주가 흐르는 동안 술집과 식당은 계속 문을 열었고, 대형 행사와 콘서트가 열렸고, 사람들이 나라 안팎으로 마음껏 여행했다. 증상이 있는지 확인하거나 감염률이 높은 나라에서 들어오는 입국자를 제한하는 조처는 없었다. 그런데 정부 지침이 없는 상황에서도 여러 단체와 개인이 일찌감치 행동에 나섰다. 이들은 지구적으로 생각하되 지역적으로 행동했다. 주요 소매업체가 봉쇄 명령이 나오기도 전에 문을 닫았다. 회사는 직원들에게 재택근무를 지시했다. 내가 근무하는 곳을 포함해 몇몇 대학이 모든 대면 수업을 중단했다. 프리미어리그는 남은 경기를 모두 취소했다. 의심할 바 없이 초기에 아래에서부터 나온 이런 상향식 행동들이 여러 목숨을 구했다.

　우리 인간을 자율적이고 자립적인 생명체라고 생각하고 싶겠지만 대규모 위기는 우리가 원래 서로 의존하는 종이라고 역설한다. 위기는 기회이기도 하다. 잠시 멈춰 우리가 살아가는 사회를 살펴보고 어떤 현실을 선택할지 고민할 수 있는 순간이다.

제2차 세계대전은 인류 역사에서 몹시 극심한 파괴가 일어난 시기지만 이 끔찍한 사건이 몇몇 놀라운 성취를 이룰 길을 닦았다. 정당들이 의견 차이보다 공공의 이익을 크게 앞세웠다. '전후 합의'라는 비옥한 토양에서 영국의 국민보건서비스National Health Service가, 의료비를 감당할 수 있는 사람뿐 아니라 모든 사람에게 의료를 제공해 국가가 모든 국민을 보살피겠다고 약속한 혁명적 사회 모델이 싹텄다. 전쟁은 성평등 사회를 움직일 바퀴도 돌렸다. 남성들이 전장으로 떠나 일손이 모자란 일터를 여성들이 숱하게 채웠다. 미국에서는 제2차 세계대전 기간에 여성 약 600만 명이 노동 시장에 발을 들였다. 몇 차례 우여곡절이 있었지만 이 양상은 전쟁이 끝난 뒤에도 이어졌다. 전쟁 기간에 여성들이 제 몫을 능숙하게 해내자 전쟁이 끝난 뒤로 여성은 일에서 성공을 추구해서는 안 된다는 주장이 거의 나오지 않았다.

팬데믹도 전쟁과 마찬가지로 사회 대변동을 촉발한다. 이런 변화의 물결이 미래에 계속 영향을 미칠 수 있다.

더러는 달갑지 않은 물결도 있다. 코로나19로 정신없는 상황을 틈타 여러 권위주의 정권이 자기네 이익을 늘릴 속셈으로 자국의 민주주의 구조에 몇 년이 지나도 뽑기 어려울 대못을 박았다. 하지만 희망을 품게 하는 물결도 있다. 봉쇄가 가장 엄격했을 때 도심지의 공기 오염이 가파르게 줄었다. 사람들의 머릿속에서 '필수' 이동이라는 개념이 빠르게 바뀌었기 때문이다. 하늘을 휘젓던 비행기 소리가 멈추고 2020년 2~3월 4주 동안 중국의 석탄 사용량이 약 25퍼센트 줄자[19] 온실가스 배출도 잠시 줄었다. 이런 강제 규제들이 앞으로 새로운 관습으로 굳어질지를 말하기에는 아직 너무 이르다. 앞으로도 재택근무가 이어질까? 사람들이 장거리 출장에 나설지 고민하다 마음을 돌려 가상 회의를 이어갈까?

몇몇 연구는 그럴 수 있다고, 대변동기가 우리 삶의 방식을 바꿀 좋은 기회라고 암시한다. 한 연구에서 스위스의 자가용 운전자들에게 2주 동안 차 열쇠를 맡기는 조건으로 전기 자전거를 무료로 체험하게 했는데 실험이 끝난 지 1년 뒤까지도 자동차 사용이 줄었다고 한다.[20] 파업으로 이동 경로를 바꿔야 했던 런던 지하철 이용자들을 살펴본 실험에서도 많은 이용자가 파업이 끝난 뒤에도 바뀐 경로를 계속 이용했다. 아마 그전까지는 최선이 아닌 경로를 습관처럼 이용한 듯했다.[21] 이렇듯 위기는 우리 삶과 사회를 다시 생각해볼 기회를 준다. 여기서 한 줄기 희망의 빛이 보인다.

이 행성에서 살아가는 우리 인간과 다른 생명체 앞에 어떤 미래가 펼쳐질지 무척 궁금해진다. 우리 아이들, 또 그다음 세대에게는 어떤 삶이 펼쳐질까? 나는 우리가 상황을 걱정해 비상사태를 선언하고 행동을 요구해야 한다고 생각한다. 그리고 희망을 놓지 말아야 한다. 지구의 다른 어떤 종과도 달리 우리에게는 사회적 딜레마에서 벗어날 길을 찾을 능력이 있다. 우리는 자연이 던진 게임을 순순히 따르지 않고 규칙을 바꿀 줄 안다. 이 영역에서 우리의 독창성을 보여주는 사례는 수없이 많다. 고기를 어떻게 나눌지 정하는 수렵·채집인이든, 장난감을 갖고 놀 차례를 정하는 어린아이든, 권력자인 정치인을 어떤 방식으로 뽑을지 정하는 국민이든, 모두 규칙을 만들고 바꿔 개인의 이해관계를 무사히 조율한 덕분에 서로 협력해 더 큰 공공재를 생산할 수 있었다.

우리 앞에 놓인 지구적 문제를 해결할 수 있다는 희망을 품으려면 이런 능력들을 이용해야 한다. 눈앞의 사리사욕보다 긴 안목과 협력을 장려하는 규칙과 협정, 장려책 같은 효과적 제도를 만들어야 한다. 우리는 더 나은 해법을 내다볼 줄 안다. 더 밝은 세상을 그릴 줄 안다. 사람들이 협력하게 장려할 사회 규칙을 설계할 줄 안다.

오늘날 지구촌 인구는 거의 80억 명에 이른다. '유인원의 후예로 확인된 존재'[22]에 지나지 않는 종치고는 놀랍기 그지없는 성취다. 이 성과는 우리의 사회본능, 가까운 친구와 가족, 사랑하는 사람을 도우려는 욕구 덕분이라 할 수 있다. 우리를 성공으로 이끈 핵심 요소는 누가 뭐래도 협력이다. 하지만 어마어마하게 많은 인구가 지구 환경에 영향을 미치고 있는 지금, 우리는 타고난 본능을 뛰어넘어 지금까지와는 다르게 협력해야 한다. 관계가 탄탄한 사람이나 피붙이와 협력하기는 대체로 쉽다. 하지만 모르는 사람을, 그것도 앞으로 결코 만날 일이 없는 사람을 믿기란 훨씬 어렵다. 곤란하게도 지금 우리 눈앞에 놓인 지구적 문제를 해결하려면 바로 이렇게 생판 남을 믿어야 한다.

우리에게는 분명 이런 난관에 대처할 능력과 기술, 비법이 있다. 하지만 지난 역사에서 나타난 사회 붕괴는 지금에 만족하지 말라고 경고한다. 우리는 정말 실패할 수도 있다. 그러니 우리 호모 사피엔스를 위한 신성한 계획도, 미리 정해진 결과도 없다는 것을 명심하자. 아직 우리 앞에는 이 상황을 바로잡을 기회가 있다. 하지만 기회는 한 번뿐이다.

인류 역사에서 협력은 동화 속 마술 지팡이 같은 역할을 한다. 잘 사용하면 풍요를 안겨주지만 엉뚱한 손에 들어가거나 잘못 사용하면 파멸을 부른다. 우리 인류는 협력에 힘입어 여기까지 다다랐다. 하지만 우리가 협력을 잘 이용할 길을 찾지 못한다면, 우리 앞에 놓인 지구적 문제로 협력의 범위를 넓히지 못한다면, 우리가 이뤄낸 성공이 우리 발목을 잡을 것이다. 이 동화가 행복한 결말을 맞을지는 우리에게 달렸다.

고마운 이들에게

이 책이 세상에 나오기까지 중요한 역할을 해준 몇 사람이 있다. 지난 5년 동안 나를 수없이 도와준 친구이자 멘토 세라-제인 블레이크모어에게 진심으로 고마움을 전한다. 편집자 비 헤밍은 내가 책 집필에 완전히 진저리가 났을 때 유익한 피드백과 격려를 보내줬고, 데이비드 밀러는 경이로운 교정 솜씨를 발휘해주었다. 처음부터 이 책의 잠재력을 알아봐준 대리인 윌 프랜시스와 미국 편집자 애나 드브리스에게도 고마움을 전한다.

몇몇 사람이 책의 일부, 또는 전체를 미리 살펴준 덕분에 원고가 비할 데 없이 나아졌다. 아테나 액티피스, 캐슬린 볼, 니콜 바르바로, 본 벨, 나이절 베넷, 조너선 버치, 시네이드 잉글리시, 헬렌 해기, 레베카 제이, 패트릭 케네디, 데이비드 라그나도, 엘리

레드비터, 로랑 레만, 알리시아 멜리스에게 고마움을 전한다. 원고의 구체적 내용이 사실과 맞는지 확인해준 찰리 콘월리스, 리게틀러, 닉 레인, 디터 루카스, 케빈 미첼, 엘리너 파워, 엘바 로빈슨, 조너선 슐츠, 레베카 시어, 귄터 바그너에게도 큰 감사를 전한다. 책에 잘못된 부분이 있다면 당연히 모두 내 모자람 탓이다.

과학에서 경력이란 복권과 비슷해 실패가 일상이다. 내 경력도 이 규칙에서 결코 벗어나지 않는다. 그래도 운이 좋았기에 몇몇 중요한 때에 운명의 주사위가 믿기지 않을 만큼 내게 유리하게 나왔다. 2003년에 맨디 리들리가 알락노래꼬리치레를 연구할 계획을 세울 때, 나를 연구 조수로 채용했다. 고맙게도 리들리는 알락노래꼬리치레 연구와 관련한 재주라고는 휘파람뿐인 나를 채용했다. 그 뒤로 지도 교수인 팀 클러튼-브록이 내게 박사 과정에 지원해 알락노래꼬리치레를 계속 연구하라고 권했다. 그가 빨간 펜으로 '다음에는 영어로!'처럼 신중하고 간결하게 평가해준 덕분에 사람들이 읽고 싶어 할 글을 쓰는 법을 배웠다.

2008년에 미국에서 열린 학회에 참석했다가 레두안 브샤리가 청줄청소놀래기 연구를 발표하는 모습을 보았다. 브샤리가 보여준 첫 슬라이드는 입이 다물어지지 않게 멋진 리저드섬의 사진이었다. 마치 고급 여행 잡지에서 튀어나온 사진 같았다. 나는 브샤리를 찾아가 이 열대 낙원에서 일하고 싶다고 말했다. 이렇게 즉흥적인 제안으로 시작한 일이 10년 넘게 이어지는 알차기 그지없는 협력과 우정으로 자라났다.

너그럽게도 영국학술원, 리버흄신탁, 영국자연환경위원회, 왕립학회, 런던동물협회에서 연구를 지원해줬다. 특히 왕립학회가 지원한 연구 장학금 덕분에 나는 관심 분야를 꾸준히 연구할 학문적 자유를 얻었다. 그 고마움은 언제까지나 잊지 못할 것이다.

학문에 재미를 더하는 한 가지가 연구 과정에서 만나는 사람들이다. 앞서 언급한 사람들 말고도 감사를 전하고 싶은 멘토, 공동 연구자, 친구들이 있다. 대부분 본문에서 연구 내용을 언급한 이들이다. 쿠엔틴 앳킨슨, 팻 바클리, 루이즈 배럿, 샌드라 비닝, 밥 보이드, 루시 브라우닝, 마이크 캔드, 제마 클루커스, 이너스 컷힐, 닉 데이비스, 피터 다얀, 조 데블린, 리 드-위트, 마크 다이블, 잰 엥겔만, 곤살루 파리아, 톰 플라워, 루시 포크스, 시몬 게흐터, 앤디 가드너, 크리스티나 골라베크, 앤토니아 해밀턴, 유리 헤르츠, 앤디 히긴슨, 세라 하지, 앤 호겟, 케이트 존스, 닐 조던, 순지브 캄보즈, 베키 킬너, 세라 놀스, 조지나 메이스, 루스 메이스, 마르타 만세르, 캐티 매콜리프, 보니 메서렐, 켈리 모이스, 미르코 무솔레시, 마이클 무수크리슈나, 마사 넬슨-플라워, 애나 핀토, 도미니크 로셰, 페니 로스, 앤디 러셀, 조앤 실크, 세라 스미스, 샘 솔로몬, 앤 소머필드, 세이리언 섬너, 알렉스 스튜어트, 로리 서덜랜드, 알렉스 손턴, 아르네 트라울센, 제그니 트리키, 라일 베일, 가브리엘라 빌리오코, 스튜 웨스트, 폴리 비스너, 샤론 비스머, 앤디 영에게 고마움을 전한다.

놀랍도록 재능 있는 학생들과 박사후연구원들이 오랫동안

내 연구에 참여해 내가 생각을 가다듬는 데 도움을 줬다. 특히 짐 앨런, 잭 앤드루스, 레아 아리니, 조 반비, 토마소 바티스토니, 조너선 본, 폴 더치먼, 애나 그린버그, 가브리엘 허드슨, 오데드 케이넌, 앨리스 리프그린, 알렉스 톰슨, 트리세브예니 파파콘스탄티누, 엘리사베트 파파, 케리 윙, 엘레나 츠비르네르에게 고마움을 전한다.

책을 마무리할 때쯤 엄마가 7년 동안 싸운 병마에 끝내 굴복해 돌아가셨다. 이 이별이 우리 가족에게 얼마나 큰 빈자리를 남겼는지는 말로 다 표현하기 어렵다. 마지막 몇 달은 상상하기 어려울 만큼 힘들었고, 든든한 버팀목이 되어준 사람들이 없었다면 훨씬 더 힘겨운 상황을 겪었을 것이다. 킴 비즐리, 재키 브라운, 해나 달링턴, 샐리 그루콕, 조 하딩, 케이트 저먼, 베선 몰런에게 고마움을 전한다.

이제 나는 아이를 키우는 데 얼마나 큰 비용이 들어가는지 안다. 한결같은 정성으로 나와 내 아이들을 보살펴주신 부모님과 의붓아버지, 의붓어머니께 고마움을 전하고 싶다. 지난 몇 년 동안 크게 신경 쓰지 못한 내 아이들에게 미안함을 전하며 책을 더 쓰지 않겠다고 약속한다(그러니까, 2021년에는 말이다). 그리고 언제나 내가 하고 싶은 일을 하면서도 죄책감을 느끼지 않게 하는 사람, 아침에 차 한 잔을 건네고 또 한없이 참아주는 남편 데이브에게 이루 말로 다 할 수 없는 고마움을 전한다.

주

들어가며

1 1871년 4월 24일, 찰스 다윈이 정치인이자 언론인 존 몰리John Morley에게 보낸 편지 중에서. https://www.darwinproject.ac.uk/letter/DCP-LETT-7685.xml.

2 Tofilski A., Couvillon M. J., Evison S. E. F., Helanterä H., Robinson E. J. H. & Ratnieks F. L. W. 'Preemptive Defensive Self-Sacrifice by Ant Workers'. *The American Naturalist*, 172, E239-43, 2008.

1부

1 Bianconi E., Piovesan A., Facchin F., Beraudi A., Casadei R., Frabetti F., Vitale L., Pelleri, M. C., Tassani, S., Piva, F. & Perez-Amodio, S. 'An estimation of the number of cells in the human body'. *Annals of Human Biology,* 40, 463-71, 2013.

2 복제 수단이라는 멋진 비유는 리처드 도킨스가 《이기적 유전자*The Selfish Gene*》

(Oxford University Press, 1976)에서 소개했다. (한국어판:《이기적 유전자》, 을유문화사, 2018)

3   Bourke A. *Principles of Social Evolution*. Oxford University Press, 2011.

4   https://biomimicry.net/earths-calendar-year. 멋진 자료를 제공하는 웹사이트다.

5   Betts, Holly C., et al. "Integrated genomic and fossil evidence illuminates life's early evolution and eukaryote origin." *Nature ecology & evolution* 2.10 (2018): 1556-1562.

6   Szathmáry E. & Smith J. M. 'The Major Evolutionary Transitions'. *Nature* 374, 227-32, 1995.

7   Van Wilgenburg E., Torres C. W. & Tsutsui N. D. 'The Global Expansion of a Single Ant Supercolony'. *Evolutionary Applications* 3, 136-43, 2010.

1장

1   리처드 도킨스가 존 메이너드 스미스John Maynard Smith의《진화론*The Theory of Evolution*》(Cambridge University Press, 1993)에 쓴 서문.

2   Pointer M. R. & Attridge G. G. 'The Number of Discernible Colours'. *Color Research & Application* 23, 52-4, 1998.

3   다윈이 1860년 2월 8일 또는 9일에 그레이에게 보낸 서신. https://www.darwinproject.ac.uk/letter/DCP-LETT-2701.xml.

4   다윈이 눈의 진화로 골머리를 앓은 까닭은 '더는 줄일 수 없는 복잡성irreducible complexity(복잡하기 짝이 없는 생물 체계로 볼 때 생물이 덜 복잡한 조상한테서 진화했을 리 없다는 주장)' 때문만은 아니었다. 다윈은 부모 세대에서 나타난 유용한 형질이 어떻게 자식 세대로 전달되느냐는 날카로운 질문에도 답해야 했다. 유전 정보를 전달한 꾸러미는 무엇일까? 그런 꾸러미들은 어떻게 전달될까? 다윈의 원대한 이론은 설계자 없는 설계의 출현을 설명했지만 이론을 완성할 커다란 조각 하나가 여전히 빠져있었다. 수수께끼에 싸인 조각은 자연선택을 뒷받침하는 유전이 어떻게 작동하느냐였다.
당시 가장 유력한 견해는 프랑스 생물학자 장 바티스트 라마르크Jean-Baptiste Lamarck의 이론이었다. 라마르크는 부모가 자신이 획득한 개선 형질을 자식에게 물려준다고 봤다. 그 예로, 기린이 높은 나무줄기에 난 잎을 따먹으려고 안간힘을 다해 목을 길게 뻗었고 이렇게 늘어난 목을 새끼에게 물려줬다고 주장했다.

다윈도 라마르크의 견해를 알았으나 동의하지 않았고 라마르크의 저서인《동물철학Philosophie zoologique》을 "얻을 것이라고는 없는 형편없는 책"이라고 깎아내렸다. 다윈은 라마르크의 용불용설보다는 어미의 특성과 아비의 특성이 반반씩 섞여 중간 형질을 지닌 자식이 생긴다는 융합 유전blending inheritance을 지지했다. 하지만 이 견해에도 문제가 있었다. 이 논리에 따르면 새로 얻은 유용한 변화가 자연선택이 작동하기도 전에 평준화된다. 융합 유전에서는 적응이 생겨나지 못한다. 적응은커녕 그럴 기회조차 날려버린다. 결국 다윈도 이 견해를 접었지만 빈자리를 채울 조각은 여전히 찾지 못했다. 다윈은 그 뒤로도 유전의 작동 방식을 절대 이해하지 못했다.

그런데 다윈이 몰랐을 뿐 고유한 형질이 자식에게 전달되는 방식을 이미 알아낸 사람이 있었다. 바로 오스트리아의 사제 그레고어 멘델Gregor Mendel이다. 멘델은 완두콩을 이용한 기발한 실험을 잇달아 진행한 끝에 유전 정보가 부모 양쪽이 각각 자식에게 물려주는 설명서에 입자 형태로 저장된다는 결론에 이르렀다. 이 입자가 나중에 유전자로 밝혀진다. 교배 실험 과정에서 멘델은 부모 세대와 조부모 세대의 특성을 바탕으로 자손 세대의 형질, 이를테면 이파리의 모양과 색을 예측할 수 있다는 사실을 알아냈다. 그리고 한 세대에서 다음 세대로 고스란히 전달되는 정보 꾸러미로 이런 눈에 보이는 형질을 예측할 수 있다고 추정했다. 안타깝게도 다윈은 멘델의 실험을 듣거나 보지 못했고(실험 결과가 독일어로, 게다가 잘 알려지지 않은 학술지에 발표된 탓이었을 것이다), 멘델의 통찰이 자신의 이론과 결합해 현대 종합 진화론Modern Synthesis으로, 진화가 작동하는 방식을 통합해 설명하는 이론으로 탄생하는 것을 보지 못한 채 세상을 떠났다.

5   이 말을 진화에 방향성이 있다거나 복잡한 눈이 단순한 눈보다 낫다는 뜻으로 받아들이면 안 된다. 이 세상에 존재하는 많은 종이 단순한 광수용기 세포를 가지고 있다. 이를테면 단세포 조류는 이런 단순한 광수용기 세포를 이용해 빛을 감지하고 그쪽으로 헤엄친다.

6   어떤 유전자는 스위치처럼 작동해 단일 유전자에서 어떤 대립 유전자가 발현하느냐에 따라 형질 보유자의 외모와 행동에 저마다 다른 변화를 일으킨다. 이를테면 혈액형은 단일 유전자의 변이로 정해지고 불연속 형질이라 중간형이 없이 명확하게 구분된다. 하지만 이런 발현은 예외에 가깝다. 키부터 발 크기, 성격까지 형질 대다수는 다원유전자polygene, 즉 여러 관련 유전자에 영향을 받는다. 이런 연속 형질에 영향을 미치는 변이 유전자는 특정한 특질의 '세기'를 결정하는 다이얼과 같다. 각 변이가 다이얼을 오른쪽이나 왼쪽으로 조금씩 돌려 다른 모든 변이와 동시에 작용한다. 그렇다고 유전자가 개체의 표현형에 영향을 미치는

유일한 인자라는 뜻은 아니다. 유전자 발현은 환경 인자에 의해서도 영향을 받는다. 그러므로 어떤 환경에 있느냐에 따라 유전자가 켜지거나 꺼지고 세지거나 약해질 수 있다. 그뿐 아니라 개체가 어떻게 발현하느냐에 환경이 큰 영향을 미치기도 하고 개체의 바탕인 유전자의 영향을 억누르기도 한다. 이를테면 부모가 모두 키가 크면 자식이 키가 큰 대립 유전자를 물려받겠지만 성장기에 제대로 먹지 못하면 어른이 되었을 때 그다지 키가 크지 않을 것이다. 지능과 비만 같은 형질도 유전자 영향을 받지만 성장 환경을 모른다면 어떤 사람이 천재가 될지 뚱뚱해질지 예측하기 어렵다.

7 Darwin, C. *On the Origin of Species by Means of Natural Selection*. John Murray, 1859.

8 누군가가 스티븐 호킹Stephen Hawking에게 책에 공식을 하나 쓸 때마다 독자가 반토막이 나니 조심하라고 충고했다고 한다. 나도 이 이야기에 유념해 본문에는 수식을 쓰지 않았다. 그래도 마법처럼 단순하면서도 포괄 적합도 이론을 탄탄히 뒷받침하는 공식을 더 알고 싶은 사람들을 위해 간단한 설명과 함께 공식을 소개한다. 주요 참고 문헌은 공식을 만든 진화학자 윌리엄 D. 해밀턴의 논문이다. Hamilton W. D., 'The Genetical Evolution of Social Behaviour. I', *Journal of Theoretical Biology* 7, 1-16, 1964; Hamilton W. D., 'The Genetical Evolution of Social Behaviour. II', *Journal of Theoretical Biology* 7, 17-52, 1964.

해밀턴 법칙은 rB-C>0 (r: 근연도, B: 수혜자가 얻는 이익, C: 희생자가 치르는 비용)이면 큰 비용을 치르는 도움 행동을 자연선택이 어김없이 선호한다고 본다. 이 공식의 값은 유전자다. 그러니 간단한 생각 실험으로 논리를 파악할 수 있다. 들다람쥐citellus는 포식자를 발견하면 찍찍 경고음을 내 서로 위험을 알린다. 예를 들어, 포식자가 나타났는지 살피다가 경고음을 내는 기질이 '찍찍' 유전자에 좌우된다고 가정해보자. 이 유전자를 보유한 들다람쥐는 포식자가 있는지 살피려 뒷다리로 서있느라 목숨을 내걸지만 가까이 있는 다른 들다람쥐는 이 행위로 이익을 본다.

찍찍 유전자가 어떻게 한 개체군에서 줄기차게 퍼지는지를 이해하려면 한 다람쥐 몸속의 찍찍 유전자가 유발한 행위가 다른 다람쥐들 몸속에 있는 찍찍 유전자를 복제하는 데 어떻게 도움이 될지를 생각해봐야 한다. 해밀턴 법칙은 rB-C>0일 때마다 자연선택이 찍찍 유전자의 이타 행동을 선호한다고 주장한다. 이타적 다람쥐 사례에서 B는 경고음 덕분에 같은 집단의 다른 다람쥐들이 더 많이 낳을 새끼의 숫자다. C는 경고음을 보낸 다람쥐가 치른 비용으로, 이타적으로 행동하느라 희생한 새끼의 수(찍찍 유전자의 복제 수)를 가리킨다. 마지막으로

r은 도움을 베푼 다람쥐의 몸에 존재하는 찍찍 유전자가 경고음으로 이익을 얻는 다람쥐의 몸에 존재할 확률이다. 이 법칙에 따르면 경고음 보내기 같은 이타 행동이 주로 친족으로 구성된 집단에서 가장 흔히 나타나리라 예측할 수 있다. 그리고 이 예측은 들다람쥐를 포함해 많은 종을 살펴본 여러 연구에서 사실로 드러났다.

해밀턴 법칙에 수치를 몇 개 집어넣으면 이 법칙이 어떻게 작동하는지를 더 깊이 이해할 수 있다. 진화생물학자 존 B. S. 홀데인John B. S. Haldane이 남긴 유명한 농담 "형제 두 명을 위해서라면 기꺼이 내 목숨을 내놓겠다. 아니면 사촌 여덟 명을 위해서든가."처럼 말이다. 심드렁하게 목숨을 논하는 이 태도 뒤에는 진화의 논리가 숨어있다. 부모가 같을 때 우리는 형제자매와 유전자 절반을 공유한다. 따라서 r=0.5다. 평균 출산율이 두 명이고 우리가 한 형제자매를 위해 목숨을 내놓는다면 죽는 탓에 아이 둘을 낳지 못하니 비용(C)은 2다. 다행히 형제자매 두 명을 살린다면 두 사람이 각자 평균 두 명을 낳을 테니 이익(B)은 4다. 이 수치를 공식에 집어넣으면 다음과 같다. r(0.5)×B(4)-C(2)=0. 트집을 잡자면 이 사례에서 홀데인은 형제 두 명을 위해 목숨을 내놓는 데도 심드렁해야 한다(물론 두 명이 아니라 세 명이라면 생각하고 말 것도 없이 홀데인이 옳다).

9 Leedale A., Sharp S., Simeoni M., Robinson E. & Hatchwell B. 'Fine-scale genetic structure and helping decisions in a cooperatively breeding bird'. *Molecular Ecology* 27, 1714‒26, 2018.

10 Frank E. T., Wehrhahn M. K. & Linsenmair E. 'Wound Treatment and Selective Help in a Termite-Hunting Ant'. *Proceedings of the Royal Society B: Biological Sciences* 285, 20172457, 2017. Miler K. 'Moribund Ants Do Not Call for Help'. PLOS ONE 11, e0151925, 2016.

11 Pollet T. V. & Dunbar R. I. M. 'Childlessness predicts helping of nieces and nephews in United States'. *Journal of Biosocial Science* 40, 761‒70, 2008.

2장

1 《원자와 개체*Atoms and Individuals*》, 1859.

2 Queller D. C. & Strassmann J. E. 'Beyond Society: The Evolution of Organismality'. *Philosophical Transactions of the Royal Society B: Biological Sciences* 364, no. 1533, 3143‒55, 2009. Gardner A. & Grafen A. 'Capturing

the Superorganism: A Formal Theory of Group Adaptation'. *Journal of Evolutionary Biology* 22, 659‒71, 2009.

3 리처드 도킨스가 《이기적 유전자》에서 소개한 복제자와 운반자라는 용어를 유지하고자 고른 사례다.

4 Powell S. 'Ecological Specialization and the Evolution of a Specialized Caste in Cephalotes Ants'. *Functional Ecology* 22, 902‒11, 2008.

5 Heinze J. & Bartosz W. 'Moribund Ants Leave Their Nests to Die in Social Isolation'. *Current Biology* 20, 249‒52, 2010.

6 Pull C. D., Line V. U., Wiesenhofer F., Grasse A. V., Tragust S., Schmitt T., Brown M. J. F. & Cremer S. 'Destructive Disinfection of Infected Brood Prevents Systemic Disease Spread in Ant Colonies'. *ELife* 7, e32073, 2018.

7 Ostwald M. M., Smith M. L. & Seeley T. D. 'The Behavioral Regulation of Thirst, Water Collection and Water Storage in Honeybee Colonies'. *Journal of Experimental Biology* 219, 2156‒65, 2016.

8 Wiessner P. 'Collective Action for War and for Peace: A Case Study among the Enga of Papua New Guinea'. *Current Anthropology* 60, 224‒44, 2019.

9 Sender R., Fuchs S. & Milo R. 'Revised Estimates for the Number of Human and Bacteria Cells in the Body'. *PLOS Biology* 14, e1002533, 2016.

10 Fukatsu T. & Hosokawa T. 'Capsule-Transmitted Gut Symbiotic Bacterium of the Japanese Common Plataspid Stinkbug, *Megacopta Punctatissima*'. *Applied and Environmental Microbiology* 68, 389‒96, 2002.

11 Salminen S. G., Gibson R., McCartney A. L. & Isolauri E. 'Influence of Mode of Delivery on *Gut* Microbiota Composition in Seven-Year-Old Children'. *Gut* 53, 1388‒9, 2004.

12 Lane N. *Life Ascending: The Ten Great Inventions of Evolution.* Profile Books, 2010. (한국어판:《생명의 도약》, 글항아리, 2011)

3장

1 《진화 윤리*Evolutionary Ethics*》, SUNY Press, 1993.

2 Trivers R. & Burt A. *Genes in Conflict: The Biology of Selfish Genetic Elements.* Harvard University Press, 2009.

3　Laberge A. M., Jomphe M., Houde L., Vézina H., Tremblay M., Desjardins B., Labuda D., St-Hilaire M., Macmillan C., Shoubridge E. A. & Brais, B. 'A "Fille Du Roy" Introduced the T14484C Leber Hereditary Optic Neuropathy Mutation in French Canadians'. *The American Journal of Human Genetics* 77, 313 – 17, 2005.

4　https://www.nhs.uk/conditions/infertility.

5　Zanders S. E. & Unckless R. L. 'Fertility Costs of Meiotic Drivers'. *Current Biology* 29, R512 – 20, 2019.

6　Leigh E. G. *Adaptation and Diversity*. Freeman, 1971.

7　연도별 통계는 다음을 참고하라. https://cancerstatisticscenter.cancer.org.

8　Leong S. P., Aktipis A. & Maley C. 'Cancer Initiation and Progression within the Cancer Microenvironment'. *Clinical & Experimental Metastasis* 35, 361 – 7, 2018.

9　Tabassum D. P. & Polyak K. 'Tumorigenesis: It Takes a Village'. *Nature Reviews Cancer* 15, 473 – 83, 2015.

10　Aktipis A. *The Cheating Cell*. Princeton University Press, 2020.

2부

1　Eisenberger N. I., Lieberman M. D. & Williams K. D. 'Does Rejection Hurt? An FMRI Study of Social Exclusion'. *Science* 302, 290 – 2, 2003.

2　Holt-Lunstad J., Smith T. B., Baker M., Harris T. & Stephenson D. 'Loneliness and Social Isolation as Risk Factors for Mortality: A Meta-Analytic Review'. *Perspectives on Psychological Science* 10, 227 – 37, 2015.

3　Gilbert C., Robertson G., Le Maho Y., Naito Y. & Ancel A. 'Huddling Behavior in Emperor Penguins: Dynamics of Huddling'. *Physiology & Behavior* 88, 479 – 88, 2006.

4　Boraas M. E., Seale D. B. & Boxhorn J. E. 'Phagotrophy by a Flagellate Selects for Colonial Prey: A Possible Origin of Multicellularity'. *Evolutionary Ecology* 12, 153 – 64, 1998.

4장

1 1860년 2월, 의사이자 발명가인 닐 아노트Neil Arnott에게 보낸 서신, https://www.darwinproject.ac.uk/letter/?docId=letters/DCP-LETT-2677.xml.

2 Kim K.-W. & Horel A. 'Matriphagy in the Spider Amaurobius Ferox (Araneidae, Amaurobiidae): An Example of Mother-Offspring Interactions'. *Ethology* 104, 1021–37, 1998.

3 Finnie M. J. 'Conflict & Communication: Consequences Of Female Nest Confinement In Yellow Billed Hornbills'. PhD thesis, University of Cambridge, 2012.

4 도킨스와 T. R. 칼라일이 1976년에 이를 가리켜 '잔인한 결합cruel bind 가설'이라고 불렀다. 몇몇 연구가 이 가설의 기본 가정을 뒷받침하지만 지금도 논쟁이 이어지고 있다. Dawkins R. & Carlisle T. R. 'Parental Investment, Mate Desertion and a Fallacy'. *Nature* 262, 131–3, 1976. Czyż B. 'Do Female Penduline Tits Remiz Pendulinus Adjust Parental Decisions to Their Mates' Behaviour?'. *Ardea* 99, 27–32, 2011. Kahn A. T., Schwanz L. E. & Kokko H. 'Paternity Protection Can Provide a Kick-Start for the Evolution of Male-Only Parental Care'. *Evolution* 67, 2207–17, 2013.

5 Dunsworth H. M., Warrener A. G., Deacon T., Ellison P. T. & Pontzer H. 'Metabolic Hypothesis for Human Altriciality'. *Proceedings of the National Academy of Sciences* 109, 15212–16, 2012.

6 https://www.science.org/content/article/study-marathon-runners-reveals-hard-limit-human-endurance.

7 Lukas D. & Clutton-Brock T. H. 'Life Histories and the Evolution of Cooperative Breeding in Mammals'. *Proceedings of the Royal Society B: Biological Sciences* 279, 4065–70, 2012.

8 Muller M. N., Marlowe F. W., Bugumba R. & Ellison P. T. 'Testosterone and Paternal Care in East African Foragers and Pastoralists'. *Proceedings of the Royal Society B: Biological Sciences* 276, 347–54, 2009.

9 Kuo P. X., Braungart-Rieker J. M., Lefever J. E. B., Sarma M. S., O'Neill M. & Gettler L. T. 'Fathers' Cortisol and Testosterone in the Days around Infants' Births Predict Later Paternal Involvement'. *Hormones and Behavior* 106, 28–34, 2018. Gettler L. T., McDade T. W., Feranil A. B. & Kuzawa C. W.

'Longitudinal Evidence That Fatherhood Decreases Testosterone in Human Males'. *Proceedings of the National Academy of Sciences* 108, 16194–9, 2011.

10 Foellmer M. W. & Fairbairn D. J. 'Spontaneous Male Death during Copulation in an Orb-Weaving Spider'. *Proceedings of the Royal Society B: Biological Sciences* 270, S183–5, 2003.

11 Lukas D. & Clutton-Brock T. H. 'The Evolution of Social Monogamy in Mammals'. *Science* 341, 526–30, 2013.

12 Hopwood P. E., Moore A. G., Tregenza T. & Royle N. J. 'Male Burying Beetles Extend, Not Reduce, Parental Care Duration When Reproductive Competition Is High'. *Journal of Evolutionary Biology* 28, 1394–402, 2015.

13 Grosjean P. A. & Khattar R. 'It's Raining Men! Hallelujah?'. SSRN Scholarly Paper. Rochester, NY: Social Science Research Network, 2015.

14 Schacht R. & Borgerhoff Mulder M. 'Sex Ratio Effects on Reproductive Strategies in Humans'. *Royal Society Open Science* 2, 140402, 2015.

5장

1 Royle N. J., Hartley I. R. & Parker G. A. 'Sexual Conflict Reduces Offspring Fitness in Zebra Finches'. *Nature* 416, 733–6, 2002.

2 McNamara J. M., Székely T., Webb J. N. & Houston A. I. 'A dynamic game-theoretic model of parental care'. *Journal of Theoretical Biology* 205, 605–23, 2000.

3 Engel K. C., Stökl J., Schweizer R., Vogel H., Ayasse M., Ruther J. & Steiger S. A. 'Hormone-Related Female Anti-Aphrodisiac Signals Temporary Infertility and Causes Sexual Abstinence to Synchronize Parental Care'. *Nature Communications* 7, 11035, 2016.

4 Harcourt A. H., Harvey P. H., Larson S. G. & Short R. V. 'Testis Weight, Body Weight and Breeding System in Primates'. *Nature* 293, 55–7, 1981.

5 Haig D. 'Maternal–Fetal Conflict, Genomic Imprinting and Mammalian Vulnerabilities to Cancer'. *Philosophical Transactions of the Royal Society B: Biological Sciences* 370, 20140178, 2015. Haig D. 'Genetic Conflicts in Human Pregnancy'. *The Quarterly Review of Biology* 68, 495–532, 1993.

6   Stenman U. H., Alfthan H. & Hotakainen K. 'Human Chorionic Gonadotropin in Cancer'. *Clinical Biochemistry, Special Issue: Recent Advances in Cancer Biomarkers* 37, 549−61, 2004.

7   Alkatout I., Honemeyer U., Strauss A., Tinelli A., Malvasi A., Jonat W., Mettler L. & Schollmeyer T. 'Clinical Diagnosis and Treatment of Ectopic Pregnancy'. *Obstetrical & Gynecological Survey* 68, 571−81, 2013. Wang Y.-L., Su T.-H. & Chen H.-S. 'Operative Laparoscopy for Unruptured Ectopic Pregnancy in a Caesarean Scar'. *BJOG: An International Journal of Obstetrics & Gynaecology* 113, 1035−8, 2006.

8   Wildman D. E., Chen C., Erez O., Grossman L. I., Goodman M. & Romero R. 'Evolution of the Mammalian Placenta Revealed by Phylogenetic Analysis'. *Proceedings of the National Academy of Sciences* 103, 3203−8, 2006.

9   Afzal J., Maziarz J. D., Hamidzadeh A., Liang C., Erkenbrack E. M., Nam H., Haeger J. D., Pfarrer C., Hoang T., Ott T. & Spencer, T. 'Evolution of Placental Invasion and Cancer Metastasis Are Causally Linked'. *Nature Ecology & Evolution* 3, 1743−53, 2019.

10 Crespi B. & Badcock C. 'Psychosis and Autism as Diametrical Disorders of the Social Brain'. *Behavioral and Brain Sciences* 31, 241−61, 2008.

11 Boddy A. M., Fortunato A., Sayres M. W. & Aktipis A. 'Fetal Microchimerism and Maternal Health: A Review and Evolutionary Analysis of Cooperation and Conflict beyond the Womb'. *BioEssays* 37, 1106−18, 2015.

6장

1   《트로일러스와 크레시다*Troilus and Cressida*》, 1962. (한국어판: 《트로일러스와 크레시다》, 전예원, 2011)

2   Jetz W. & Rubenstein D. R. 'Environmental Uncertainty and the Global Biogeography of Cooperative Breeding in Birds'. Current Biology 21, 72−8, 2011. Lukas D. & Clutton-Brock T. 'Climate and the Distribution of Cooperative Breeding in Mammals'. *Royal Society Open* Science 4, 160897, 2017.

3   Maslin M. A., Brierley C. M., Milner A. M., Shultz S., Trauth M. H. &
     Wilson K. E. 'East African Climate Pulses and Early Human Evolution'.
     Quaternary Science Reviews 101, 1−17, 2014.

4   Muller M. N., Wrangham R. W. & Pilbeam D. R. *Chimpanzees and Human
     Evolution.* Harvard University Press, 2018.

5   Manthi F. K., Brown F. H., Plavcan M. J. & Werdelin L. 'Gigantic lion,
     Panthera leo, from the Pleistocene of Natodomeri, eastern Africa'. *Journal of
     Paleontology*, 92, 305−12, 2018.

6   Willems E. P. & van Schaik C. 'The Social Organization of Homo Ergaster:
     Inferences from Anti-Predator Responses in Extant Primates'. *Journal of
     Human Evolution* 109, 11−21, 2017.

7   Prescott G. W., Williams D. R., Balmford A., Green R. E. & Manica
     A. 'Quantitative Global Analysis of the Role of Climate and People in
     Explaining Late Quaternary Megafaunal Extinctions'. *Proceedings of the
     National Academy of Science,* 109, 4527−31, 2012.

8   Doody J. S., Burghardt G. M. & Dinets V. 'Breaking the Social−Non-
     Social Dichotomy: A Role for Reptiles in Vertebrate Social Behavior
     Research?'. *Ethology* 119, 95−103, 2013. Gardner M. G., Pearson S. K.,
     Johnston G. R. & Schwarz M. P. 'Group Living in Squamate Reptiles: A
     Review of Evidence for Stable Aggregations'. *Biological Reviews* 91, 925−36,
     2016.

9   Otis G. W. 'Sociality of Insects'. *Encyclopedia of Entomology,* 4, 3447−52.
     Springer, 2008. Lubin Y. & Bilde T. 'The Evolution of Sociality in Spiders'.
     Advances in the Study of Behavior 37, 83−145, 2007. Taborsky M. 'Reproductive
     Skew in Cooperative Fish Groups: Virtue and Limitations of Alternative
     Modeling Approaches'. *Reproductive Skew in Vertebrates: Proximate and Ultimate
     Causes,* 265−304. Cambridge University Press, 2009. Lukas D. & Clutton-
     Brock T. H. 'The Evolution of Social Monogamy in Mammals'. Science 341,
     526−30, 2013.

10   Cockburn A. 'Prevalence of Different Modes of Parental Care in Birds'.
     Proceedings of the Royal Society B: Biological Sciences 273, 1375−83, 2006.

11   Lukas D. & Clutton-Brock T. H. 'Climate and the Distribution of
     Cooperative Breeding in Mammals'. *Royal Society Open Science* 4, 160897,

2017.

12 Kramer K. L. & Veile A. 'Infant Allocare in Traditional Societies'. *Physiology & Behavior* 193, 117‒26, 2018.

13 하나 짚고 넘어가자면 핵가족은 현실이라기보다 이상이다. 나라와 지역에 따라 정도는 다르지만 많은 가족에서 조부모, 특히 할머니가 아이를 꽤 많이 보살핀다. 단, 서구 가정에서 조부모가 육아를 도울지라도 오늘날 조부모의 양육 투자는 단언컨대 먼 옛날 인간 사회에서만큼 많지 않다. Glaser K., Price D., Montserrat E. R., di Gessa G. & Tinker A. *Grandparenting in Europe: Family Policy and Grandparents' Role in Providing Childcare.* Grandparents Plus, 2013.

14 Fraley R. C. 'Attachment in Adulthood: Recent Developments, Emerging Debates, and Future Directions'. *Annual Review of Psychology* 70, 1375‒83, 2019.

15 https://www.nichd.nih.gov/sites/default/files/publications/pubs/documents/seccyd_06.pdf.

16 Gomajee R., El-Khoury F., Côté S., van der Waerden J., Pryor L. & Melchior M. 'Early Childcare Type Predicts Children's Emotional and Behavioural Trajectories into Middle Childhood. Data from the EDEN Mother‒Child Cohort Study'. *Journal of Epidemiology and Community Health* 72, 1033‒43, 2018.

7장

1 《찰스 다윈 자서전 *The Autobiography of Charles Darwin*》, John Murray, 1887. (한국어판: 《나의 삶은 서서히 진화해왔다》, 갈라파고스, 2018)

2 이 장에서 언급하는 쿠루만강보호구역과 이곳에서 수행한 연구를 더 자세히 알고 싶다면 이곳을 참조하라. https://kalahariresearchcentre.org.

3 Ridley A. R. & Raihani N. J. 'Facultative Response to a Kleptoparasite by the Cooperatively Breeding Pied Babbler'. *Behavioral Ecology* 18, 324‒30, 2007.

4 Hollén L. I., Bell M. B. V. & Radford A. N. 'Cooperative Sentinel Calling? Foragers Gain Increased Biomass Intake'. *Current Biology* 18, 576‒9, 2008.

5 Raihani N. J., & Ridley A. R. 'Variable Fledging Age According to Group

Size: Trade-Offs in a Cooperatively Breeding Bird'. *Biology Letters* 3, 624 – 7, 2007.

6   Raihani N. J., Nelson-Flower M. J., Moyes K., Browning L. E. & Ridley A. R. 'Synchronous Provisioning Increases Brood Survival in Cooperatively Breeding Pied Babblers'. *Journal of Animal Ecology* 79, 44 – 52, 2010.

7   Thompson A. M., Raihani N. J., Hockey P. A. R., Britton A., Finch F. M. & Ridley A. R. 'The Influence of Fledgling Location on Adult Provisioning: A Test of the Blackmail Hypothesis'. *Proceedings of the Royal Society B: Biological Sciences* 280, 20130558, 2013.

8   Moore R. 'Social Learning and Teaching in Chimpanzees'. *Biology & Philosophy* 28, 879 – 901, 2013.

9   Muller M. N., Wrangham R. & Pilbeam D. R. *Chimpanzees and Human Evolution.* 1st edition, Harvard University Press, 2017.

10 Franks N. R. & Richardson T. 'Teaching in Tandem-Running Ants'. *Nature* 439, 153, 2006.

11 Thornton A. & Raihani N. J. 'The Evolution of Teaching'. *Animal Behaviour* 75, 1823 – 36, 2008.

12 Thornton A. & McAuliffe K. 'Teaching in Wild Meerkats'. *Science* 313, 227 – 9, 2006.

13 Raihani N. J. & Ridley A. R. 'Experimental Evidence for Teaching in Wild Pied Babblers'. *Animal Behaviour* 75, 3 – 11, 2008.

14 Raihani N. J., & Ridley A. R. 'Adult Vocalizations during Provisioning: Offspring Response and Postfledging Benefits in Wild Pied Babblers'. *Animal Behaviour* 74, 1303 – 9, 2007.

8장

1   《마법의 빛깔 *The Colour of Magic*》, Colin Smythe, 1983.

2   Cooper G. A. & West S. A. 'Division of Labour and the Evolution of Extreme Specialization'. *Nature Ecology & Evolution* 2, 1161, 2018. Boomsma J. J. & Gawne R. 'Superorganismality and Caste Differentiation as Points of No Return: How the Major Evolutionary Transitions Were Lost in

Translation'. *Biological Reviews* 93, 28-54, 2018.

3   사실 다세포 생물체로 변모한 25개 남짓한 계통 가운데 뚜렷한 세포 유형이 진화한 계통은 셋뿐이다. 이런 변모는 대체로 세포나 사회성 곤충으로 구성된 대형 사회에서 일어나는 듯하다. 이런 사회에서 집단의 크기가 커지면 전문화가 늘어나기에 유리하고, 이에 따라 다시 사회가 더 커져 더 큰 전문화가 일어날 수 있다. 이런 양의 되먹임 고리는 깨지기 쉬워, 시동이 잘 걸리지 않고 또 잘 꺼지는 오래된 차의 엔진에 빗댈 수 있다. 더 자세한 내용은 다음을 참조하라. Birch J. 'The Multicellular Organism as a Social Phenomenon'. *The Philosophy of Social Evolution*. Oxford University Press, 2017.

4   Ellis S., Franks D. W., Nattrass S., Cant M. A., Bradley D. L., Giles D., Balcomb K. C. & Croft D. P. 'Postreproductive Lifespans Are Rare in Mammals'. *Ecology and Evolution* 8, 2482-94, 2018. Croft D. P., Brent L. J. N., Franks D. W. & Cant M. A. 'The Evolution of Prolonged Life after Reproduction'. *Trends in Ecology & Evolution* 30, 407-16, 2015. Cant M. A. & Johnstone R. A. 'Reproductive Conflict and the Separation of Reproductive Generations in Humans'. *Proceedings of the National Academy of Sciences* 105, 5332-6, 2008.

5   Arnot M. & Mace R. 'Sexual Frequency Is Associated with Age of Natural Menopause: Results from the Study of Women's Health Across the Nation'. *Royal Society Open Science* 7, 191020, 2020.

6   Laisk T., Tšuiko O., Jatsenko T., Hõrak P., Otala M., Lahdenperä M., Lummaa V., Tuuri T., Salumets A. & Tapanainen J. S. 'Demographic and Evolutionary Trends in Ovarian Function and Aging'. *Human Reproduction Update* 25, 1-17, 2018.

7   다른 유인원에서 나타나는 이주 방식(침팬지, 고릴라, 개코원숭이 모두 암컷이 주로 이주한다), 유전 정보에서 추론할 수 있는 이주 방식, 현대의 여러 수렵·채집 사회에서 볼 수 있는 이주 방식이 이를 뒷받침한다. Cant M. A. & Johnstone R. A. 'Reproductive Conflict and the Separation of Reproductive Generations in Humans'. *Proceedings of the National Academy of Sciences* 105, 5332-5336, 2008.

8   Lahdenperä M., Gillespie D. O. S., Lummaa V. & Russell A. F. 'Severe Intergenerational Reproductive Conflict and the Evolution of Menopause'. *Ecology Letters* 15, 1283-90, 2012.

9   Sear R. & Mace R. 'Who Keeps Children Alive? A Review of the Effects of Kin on Child Survival'. *Evolution and Human Behavior* 29, 1–18, 2008.

10   Engelhardt S. C., Bergeron P., Gagnon A., Dillon L. & Pelletier F. 'Using Geographic Distance as a Potential Proxy for Help in the Assessment of the Grandmother Hypothesis'. *Current Biology* 29, 651–6, 2019.

11   Chapman S. N., Pettay J. E., Lummaa V. & Lahdenperä M. 'Limits to Fitness Benefits of Prolonged Post-Reproductive Lifespan in Women'. *Current Biology* 29, 1–6, 2019.

12   Vinicius L. & Migliano A. B. 'Reproductive Market Values Explain Post-Reproductive Lifespans in Men'. *Trends in Ecology & Evolution* 31, 172–5, 2016.

13   Bennett N. C. & Faulkes C. G. *African Mole-Rats: Ecology and Eusociality.* Cambridge University Press, 2000.

14   Young A. J. & Bennett N. C. 'Morphological Divergence of Breeders and Helpers in Wild Damaraland Mole-Rat Societies'. *Evolution* 64, 3190–7, 2010.

15   Graham R. J., Smith M. & Buffenstein R. 'Naked Mole-Rat Mortality Rates Defy Gompertzian Laws by Not Increasing with Age'. *ELife* 7, e31157, 2018.

16   Blacher P., Huggins T. J. & Bourke A. F. G. 'Evolution of Ageing, Costs of Reproduction and the Fecundity–Longevity Trade-off in Eusocial Insects'. *Proceedings of the Royal Society B: Biological Sciences* 284, 20170380, 2017.

17   Schrempf A., Giehr J., Röhrl R., Steigleder S. & Heinze J. 'Royal Darwinian Demons: Enforced Changes in Reproductive Efforts Do Not Affect the Life Expectancy of Ant Queens'. *The American Naturalist* 189, 436–42, 2017.

18   Healy K., Guillerme T., Sive F., Kane A., Kelly S., McClean D., Kelly D. J., Donohue I., Jackson A. L. & Cooper N. 'Ecology and Mode-of-Life Explain Lifespan Variation in Birds and Mammals'. *Proceedings of the Royal Society B: Biological Sciences* 281, 1784, 20140298, 2014.

19   Keller L. & Genoud M. 'Extraordinary Lifespans in Ants: A Test of Evolutionary Theories of Ageing'. *Nature* 389, 958–60, 1997.

20   Stroeymeyt N., Grasse A. V., Crespi A., Mersch D.P., Cremer S. & Keller L.

'Social Network Plasticity Decreases Disease Transmission in a Eusocial Insect'. *Science* 362, 941–5, 2018.

9장

1   https://en.wikipedia.org/wiki/Kim_Jong-nam.

2   Young A. J., Carlson A. A., Monfort S. L., Russell A. F., Bennett N. C. & Clutton-Brock T. 'Stress and the Suppression of Subordinate Reproduction in Cooperatively Breeding Meerkats'. *Proceedings of the National Academy of Sciences* 103, 12005–10, 2006.

3   Lukas D. & Huchard E. 'The Evolution of Infanticide by Females in Mammals'. *Philosophical Transactions of the Royal Society B: Biological Sciences* 374, 20180075, 2019.

4   Cant M. A., Nichols H. J., Johnstone R. A. & Hodge S. J. 'Policing of Reproduction by Hidden Threats in a Cooperative Mammal'. *Proceedings of the National Academy of Sciences* 111, 326–30, 2014.

5   Hodge S. J., Bell M. B. V. & Cant M. A. 'Reproductive Competition and the Evolution of Extreme Birth Synchrony in a Cooperative Mammal'. *Biology Letters* 7, 54–6, 2011.

6   West-Eberhard M. J. 'Dominance Relations in Polistes Canadensis (L.), a Tropical Social Wasp'. *Monitore Zoologico Italiano-Italian Journal of Zoology* 20, 263–81, 1986.

7   Loope K. J. 'Queen Killing Is Linked to High Worker-Worker Relatedness in a Social Wasp'. *Current Biology* 25, 2976–9, 2015.

10장

1   1788년 미국 4대 대통령 제임스 매디슨이 《연방주의자 논집 *The Federalist Papers*》에 쓴 글이다.

2   엄격히 따져 두 참가자의 상호작용이 죄수의 딜레마가 되려면 T 〉 R 〉 P 〉 S여 야 한다. 여기서 T는 속이고 싶은 욕망, 즉 협력하는 참가자를 착취해 얻을 대가

다. R은 상호 협력으로 얻을 보상이고, P는 상호 배신으로 받을 처벌, S는 속는 사람이 치를 대가로 협력했는데도 상대에게 뒤통수를 맞을 때 치를 대가다. 〈골든볼〉에서 이용한 죄수의 딜레마는 P 〉 S가 아니라 P = S이므로 엄격히 말해 죄수의 딜레마가 아니다.

3   Golden Balls(ITV, 14 March 2008). https://www.youtube.com/watch?v=7FbkwrhW_0I.

4   Harbaugh W. T., Mayr U. & Burghart D. R. 'Neural Responses to Taxation and Voluntary Giving Reveal Motives for Charitable Donations'. *Science* 316, 1622 – 5, 2007.

5   Dunn E. W., Aknin L. B. & Norton M. I. 'Prosocial Spending and Happiness: Using Money to Benefit Others Pays Off'. *Current Directions in Psychological Science* 23, 41 – 7, 2014.

6   Aknin L. B., Hamlin J. K. & Dunn E. W. 'Giving Leads to Happiness in Young Children'. *PLOS ONE* 7, e39211, 2012.

7   Whillans A. V., Dunn E. W., Sandstrom G. M., Dickerson S. S. & Madden K. M. 'Is Spending Money on Others Good for Your Heart?'. *Health Psychology* 35, 574 – 83, 2016.

8   Jenni K. & Loewenstein G. 'Explaining the Identifiable Victim Effect'. *Journal of Risk and Uncertainty* 14, 235-57, 1997.

9   인도에서 진행된 한 연구에 따르면 인식 가능한 피해자라도 낮은 카스트에 속하면 사람들이 피해자를 그다지 도우려 하지 않았다. Deshpande A. & Spears D. 'Who Is the Identifiable Victim? Caste and Charitable Giving in Modern India'. *Economic Development and Cultural Change* 64, 299 – 321, 2016. 내가 로라 토머스-월터스 박사와 진행한 연구에서는 인식 가능한 피해자가 사람이어야 했다. 우리는 연구에서 북극곰 한 마리처럼 '인식 가능한' 단일 피해자, 그리고 동물 집단의 사진을 사람들에게 보여주고 보호 단체에 기부해달라고 호소했다. 이때는 기부금을 얻어내는 데 단일 피해자의 사진이 집단의 사진보다 덜 효과적이었다(사람들은 우리가 보여준 동물 사진에 더 관심을 보였고, 같은 위험에 빠졌더라도 못생겨 보이는 짐승보다 '귀여운' 종에 더 많이 기부했다). Thomas-Walters L. & Raihani N. J. 'Supporting Conservation: The Roles of Flagship Species and Identifiable Victims'. *Conservation Letters* 10, 581 – 7, 2017.

10 Tinbergen N. 'On Aims and Methods of Ethology'. *Ethology* 20, 410 – 33, 1963.

11 Marsh A. A., Stoycos S. A., Brethel-Haurwitz K. M., Robinson P., VanMeter J. W. & Cardinale E. M. 'Neural and Cognitive Characteristics of Extraordinary Altruists'. *Proceedings of the National Academy of Sciences* 111, 15036–41, 2014.

12 Trivers R. L. 'The Evolution of Reciprocal Altruism'. *The Quarterly Review of Biology* 46, 35–57, 1971.

13 Raihani N. J. & Bshary R. 'Resolving the Iterated Prisoner's Dilemma: Theory and Reality'. *Journal of Evolutionary Biology* 24, 1628–39, 2011.

14 Fischer E. A. 'The Relationship between Mating System and Simultaneous Hermaphroditism in the Coral Reef Fish, *Hypoplectrus Nigricans (Serranidae)*'. *Animal Behaviour* 28, 620–33, 1980.

15 Roberts G. 'Cooperation through Interdependence'. *Animal Behaviour* 70, 901–8, 2005.

16 Aktipis A., Cronk L., Alcock J., Ayers J. D., Baciu C., Balliet D., Boddy A. M., Curry O. S., Krems J. A., Munoz, A. & Sullivan, D. 'Understanding Cooperation through Fitness Interdependence'. *Nature Human Behaviour* 2, 429–31, 2018.

11장

1 영국 소설가 로버트 루이스 스티븐슨이 1884년에 발표한 수필 〈묘지기 노인*Old Mortality*〉에 쓴 문구다. 원래 인용문은 이보다 훨씬 길다. "책은 적절한 치료제였다. 중요한 인간사를 생생하게 다룬 책은 인간이 발 디딘 삶의 문제, 즐거움, 분주함, 중요함, 즉시성을 그들의 머릿속에 밀어 넣는다. 웃음이나 영웅을 다룬 책은 흥분과 위로를 안긴다. 큰 의도를 담은 책은 외면하려던 사람까지 누구나 참여하는 중요한 게임이 얼마나 복잡한지를 가린다."

2 Mathew S. & Boyd R. 'Punishment Sustains Large-Scale Cooperation in Prestate Warfare'. *Proceedings of the National Academy of Sciences* 108, 11375–80, 2011. Mathew S. & Boyd R. 'The Cost of Cowardice: Punitive Sentiments towards Free Riders in Turkana Raids'. *Evolution and Human Behavior* 35, 58–64, 2014.

3 Raihani N. J. & Hart T. 'Free-Riders Promote Free-Riding in a Real-World

Setting'. *Oikos* 119, 1391−3, 2010.

4 Fehr E. & Gächter S. 'Altruistic Punishment in Humans'. *Nature* 415, 137−40, 2002.

5 Raihani N. J & Bshary R. 'Punishment: One Tool, Many Uses'. *Evolutionary Human Sciences* 1, e12, 2019.

6 Raihani N. J., Thornton A. & Bshary R. 'Punishment and Cooperation in Nature'. *Trends in Ecology & Evolution* 27, 288−95, 2012.

7 de Quervain D. J. F., Fischbacher U., Treyer V., Schellhammer M., Schnyder U., Buck A. & Fehr E. 'The Neural Basis of Altruistic Punishment'. *Science* 305, 1254−8, 2004.

8 Mendes N., Steinbeis N., Bueno-Guerra N., Call J. & Singer T. 'Preschool Children and Chimpanzees Incur Costs to Watch Punishment of Antisocial Others'. *Nature Human Behaviour* 2, 45−51, 2018.

9 Grutter A. S. & Bshary R. 'Cleaner Wrasse Prefer Client Mucus: Support for Partner Control Mechanismsin Cleaning Interactions'. *Proceedings of the Royal Society B: Biological Sciences* 270, S242−4, 2003.

10 Raihani N. J., Grutter A. S. & Bshary R. 'Punishers Benefit From Third-Party Punishment in Fish'. *Science* 327, 171, 2010.

11 Raihani N. J. & Bshary R. 'The Reputation of Punishers'. *Trends in Ecology & Evolution* 30, 98−103, 2015. Barclay P. 'Reputational Benefits for Altruistic Punishment'. *Evolution and Human Behavior* 27, 325−44, 2006. Raihani N. J. & Bshary R. 'Third-Party Punishers Are Rewarded, but Third-Party Helpers Even More So'. *Evolution* 69, 993−1003, 2015.

12장

1 1860년 4월 3일, 찰스 다윈이 아사 그레이에게 보낸 편지 중에서. https://www.darwinproject.ac.uk/letter/DCP-LETT-2743.xml.

2 Yoeli E., Hoffman M., Rand D. G. & Nowak M. A. 'Powering up with Indirect Reciprocity in a Large-Scale Field Experiment'. *Proceedings of the National Academy of Sciences* 110, 10424−29, 2013.

3 Funk P. 'Social Incentives and Voter Turnout: Evidence From the Swiss

Mail Ballot System'. *Journal of the European Economic Association* 8, 1077–103, 2010.

4   Bshary R. & Schäffer D. 'Choosy Reef Fish Select Cleaner Fish That Provide High-Quality Service'. *Animal Behaviour* 63, 557–64, 2002.

5   Pinto A., Oates J., Grutter A. S. & Bshary R. 'Cleaner Wrasses *Labroides Dimidiatus* Are More Cooperative in the Presence of an Audience'. *Current Biology* 21, 1140–4, 2011.

6   Engelmann J. M. & Rapp D. J. 'The Influence of Reputational Concerns on Children's Prosociality'. *Current Opinion in Psychology* 20, 92–5, 2018.

7   Tomasello M. *Becoming Human: A Theory of Ontogeny.* Harvard University Press, 2019.

8   https://rstudio-pubs-static.s3.amazonaws.com/279562_48fcbe87ec814596944 fb8bb59b10ae3.html.

9   Skarbek D. 'Prison Gangs, Norms, and Organizations'. *Journal of Economic Behavior & Organization* 82, 96–109, 2012.

10   Greif A. 'Reputation and Coalitions in Medieval Trade: Evidence on the Maghribi Traders'. *The Journal of Economic History* 49, 857–82, 1989.

11   Bshary R. 'Biting Cleaner Fish Use Altruism to Deceive Image-Scoring Client Reef Fish'. *Proceedings of the Royal Society B: Biological Sciences* 269, 2087–93, 2002.

12   Smith E. A. & Bliege Bird R. L. 'Turtle Hunting and Tombstone Opening: Public Generosity as Costly Signaling'. *Evolution and Human Behavior* 21, 245–61, 2000.

13   Stibbard-Hawkes D. N. E., Attenborough R. D. & Marlowe F. W. 'A Noisy Signal: To What Extent Are Hadza Hunting Reputations Predictive of Actual Hunting Skills?'. *Evolution and Human Behavior* 39, 639–51, 2018.

14   Bliege Bird R. L. & Power E. A. 'Prosocial Signaling and Cooperation among Martu Hunters'. *Evolution and Human Behavior* 36, 389–97, 2015.

15   Gurven M., Allen-Arave W., Hill K. & Hurtado M. "It's a Wonderful Life": Signaling Generosity among the Ache of Paraguay'. *Evolution and Human Behavior* 21, 263–82, 2000.

16   Raihani N. J. & Barclay P. 'Exploring the Trade-off between Quality and Fairness in Human Partner Choice'. *Royal Society Open Science* 3, 160510,

2016.

17 Buss D. M. 'Sex Differences in Human Mate Preferences: Evolutionary Hypotheses Tested in 37 Cultures'. *Behavioral and Brain Sciences* 12, 1−49, 1989. Conroy-Beam D. & Buss D. M. 'Why Is Age so Important in Human Mating? Evolved Age Preferences and Their Influences on Multiple Mating Behaviors'. *Evolutionary Behavioral Sciences* 13, 127−57, 2019.

18 Raihani N. J. & Smith S. 'Competitive Helping in Online Giving'. *Current Biology* 25, 1183−6, 2015.

19 Raihani N. J. 'Hidden Altruism in a Real-World Setting'. *Biology Letters* 10, 20130884, 2014.

13장

1 Richard D. Alexander, 'The Challenge of Human Social Behaviour', *Evolutionary Psychology,* Vol. 4, 1−32.

2 Heyman G. D., Fu G. & Lee K. 'Evaluating Claims People Make About Themselves: The Development of Skepticism'. *Child Development* 78, 367−75, 2007.

3 Engelmann J. M., Herrmann E. & Tomasello M. 'Five-Year Olds, but Not Chimpanzees, Attempt to Manage Their Reputations'. *PLOS ONE 7*, e48433, 2012.

4 Monin B., Sawyer P. J. & Marquez M. J. 'The Rejection of Moral Rebels: Resenting Those Who Do the Right Thing'. *Journal of Personality and Social Psychology* 95, 76−93, 2008. Parks C. D. & Stone A. B. 'The Desire to Expel Unselfish Members from the Group'. *Journal of Personality and Social Psychology* 99, 303−10, 2010.

5 Herrmann B., Thöni C. & Gächter S. 'Antisocial Punishment Across Societies'. *Science* 319, 1362−7, 2008.

6 Raihani N. J. & Bshary R. 'Punishment: One Tool, Many Uses'. *Evolutionary Human Sciences* 1, e12, 2019.

7 Raihani N. J. 'Hidden Altruism in a Real-World Setting'. *Biology Letters* 10, 20130884, 2014.

8   Newman G. E. & Cain D. M. 'Tainted Altruism'. *Psychological Science* 25, 648-55, 2014.

9   Lee R. B. 'Eating Christmas in the Kalahari'. *Natural History,* December 1969.

10 Power E. A. & Ready E. 'Building Bigness: Reputation, Prominence, and Social Capital in Rural South India'. *American Anthropologist* 120, 444-59, 2018.

11 Bird R. B., Ready E. & Power E. A. 'The Social Significance of Subtle Signals'. *Nature Human Behaviour* 2, 452, 2018.

14장

1   Charles Darwin, *The Descent of Man*, John Murray, 1871. (한국어판:《인간의 유래》, 한길사, 2006)

2   Agarwal S., Mikhed V. & Scholnick B. 'Does the Relative Income of Peers Cause Financial Distress? Evidence from Lottery Winners and Neighboring Bankruptcies'. *Federal Reserve Bank of Philadelphia Working Papers,* 2018.

3   Shenker-Osorio A. 'Why Americans All Believe They Are "Middle Class"'. *The Atlantic,* 2013. https://www.theatlantic.com/politics/archive/2013/08/why-americans-all-believe-they-are-middle-class/278240.

4   Kross E., Verduyn P., Demiralp E., Park J., Lee D. S., Lin N., Shablack H., Jonides J. & Ybarra O. 'Facebook Use Predicts Declines in Subjective Well-Being in Young Adults'. *PLOS ONE* 8, e69841, 2013.

5   Camerer C. F. *Behavioral Game Theory: Experiments in Strategic Interaction.* Princeton University Press, 2011.

6   Carter J. R. & Irons M. D. 'Are Economists Different, and If So, Why?'. *Journal of Economic Perspectives* 5, 171-177, 1991. Cipriani G. P., Lubian D. & Zago A. 'Natural Born Economists?'. *Journal of Economic Psychology* 30, 455-68, 2009.

7   Henrich J., Boyd R., Bowles S., Camerer C., Fehr E., Gintis H., McElreath R., Alvard M., Barr A., Ensminger J. & Henrich N. S. '"Economic Man"

in Cross-Cultural Perspective: Behavioral Experiments in 15 Small-Scale Societies'. *Behavioral and Brain Sciences* 28, 795–815, 2005.

8   McAuliffe K., Blake P. R. & Warneken F. 'Children Reject Inequity out of Spite'. *Biology Letters* 10, 20140743, 2014.

9   비인간 영장류가 불공정한 결과를 싫어하는지 확인하려면 동물들에게 불공정을 어떻게 느끼는지 묻거나 임의 실험 규칙을 설명하지 못해도 이런 선호를 발견할 수 있는 실험을 해야 한다. 2003년에 세라 브로스넌과 프란스 드 발은 이런 실험을 진행하고자 '불공평 회피 게임'이라는 기발한 과제를 설계했다. 첫 실험 대상은 꼬리감는원숭이였다. 실험에 앞서 꼬리감는원숭이는 실험자에게 조약돌을 내주고 대가로 음식을 받는 훈련을 받았다. 실험실에서 끈기 있게 시간을 쏟으면 익힐 수 있는 훈련이었다. 실험에서 꼬리감는원숭이 두 마리는 상대가 훤히 들여다보이게 맞닿은 우리에 앉아 실험자에게 조약돌을 건네고 그 대가로 먹이를 받았다. 처음에는 둘 다 오이 조각을 받았고, 두 마리 모두 기꺼이 돌멩이와 오이를 교환했다. 그런데 실험자가 보상에 차별을 두기 시작해 한 마리한테는 계속 오이만 주고 한 마리한테는 더 맛있는 포도를 줬다. 상대보다 불이익을 받는다는 것을 깨닫자 꼬리감는원숭이는 불공평한 보상을 단호히 거절했다. 실험자와 거래를 그만둔 데다 오이 조각을 실험자의 얼굴에 홱 던지기까지 했다. 침팬지도 비슷한 실험 결과를 보였다. 불공평한 보수를 받은 침팬지도 짜증을 부려 실험자와 거래하지 않으려 했다.

언뜻 보면 이런 결과는 불공평 회피를 암시하는 증거로 보인다. 하지만 이런 해석을 덮어놓고 받아들이기에는 두 가지 문제가 있다. 한 가지는 다른 연구자들이 이 실험을 되풀이했을 때 재현성이 형편없이 떨어졌다는 사실이다. 또 다른 문제는 실험에서 무슨 일이 벌어지고 있는지 추론하기 어렵게 하는 당혹스러운 설계 특성이 몇 가지 있다는 것이다. 이 실험의 모순은 상대가 포도를 받을 때 꼬리감는원숭이나 침팬지가 오이를 거부하면 실제로는 불공정이 줄어들기보다는 더 늘어난다. 이와 달리 어린이와 성인을 대상으로 설계한 실험에서는 내가 보상을 거부하면 상대의 보상도 빼앗는다. 실제로 아이들을 대상으로 한 후속 실험에서 아이들은 상대에게서 질 좋은 보상을 빼앗을 수 없을 때는 질 낮은 보상도 거부하지 않았다. 달리 말해 아이들은 꼬리감는원숭이와 달리 오이를 던지지 않는다. 게다가 비인간 영장류에서 나타난 '바람직한' 불평등 회피 대다수가 더 간단한 해석과도 들어맞는다. 실험 대상은 보상이 기대치에 미치지 못하면 화를 낸다. 엄밀히 따지면 인간의 공정 선호는 사회적 행동이다. 자신이 받은 보수를 남이 받은 보상과 비교해야 하기 때문이다. 비인간 영장류는 이런 사회적 비교 단계를 거치지 않고 이론적으로 받을 수 있는 보상에 견줘 실제로 받은 보상을 평가하는 듯하다. Brosnan S. F. & de Waal F. B. M. 'Monkeys Reject Unequal Pay'. *Nature* 425, 297–9, 2003. McAuliffe K., Chang L. W., Leimgruber K. L., Spaulding R., Blake P. R. & Santos L. 'Capuchin Monkeys, *Cebus Apella*, Show No Evidence for Inequity Aversion in a Costly Choice Task'. *Animal Behaviour* 103, 65–74, 2015. Roma P. G., Silberberg A., Ruggiero A. M. & Suomi S. J. 'Capuchin Monkeys, Inequity Aversion, and the Frustration Effect'. *Journal of Comparative Psychology* 120, 67–73, 2006. Silberberg A., Crescimbene L., Addessi E., Anderson J. R. & Visalberghi E. 'Does Inequity Aversion Depend on a Frustration Effect? A Test with Capuchin Monkeys (*Cebus Apella*)'. *Animal Cognition* 12, 505–9, 2009. Bräuer J., Call J. & Tomasello M. 'Are apes inequity averse? New data on the token-exchange paradigm'. *American Journal of Primatology* 71, 175–81, 2009. Bräuer J., Call J. & Tomasello M. 'Are Apes Really Inequity Averse?'. *Proceedings of the Royal Society B: Biological Sciences* 273, 3123–8, 2006. Ulber J., Hamann K. & Tomasello M. 'Young Children, but Not Chimpanzees, Are Averse to Disadvantageous and Advantageous Inequities'. *Journal of Experimental Child Psychology* 155, 48–66, 2017. Kaiser I., Jensen K., Call K. & Tomasello M. 'Theft in an Ultimatum Game: Chimpanzees and Bonobos Are Insensitive to Unfairness'. *Biology Letters* 8, 942–5, 2012. Jensen K., Call J. & Tomasello M. 'Chimpanzees Are Rational Maximizers in an Ultimatum Game'. *Science* 318, 107–9, 2007.

10 Cosmides L. & Tooby J. *Evolutionary Psychology: A Primer*. Center for Evolutionary Psychology, University of California Santa Barbara, 1997.

11 Hill K. R., Wood B. M., Baggio J., Hurtado A. M. & Boyd R. 'Hunter-Gatherer Inter-Band Interaction Rates: Implications for Cumulative Culture'. *PLOS ONE* 9, e102806, 2014.

12 Raichle M. E. & Gusnard D. A. 'Appraising the Brain's Energy Budget'. *Proceedings of the National Academy of Sciences* 99, 10237–9, 2002.

13 Kumar A. 'The Grandmaster Diet: How to Lose Weight While Barely Moving'. *ESPN*, 13 September 2019.

14 Gilby I. C., Machanda Z. P., Mjungu D. C., Rosen J., Muller M. N., Pusey A. E. & Wrangham R. '"Impact Hunters" Catalyse Cooperative Hunting in

Two Wild Chimpanzee Communities'. *Philosophical Transactions of the Royal Society B: Biological Sciences* 370, 20150005, 2015.

15 Rekers Y., Haun D. B. M. & Tomasello M. 'Children, but Not Chimpanzees, Prefer to Collaborate'. *Current Biology* 21, 1756−8, 2011.

16 Samuni L., Preis A., Deschner T., Crockford C. & Wittig R. M. 'Reward of Labor Coordination and Hunting Success in Wild Chimpanzees'. *Communications Biology* 1, 138, 2018.

17 John M., Duguid S., Tomasello M. & Melis A. P. 'How Chimpanzees (Pan Troglodytes) Share the Spoils with Collaborators and Bystanders'. *PLOS ONE* 14, e0222795, 2019.

18 Tomasello M. *Becoming Human: A Theory of Ontogeny.* Harvard University Press, 2019.

19 Warneken F. & Tomasello M. 'Altruistic Helping in Human Infants and Young Chimpanzees'. *Science* 311, 1301−3, 2006.

20 Silk J. B., Brosnan S. F., Vonk J., Henrich J., Povinelli D. J., Richardson A. S., Lambeth S. P., Mascaro J. & Schapiro S. J. 'Chimpanzees are indifferent to the welfare of unrelated group members'. *Nature* 437, 1357−1359, 2005.

15장

1 Aristotle, *Politics*, 350 BCE. (한국어판:《정치학》, 도서출판 숲, 2009)

2 Leeson P. T. 'An-arrgh-chy: The Law and Economics of Pirate Organization'. *Journal of Political Economy* 115, 1049−94, 2007.

3 Dunbar R. I. M. 'The Anatomy of Friendship'. *Trends in Cognitive Sciences* 22, 32−51, 2018.

4 Chaudhary N., Salali G. D., Thompson, J., Rey A., Gerbault P., Stevenson E. G. J., Dyble M., Page A. E., Smith D., Mace R. & Vinicius L. 'Competition for Cooperation: Variability, Benefits and Heritability of Relational Wealth in Hunter-Gatherers'. *Scientific Reports* 6, 29120, 2016.

5 Costa D. L. & Kahn M. E. 'Surviving Andersonville: The Benefits of Social Networks in POW Camps'. *NBER Working Paper,* 11825, 2005.

6 Silk, J. B., Alberts S. C. & Altmann J. 'Social Bonds of Female Baboons

Enhance Infant Survival'. *Science* 302, 1231−34, 2003.

7   암컷 침팬지에게 동맹은 그다지 중요해 보이지 않는다. 암컷들은 짝짓기 기회보
     다 주로 먹이를 놓고 경쟁하기 때문이다. 암컷들은 먹이 문제를 해결하고자 동
     맹을 맺을 필요가 없다. 그냥 서로 피하는 전략이 효과적이다. 게다가 암컷 침
     팬지들은 하루의 65퍼센트를 혼자서 또는 새끼와 함께 먹이를 구하는 데 쓴다.
     Muller M. N., Wrangham R. W. & Pilbeam D. R. *Chimpanzees and Human
     Evolution*. Harvard University Press, 2018.

8   Nishida T. 'Alpha Status and Agonistic Alliance in Wild Chimpanzees (*Pan
     Troglodytes Schweinfurthii*)'. *Primates* 24, 318−36, 1983.

9   Mielke A., Samuni L., Preis A., Gogarten J. F., Crockford C. & Wittig R. M.
     'Bystanders Intervene to Impede Grooming in Western Chimpanzees and
     Sooty Mangabeys'. *Royal Society Open Science* 4, 171296, 2017.

10   Dunham Y. 'Mere Membership'. *Trends in Cognitive Sciences* 22, 780−93,
     2018.

16장

1   1973년에 이스라엘과 아랍 연합군 사이에 10월 전쟁이 터졌을 때, 이스라엘 수
     상 골다 메이어가 휴전 협상 중 아랍에 더 양보하기를 거부한다는 이유로 헨리
     키신저Henry Kissenger에게 피해망상 환자라고 비난받자 맞받아친 말이다.

2   Carpenter P. K. 'Descriptions of Schizophrenia in the Psychiatry of
     Georgian Britain: John Haslam and James Tilly Matthews'. *Comprehensive
     Psychiatry* 30, 332−8, 1989.

3   Freeman D. S., McManus S., Brugha T., Meltzer H., Jenkins R. &
     Bebbington P. 'Concomitants of Paranoia in the General Population'.
     Psychological Medicine 41, 923−36, 2011.

4   Raihani N. J. & Bell V. 'An Evolutionary Perspective on Paranoia'. *Nature
     Human Behaviour* 3, 114−21, 2019.

5   Boyer P., Firat R. & van Leeuwen F. 'Safety, Threat, and Stress in Inter-
     group Relations: A Coalitional Index Model'. *Perspectives on Psychological
     Science* 10, 434−50, 2015.

6   Raihani N. J. & Bell V. 'An Evolutionary Perspective on Paranoia'. *Nature

Human Behaviour 3, 114–21, 2019. Gayer-Anderson C. & Morgan C. 'Social Networks, Support and Early Psychosis: A Systematic Review'. *Epidemiology and Psychiatric Sciences* 22, 131–46, 2013. Catone G., Marwaha S., Kuipers E. & Lennox B. 'Bullying Victimisation and Risk of Psychotic Phenomena: Analyses of British National Survey Data'. *The Lancet Psychiatry* 2, 618–24, 2015. Freeman D., Evans R., Lister R., Antley A. & Dunn G. 'Height, Social Comparison, and Paranoia: An Immersive Virtual Reality Experimental Study'. *Psychiatry Research* 218, 348–52, 2014. Kirkbride J. B., Errazuri A., Croudace T. J., Morgan C., Jackson D., Boydell J., Murray R. M. & Jones P. B. 'Incidence of Schizophrenia and Other Psychoses in England, 1950–2009: A Systematic Review and Meta-Analyses'. *PLOS ONE 7*, e31660, 2012.

7   Schofield P., Ashworth M. & Jones R. 'Ethnic Isolation and Psychosis: Re-Examining the Ethnic Density Effect'. *Psychological Medicine* 41, 1263–9, 2011.

8   Saalfeld V., Ramadan Z., Bell V. & Raihani N. J. 'Experimentally Induced Social Threat Increases Paranoid Thinking'. *Royal Society Open Science* 5, 180569, 2018.

9   Oliver E. J. & Wood T. J. 'Conspiracy Theories and the Paranoid Style(s) of Mass Opinion'. *American Journal of Political Science* 58, 952–66, 2014.

10 Uscinski J. E. & Parent J. M. *American Conspiracy Theories*. Oxford University Press, 2014.

11 Bell V., Raihani N. J. & Wilkinson S. 'De-Rationalising Delusions'. *Clinical Psychological Science,* 2021. https://doi.org/10.1177/2167702620951553.

12 Williams D. 'Socially Adaptive Belief'. *Mind & Language,* 1–22, 2020.

13 Mercier H., & Sperber D. 'Why do humans reason? Arguments for an argumentative theory'. *Behavioral and Brain Sciences,* 34, 57–111.

14 Van Bavel J. & Pereira A. 'The Partisan Brain: An Identity-Based Model of Political Belief'. *Trends in Cognitive Sciences* 22, 213–24, 2018.

15 Gollwitzer A., Martel C., Brady W. J., Pärnamets P., Freedman I. G., Knowles E. D. & Van Bavel J. J. 'Partisan differences in physical distancing are linked to health outcomes during the COVID-19 pandemic'. *Nature Human Behaviour,* 1–12, 2020.

17장

1 Aesop, 'The Four Oxen and the Lion', *Fables*, The Harvard Classics, 1909-14. (《이솝 우화》 중 〈황소 네 마리와 사자〉.)

2 von Rueden C. R. & Jaeggi A. V. 'Men's Status and Reproductive Success in 33 Nonindustrial Societies: Effects of Subsistence, Marriage System, and Reproductive Strategy'. *Proceedings of the National Academy of Sciences* 113, 10824-9, 2016.

3 Boehm C. *Hierarchy in the Forest: The Evolution of Egalitarian Behavior*. New edition. Harvard University Press, 2001. (한국어판: 《숲속의 평등》, 토러스북, 2017)

4 von Rueden C. 'Making and Unmaking Egalitarianism in Small-Scale Human Societies'. *Current Opinion in Psychology*, 33, 167-71, 2020. Cheng J. T., Tracy J. L., Foulsham T., Kingstone A. & Henrich J. 'Two Ways to the Top: Evidence That Dominance and Prestige Are Distinct yet Viable Avenues to Social Rank and Influence'. *Journal of Personality and Social Psychology* 104, 103-25, 2013.

5 Gillin J. 'Crime and punishment among the Barama River Carib of British Guiana'. *American Anthropologist* 36, 331-44, 1934.

6 Garfield Z. H., von Rueden C. & Hagen E. H. 'The Evolutionary Anthropology of Political Leadership'. *The Leadership Quarterly* 30, 59-80, 2019.

7 Powers S. T. & Lehmann L. 'An Evolutionary Model Explaining the Neolithic Transition from Egalitarianism to Leadership and Despotism'. *Proceedings of the Royal Society B: Biological Sciences* 281, 20141349, 2014.

8 Watts J., Sheehan O., Atkinson Q. D., Bulbulia J. & Gray R. D. 'Ritual Human Sacrifice Promoted and Sustained the Evolution of Stratified Societies'. *Nature* 532, 228,31, 2016.

9 Johnson D. P. & MacKay N. J. 'Fight the Power: Lanchester's Laws of Combat in Human Evolution'. *Evolution and Human Behavior* 36, 152-63, 2015.

10 Marcum A. & Skarbek D. 'Why Didn't Slaves Revolt More Often during the Middle Passage?'. *Rationality and Society* 26, 236-62, 2014.

18장

1   Stephen Crane, *The Complete Short Stories and Sketches of Stephen Crane*, Doubleday, 2013.

2   'Uber, Lyft Drivers Manipulate Fares at Reagan National Causing Artificial Price Surges'. *WJLA*, 16 May 2019. http://wjla.com/news/local/uber-and-lyft-drivers-fares-at-reagan-national.

3   Greif A. & Tabellini G. 'The Clan and the Corporation: Sustaining Cooperation in China and Europe'. *Journal of Comparative Economics* 45, 1–35, 2017. Muthukrishna M. 'Corruption, Cooperation, and the Evolution of Prosocial Institutions'. *SSRN Electronic Journal*, 2017. https://doi.org/10.2139/ssrn.3082315.

4   다음 출처의 글을 섞어서 인용했다. Hampden-Turner C. & Trompenaars F. *Riding the Waves of Culture: Understanding Diversity in Global Business*. Hachette UK, 2011. (한국어판: 《글로벌 문화경영》, 가산출판사, 2014)

5   Waytz A., Iyer R., Young L., Haidt J. & Graham J. 'Ideological Differences in the Expanse of the Moral Circle'. *Nature Communications* 10, 1–12, 2019.

6   Raihani N. J. & de-Wit L. 'Factors Associated With Concern, Behaviour & Policy Support in Response to SARS-CoV-2, 2020'. https://doi.org/10.31234/osf.io/8jpzc.

7   Yamagishi T., Jin N. & Miller A. S. 'In-Group Bias and Culture of Collectivism'. *Asian Journal of Social Psychology* 1, 315–28, 1998. Greif A. & Tabellini G. 'The Clan and the Corporation: Sustaining Cooperation in China and Europe'. *Journal of Comparative Economics* 45, 1–35, 2017. Jha C. & Panda B. 'Individualism and Corruption: A Cross-Country Analysis'. *Economic Papers: A Journal of Applied Economics and Policy* 36, 60–74, 2017.

8   Guiso L., Sapienza P. & Zingales L. 'Long-Term Persistence'. *Journal of the European Economic Association* 14, 1401–36, 2016. Reher D. S. 'Family Ties in Western Europe: Persistent Contrasts'. *Population and Development Review* 24, 203–34, 1998. Baldassarri D. 'Market Integration Accounts for Local Variation in Generalized Altruism in a Nationwide Lost-Letter Experiment'. *Proceedings of the National Academy of Sciences* 117, 2858–63, 2020.

9   Cohn A., Maréchal M. A., Tannenbaum D. & Zünd C. L. 'Civic Honesty around the Globe'. *Science* 365, 70‒3, 2019.

10   Hruschka D. 'Parasites, Security, and Conflict: The Origins of Individualism and Collectivism'. *Evonomics*, 18 November 2015. https://evonomics.com/a-new-theory-that-explains-economic-individualism-and-collectivism/. Welzel C. *Freedom Rising: Human Empowerment and the Quest for Emancipation.* Cambridge University Press, 2013. Hruschka D. J. & Henrich J. 'Economic and Evolutionary Hypotheses for Cross-Population Variation in Parochialism'. *Frontiers in Human Neuroscience* 7, 559, 2013.

11   Van de Vliert E. & Van Lange P. A. M. 'Latitudinal Psychology: An Ecological Perspective on Creativity, Aggression, Happiness, and Beyond'. *Perspectives on Psychological Science* 14, 860‒84, 2019.

12   '리뷰'라는 서점으로 런던 남동부 페컴 라이의 벨렌든 로드에 있는 멋진 곳이다. 동네 서점을 지원하기를!

13   openDemocracy. 'The Social Support Networks Stepping up in Coronavirus-Stricken China'. 17 March 2020, https://www.opendemocracy.net/en/oureconomy/social-support-networks-springing-coronavirus-stricken-china/. 'Solidarity in Times of Corona in Belgium'. 24 March 2020, https://press.vub.ac.be/solidarity-in-times-of-corona-in-belgium. 'The Horror Films Got It Wrong. This Virus Has Turned Us into Caring Neighbours', *The Guardian* 31 March 2020, https://www.theguardian.com/commentisfree/2020/mar/31/virus-neighbours-covid-19. 'Beers, Deer and Heroes: Heart-warming Moments in Coronavirus Britain'. The Guardian, 2 April 2020, https://www.theguardian.com/world/2020/apr/02/beers-deer-heroes-heartwarming-moments-coronavirus.

14   'New York's Andrew Cuomo Decries "eBay"-Style Bidding War for Ventilators'. *The Guardian*, 31 March 2020, https://www.theguardian.com/us-news/2020/mar/31/new-york-andrew-cuomo-coronavirus-ventilators.

15   'Tuna Sells for Record $3 Million in Auction at Tokyo's New Fish Market', CNBC, 5 January 2019. https://www.cnbc.com/2019/01/05/tuna-sells-for-record-3-million-in-auction-at-tokyos-new-fish-market.html.

16   Ostrom E., Burger J., Field C. B., Norgaard R. B. & Policansky D. 'Revisiting the Commons: Local Lessons, Global Challenges'. *Science* 284, 278, 1999.

17 https://www.wearestillin.com.

18 Turner R. A., Addison J., Arias A, Bergseth B. J., Marshall N. A., Morrison
    T. H. & Tobin R. C. 'Trust, Confidence, and Equity Affect the Legitimacy
    of Natural Resource Governance'. *Ecology and Society* 21, 18, 2016.

19 Carbon Brief. 'Analysis: Coronavirus Temporarily Reduced China's CO2
    Emissions by a Quarter', 19 February 2020. https://www.carbonbrief.org/
    analysis-coronavirus-has-temporarily-reduced-chinas-co2-emissions-by-a-
    quarter.

20 Moser C., Blumer Y. & Hille S. L. 'E-Bike Trials' Potential to Promote
    Sustained Changes in Car Owners Mobility Habits'. *Environmental Research
    Letters* 13, 044025, 2018.

21 Larcom S., Rauch F. & Willems T. 'The Benefits of Forced Experimentation:
    Striking Evidence from the London Underground Network'. *The Quarterly
    Journal of Economics* 132, 2019–55, 2017

22 인용하기 좋은 이 구절은 1861년 7월, 찰스 다윈이 5촌 조카이자 여성주의자 프
    랜시스 줄리아 웨지우드Frances Julia Wedgwood에게 보낸 편지 내용 중 일부다.
    https://www.darwinproject.ac.uk/letter/?docId=letters/DCP-LETT-3206.
    xml. 전체 문장은 이렇다. "나는 유인원의 후예로 확인된 존재로서 기대할 수 있
    는 것보다 더 아름다운 광경을 감탄에 젖어 바라본단다."

THE
SOCIAL
INSTINCT